高等教育"十四五"规划教材·无人机应用技术

无人机飞行安全及法律法规

（第 2 版）

孙明权　编著

西北工业大学出版社

西　安

【内容简介】 本书是在第1版的基础上修订而成。内容包括绪论、飞行安全基础知识、飞行安全管理机构、飞行有关法律法规、航空气象与飞行环境、空中交通规则、无人机飞行与运营、无人机航空保险以及飞行处罚等。为了便于学习每章增加了内容提示、教学要求和内容框图。本书结构完整,内容深入浅出,实用性强。

本书可作为高等职业院校航空航天类、无人机工程类、兵器类等相关专业的教材,也可供从事无人机相关领域的装备管理以及科学研究的各类人员阅读参考。

图书在版编目(CIP)数据

无人机飞行安全及法律法规/孙明权编著 . —2 版
. —西安:西北工业大学出版社,2021.4(2023.9重印)
ISBN 978 - 7 - 5612 - 7672 - 3

Ⅰ.①无… Ⅱ.①孙… Ⅲ.①无人驾驶飞机-飞行安全-高等学校-教材 ②无人驾驶飞机-飞行管理-法规-中国-高等学校-教材 Ⅳ.①V279 ②D922.296

中国版本图书馆 CIP 数据核字(2021)第 063767 号

WURENJI FEIXING ANQUAN JI FALV FAGUI
无 人 机 飞 行 安 全 及 法 律 法 规

责任编辑:杨 军		策划编辑:杨 军	
责任校对:朱晓娟 吕颐佳		装帧设计:董晓伟	

出版发行:西北工业大学出版社
通信地址:西安市友谊西路 127 号   邮编:710072
电　　话:(029)88491757,88493844
网　　址:www.nwpup.com
印 刷 者:兴平市博闻印务有限公司
开　　本:787 mm×1 092 mm　　1/16
印　　张:16.75
字　　数:429 千字
版　　次:2018 年 6 月第 1 版　2021 年 4 月第 2 版　2023 年 9 月第 5 次印刷
定　　价:59.00 元

第 2 版前言

让无人机飞行更安全、更智能,是无人机制造业茁壮成长的基础。

无人机作为一个新兴产业,在我国其研发已进入快车道,生产制造的无人机已经勇立潮头,成为改写中国品牌形象的重要力量。新兴行业的发展总是伴随机遇与挑战,尽管当前我国无人机产品的标准、法规建设以及管理手段仍不能全面适应产业的快速发展,国家层面的无人机飞行管理法规仍未正式颁布,但随着时间的推移,国家工业和信息化部、民用航空主管部门、公共安全管理部门以及地方政府等对无人机飞行安全给予高度关注,并出台和修订了相应专业的标准、管理办法和细则等,对此,本书有必要根据国家最新无人机的专业标准进行相应修订和完善。

自本书第 1 版 2018 年 6 月出版以来,受到广大读者热烈欢迎,先后被数十所高校作为课程教材,在此表示感谢。由于个人和商业目的的飞行安全、对于公共安全的影响已经越来越受关注,加上无人机教学进一步发展,在第 1 版的基础上进行了修订与补充,主要修订内容源于我国对无人机分级分类定义等做了调整。同时各章增加了内容提示、教学要求和内容框架等内容,使本书更加完善。

本次修订得到了西北工业大学出版社一如既往的支持,在此表示衷心感谢。

由于水平有限,书中难免疏漏或不足之处,恳请读者指正。正是您的一贯支持,给予我不断前行的动力!

编　者

2021 年 1 月

第 1 版前言

让飞行更安全!

近年来,我国无人机市场进入井喷式发展,消费级、专业级无人机市场异常火爆,无人机在航拍摄影、农业植保、环境监测、电力巡检等领域广泛应用。与此同时,无人机违规飞行屡禁不止,侵犯公民的个人隐私;无人机"黑飞"、失控坠机、炸机等各类事故频发,在机场地带、航路航线附近等禁飞区内操控者擅自起飞,严重扰乱飞行秩序,对航空安全、公共安全产生严重威胁。全国各地曾多次出现因无人驾驶航空器"黑飞"引发的案件。2013 年底,一家未取得运营许可和操控资质的公司在未申请空域的情况下,擅自操控燃油助力无人驾驶航空器在首都机场附近升空进行地貌拍摄,结果多架民航飞机不得不避让,同时首都防空应急系统启动,北京军区空军组织各级指挥机构和部队,出动多架歼击机和直升机,动用 20 多部雷达和 100 多台车辆,共 1 200 余人参与该事件的处置。该事件导致多个航班延误,并造成一定经济损失,最终非法航拍当事人被判刑。2017 年 4 月,在不到一周时间里,成都双流国际机场竟先后 4 次遭遇无人机干扰民航事件,造成近百架航班延误,上万名旅客出行受阻,被迫滞留机场。2017 年 5 月 12 日,重庆江北机场也受到无人机干扰民航事件影响,造成 43 个航班备降,2 个航班返航,地面等待航班延误 67 班,58 个航班取消,候机楼滞留旅客 6 000 余人,造成巨大的经济损失和潜在的航空安全隐患。

除少数无人机飞手故意"黑飞"外,大部分无人机飞手所掌握的无人机飞行安全知识都非常欠缺。对于无人机要"上天"合法飞行,无人机飞手却不知道哪儿能飞,哪儿不能飞,要飞行又应该怎么做,飞行计划应该向谁申请、如何申请,申请的内容包括哪些,是否任何人都可以驾驶(操控)无人机,是否需要持证驾驶,操控不同类型无人机对应的资质要求是什么,等等问题。因此,了解和学习无人机飞行安全知识及法律法规,让无人机飞得既安全又高效,是无人机事业进一步发展的必要基础。

无人机作为一种航空器,因其种类繁多、分类复杂,故涉及无人机飞行安全的内容也较为复杂;又因其具有航空器的属性,即能在大气层内进行可控飞行,其安全性一直受到人们的广泛关注。无人机的运行与管理是一项复杂的系统工程,无论是国内还是国际,都没有现成的或较完善的运行与监管的政策法规。本书试图从无人机飞行中的通信、气象、空管、操控、保险、事故等涉及安全的有关方面入手,进行细致深入的阐述,以期让读者了解并掌握无人机飞行安全中涉及的方方面面的知识,既掌握无人机飞行的安全注意事项,又了解相关法规要求,做到安全、合法飞行。根据这一目的,笔者在借鉴相关有人机教材、著作及法律法规的基础上,结合无人机的特点展开论述。

本书主要讲述无人机飞行、飞行安全基础知识、飞行运行基础、飞行安全管理机构、飞行有关法律法规、航空气象与飞行环境、空中交通规则、无人机飞行与运营、无人机航空保险和飞行处罚等内容。全书尽量用通俗易懂的语言来阐述,避免过多的理论描述,在内容的广度和深度上,兼顾知识的系统性、逻辑性,实现理论性和实用性并重。

本书是由西北工业大学出版社联合全国无人机教育联盟开发的无人机应用技术专业系列教材之一,配有相应的教学课件。在编写过程中,青岛云世纪信息科技有限公司在资料和技术上给予了大力支持,杨东玲、马晓娟等对本书的编写内容提出了宝贵的建议。在此,谨向上述单位和个人表示衷心的感谢。

在编写过程中,参阅了相关著作、文献资料以及网络资源,谨向原作者深表谢意。

由于水平所限,书中难免存在不足之处,恳请专家和读者给予批评指正。

编　者

2018 年 3 月

目　　录

第一章 绪 论

作为一种性能优越的空中平台,无人机的设计概念最早应用于军事领域。近年来,随着信息技术、电子技术、计算机技术等高新技术在航空领域的广泛应用,民用无人机的应用范围不断扩展,性能不断提高,其在民用领域的应用获得长足发展。

教学要求

(1)掌握无人机的概念,熟悉无人机的行业应用领域;
(2)掌握无人机飞行的定义和分类;
(3)了解无人机飞行管理及国外飞行监管现状;
(4)培养学生具有良好的无人机飞行安全意识。

内容框架

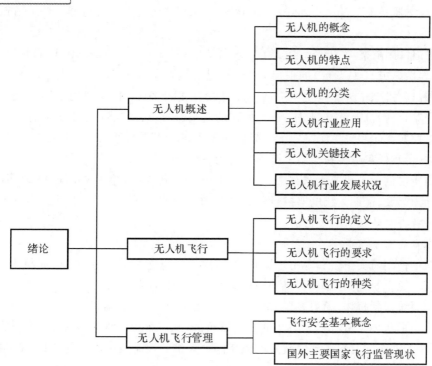

绪论
- 无人机概述
  - 无人机的概念
  - 无人机的特点
  - 无人机的分类
  - 无人机行业应用
  - 无人机关键技术
  - 无人机行业发展状况
- 无人机飞行
  - 无人机飞行的定义
  - 无人机飞行的要求
  - 无人机飞行的种类
- 无人机飞行管理
  - 飞行安全基本概念
  - 国外主要国家飞行监管现状

第一节　无人机概述

无人机是一种性能优越的空中平台，其设计概念可追溯到 1914 年，最早应用于军事领域。第一次世界大战（以下简称"一战"）期间，军方首先研制出飞行炸弹、靶机，然后又推出无人侦察机。无人机技术在 20 世纪 70 年代开始成熟。从 20 世纪 90 年代开始，卫星地理定位技术和通信技术为无人侦察机开辟了新道路。由于军事设备具有较强的技术保密和行业垄断性质，民营企业和资本很难获得准入。随着世界范围内军民融合战略的实施和推进，近几年无人机技术在民用领域的应用获得长足发展。

一、无人机的概念

无人机属于航空器的一种，在介绍无人机的概念和定义之前，我们先了解一下航空器的概念。

1.航空器的定义

1919 年，《巴黎公约》附件 A 中称"航空器是指可以从空气的反作用而在大气中取得支撑力的任何器械"。1967 年，国际民用航空组织对该定义进行了修改，形成了新的定义：航空器是大气中任何靠空气的反作用力而不是靠空气对地（水）面反作用力作支撑的任何器械。这是至今较为权威的关于航空器的定义。

航空器在法律上划分为民用航空器和国家航空器，分别具有不同的法律地位。

2.无人机的定义

国际民用航空组织建议，在日常技术应用中使用"远程驾驶航空器系统"（Remotely Piloted Aircraft System）和"远程驾驶飞行器"（Remotely Piloted Aircraft）这两个术语，而不建议使用"无人航空器系统"（Unmanned Aircraft System）和"无人驾驶飞行器"（Unmanned Aerial Vehicle）。

根据中国民用航空局飞行标准司的规定，无人机（Unmanned Aircraft，UA）是由控制站管理（包括远程操纵或自主飞行）的航空器，也称远程驾驶航空器（Remotely Piloted Aircraft，RPA）。而在国务院、中央军委空中交通管理委员会（以下简称"国家空管委"）相关文件中，无人驾驶航空器，是指机上没有驾驶员进行操控的航空器，包括遥控航空器、自主航空器、模型航空器等。遥控航空器和自主航空器统一简称为无人机。无人机系统，是指无人机以及与其相关的遥控站（台）、任务载荷和控制链路等组成的系统。

行业内所说的无人机是无人驾驶飞行器（Unmanned Aerial Vehicle，UAV）的简称，是指利用空气动力起飞、借助无线电遥控设备和自备的控制装置操纵、可一次性或多次性使用，并且能够携带各类有效载荷的飞行器。

3.无人机的基本组成

无人机的使用需要一整套专用装置和设备，无人机与这些设备构成一个完整的系统，称为无人机系统。该系统包括无人机，机外遥控站和起飞、回收装置等。

无人机系统包括机体、动力装置、机上飞行控制系统、有效载荷以及用于起飞和回收的装置等。无人机的机体与有人驾驶的飞机大致相同，但不需要生命保障等系统，结构比较简单、轻便，广泛采用非金属材料。动力装置的类型因无人机的性能和用途而异，有小型涡轮喷气发动机、活塞式航空发动机和冲压喷气发动机等，或使用聚合物锂电池、燃料电池、太阳能电池板等电池作为动力源。无人机上飞行控制系统包括自动驾驶仪、程序控制装置、遥控和遥测设备、电视摄像机、自动导航设备、计算机、自动起飞和着陆系统等。携带有效载荷是使用无人机系统的主要原因，而且有效载荷通常是无人机系统比较昂贵的子系统，包括用于完成侦察任务的可见光摄像机、红外摄像机、机载雷达、航空喷洒装置等，也包括侦察与测试设备、电子对抗设备和武器等。无人机可根据不同用途选装上述设备和加装其他专用设备。

随着无线通信突飞猛进的发展，从以话音为主的 2G 时代，发展到以数据为主的 3G 和 4G 时代，目前正在步入万物互联的 5G 时代。5G 网联无人机的终端和地面控制终端均通过 5G 网络进行数据传输和控制指令传输，并通过业务服务器加载各类场景的应用。其中 5G 网络提供了从无线网到核心网的整体网络解决方案，以适配各种复杂应用场景的网络实现。

二、无人机的特点

总的来说，无人机具有结构简单、体积小、质量轻、机动性好、飞行时间长、成本低、便于隐蔽、无须机场跑道和可多次回收重复使用等优点，并能完成有人驾驶飞机不宜执行的某些任务。微电子技术、信息技术、控制和导航技术及新材料的发展，推动了无人机的发展。一个关于无人机应用的谚语认为它主要用于完成枯燥（Dull）、肮脏（Dirty）和危险（Danger）任务，被称为 DDD，除此之外，还可以完成跟踪、科学研究、环境评价等任务。此外，制造成本和使用成本低也是无人机广泛应用的因素之一。

民用无人机使用者分为三类：商业用户、非商业用户（包括个人消费娱乐、企业活动和研究活动）和政府非军事运营机构。

三、无人机的分类

民用无人机种类繁多，无人机最终目的是为了飞行，其飞行安全的分析和描述也不尽相同，且其空中的运行要求也不相同，因此有必要掌握其分类方法和运行要求。

（一）按照无人机运行风险分类

国家空管委发布的《无人驾驶航空器飞行管理暂行条例》（2020 年司法部送审稿）中，根据民用无人机运行风险大小，将其分为微型、轻型、小型、中型和大型等 5 种类型。

1. 微型无人机

微型无人机，是指空机质量小于 0.25 kg，具备高度保持或者位置保持飞行功能，设计性能同时满足飞行真高不超过 50 m、最大平飞速度不超过 40 km/h、无线电发射设备符合微功率短距离无线电发射设备技术要求的遥控航空器。

2. 轻型无人机

轻型无人机，是指同时满足空机质量不超过 4 kg，最大起飞质量不超过 7 kg，最大平飞速度不超过 100 km/h，具备符合空域管理要求的空域保持能力和可靠被监视能力的遥控航空器，但不包括微型无人机。

3. 小型无人机

小型无人机，是指空机质量不超过 15 kg 或者最大起飞质量不超过 25 kg 的遥控航空器或者自主航空器，但不包括微型、轻型无人机。

4. 中型无人机

中型无人机,是指最大起飞质量超过 25 kg 不超过 150 kg,且空机质量超过 15 kg 的遥控航空器或者自主航空器。

5. 大型无人机

大型无人机,是指最大起飞质量超过 150 kg 的遥控航空器或者自主航空器。

(二)按照运行进行分类

根据国家民航局飞行标准司咨询通告《轻小无人机运行规定》(AC - 91 - FS - 2019 - 31R1),轻小型无人机主要包括以下几类:

(1)可在视距内或视距外操作的、空机质量小于等于 116 kg、起飞全重不大于 150 kg 的无人机,校正空速不超过 100 km/h;

(2)起飞全重不超过 5 700 kg,距受药面高度不超过 15 m 的植保类无人机;

(3)充气体积在 4 600 m^3 以下的无人飞艇。

《轻小无人机运行规定》把轻小型分为 7 类,见表 1 - 1。其中,实际运行中,若 I(a),I(b),II,III,IV 类分类有交叉时,按照较高要求的一类分类。而对于串、并列运行或者编队运行的无人机,按照总质量分类。

表 1 - 1 轻小型无人机分类   单位:kg

分　类	空机质量	起飞全重
I(a)	$0 < W \leq 0.25$	
I(b)	$0.25 < W \leq 1.5$	
II	$1.5 < W \leq 4$	$1.5 < W \leq 7$
III	$4 < W \leq 15$	$7 < W \leq 25$
IV	$15 < W \leq 116$	$25 < W \leq 150$
V	植保类无人机	
VI	无人飞艇	
VII	有特殊风险的 II 类无人机	

《民用无人机驾驶员管理规定》(AC - 61 - FS - 2019 - 20R3)把无人机分为 9 类,见表 1 - 2,其中兼容《轻小无人机运行规定》中的轻小型,可简单理解后两类,即 XI,XII 为中大型。

表 1 - 2 无人机分类   单位:kg

分　类	空机质量	起飞全重
I(a)	$0 < W \leq 0.25$	
I(b)	$0.25 < W \leq 1.5$	
II	$1.5 < W \leq 4$	$1.5 < W \leq 7$
III	$4 < W \leq 15$	$7 < W \leq 25$
IV	$15 < W \leq 116$	$25 < W \leq 150$
V	植保类无人机	

续表

分　类	空机质量	起飞全重
Ⅵ	无人飞艇	
Ⅶ	有特殊风险的Ⅱ类无人机	
Ⅺ	$116<W\leqslant5\ 700$	$150<W\leqslant5\ 700$
Ⅻ	$W>5\ 700$	

　　为方便本书后续阐述,从最大起飞质量或特殊应用的分类方法出发,可将无人机简单分为轻小型和中大型两类。

(三)按照应用领域分类

　　根据无人机应用领域,可将其分为消费级无人机和工业级无人机。

　　1.消费级无人机

　　它主要是指应用于非商业用途,如用于个人航拍或虚拟现实(Virtual Reality,VR)体验飞行的微小型无人机。

　　2.工业级无人机

　　它主要是指应用于商业用途,如用于农业、消防、水利、环保、电力、测绘等专业领域,从事商业运营的无人机。

(四)按照不同平台分类

　　无人机主要有固定翼无人机、无人直升机和多旋翼无人机三大平台,其他小种类无人机平台还包括伞翼无人机、扑翼无人机和无人飞船等。固定翼无人机是军用和多数民用无人机的主流平台,其最大特点是飞行速度较快;无人直升机是灵活性最强的无人机平台,无人机可以原地垂直起飞和悬停;多旋翼(多轴)无人机是消费级和部分民用用途的首选平台,灵活性介于固定翼无人机和无人直升机之间(起降需要推力),但操纵简单、成本较低。

四、无人机行业应用

　　近年来,随着信息技术、电子技术、计算机技术等高新技术在航空领域的广泛应用以及现代战争的需要,民用无人机的应用范围不断扩大,性能得到了不断提高,其生产和应用在国内外得到了蓬勃发展。航空装备的无人化、小型化和智能化已经成为未来航空业的发展方向,无人机开始在民用市场崭露头角,其中农林植保和电力能源巡检这两个领域在目前已表现出较为迫切的需求趋势,且具备较为可观的市场前景,而考虑到无人机现阶段的技术已大可满足要求,故预计供需的契合度较高。在其他相对小众的民用要求方面,无人机凭借其优势,在防灾、电力、森林、气象、农药喷洒、遥感遥测、电力巡检、地质勘探和海洋勘测等方面也有广泛的应用,并且已有货运航空公司开展无人机送货试验。在民用领域,国土测绘无人机、地质勘测无人机、灾害监测无人机、气象探测无人机、电力巡检无人机、空中交通管制无人机、边境控制无人机、通信中继无人机、农药喷洒无人机的研究和应用都在不断的发展中。

（一）农林植保

1. 农业检测

利用集成了高清数码相机、光谱分析仪、热红外传感器等装置的无人机在农田上空飞行，可以准确测算投保地块的种植面积，所采集数据可用来评估农作物风险情况、保险费率，并能为受灾农田定损。此外，无人机的巡查还实现了对农作物的监测。

面对颗粒无收、自然灾害频发的局面，农业保险对农业生产有一定帮助作用。无人机在农业保险领域的应用，既可确保定损的准确性以及理赔的高效率，又能监测农作物的生长，帮助农户采取有针对性的措施，以减少风险和损失。

2. 农药喷洒

植保无人机，是用于农林植物保护作业的无人驾驶飞机。该型无人机由飞行平台（固定翼、直升机、多轴飞行器）、导航飞控、喷洒机构三部分组成，通过地面遥控或导航飞控实现喷洒作业，可以喷洒药剂、粉剂、种子等。

无人驾驶小型直升机具有作业高度低，飘移少，可空中悬停，无须专用起降机场，旋翼产生的向下气流有助于增加雾流对作物的穿透性，防治效果好，远距离遥控操作，喷洒作业人员避免了暴露于农药的危险，提高了喷洒作业安全性等诸多优点。另外，电动无人直升机喷洒技术采用喷雾喷洒方式至少可以节约50%的农药使用量、节约90%的用水量，这将很大程度地降低资源成本。电动无人机与油动的相比，具有整体尺寸小、质量轻、折旧率低、单位作业人工成本不高和易保养等特点。

（二）电力巡检

装配有高清数码摄像机和照相机以及GPS定位系统的无人机，可沿电网进行定位自主巡航，实时传送拍摄影像，监控人员可远距离在电脑上同步收看与操控（见图1-1）。

传统的人工电力巡线方式，条件艰苦，效率低下，一线的电力巡查工偶尔会遇到这样那样的危险。无人机实现了电子化、信息化、智能化巡检，提高了电力线路巡检的工作效率、应急抢险水平和供电可靠率。而在山洪暴发、地震灾害等紧急情况下，无人机可对线路的潜在危险，诸如塔基陷落等问题，进行勘测与紧急排查，丝毫不受路面状况影响。这样既免去电力巡查工人攀爬杆塔之苦，又能勘测到人眼的视觉死角，对于迅速恢复供电很有帮助。

图1-1 无人机电力巡检示意图

(三)环保领域

无人机在环保领域的应用,大致可分为以下三种类型(见图1-2)。

1.环境监测

无人机可以观测空气、土壤、植被和水质状况,也可以实时快速跟踪和监测突发环境污染事件的进展。

2.环境执法

环境监测部门利用搭载了采集与分析设备的无人机在特定区域巡航,可以监测工厂的废气与废水排放,寻找到污染源。

3.环境治理

利用携带了催化剂和气象探测设置的柔翼无人机在空中进行喷撒,与无人机播洒农药的工作原理一样,可在一定区域内消除雾霾。

无人机开展航拍,不仅持久性强,还可采用远红外夜拍等模式,实现全天候航监测。无人机执法不受空间与地形限制,时效性强,机动性好,巡查范围广,尤其是在雾霾严重的地区,执法人员可快速、及时排查到污染源,在一定程度上减缓雾霾的污染程度。

(四)国土测绘

遥感无人机航测系统是根据不同类型的遥感任务,研发相应的机载遥感设备、传感器、控制系统,根据遥感系统定位航摄点、摄影比例尺、重叠度等参数以及飞行控制系统实时提供的飞行高度、飞行速度等数据,自动计算并自动控制遥感传感器的工作,使获取的空间数据在精度、比例尺、重叠度等方面满足遥感的技术要求(见图1-3)。

图1-2 无人机环保勘察

图1-3 国土测绘无人机

相比较传统的测绘手段,无人机测绘能够凭借其机动、灵活等特点,在国土测绘领域发挥重要的作用。通过快速获取测绘无人机航摄数据,能够快速掌握测区的详细情况,应用于国土资源动态监测与调查、土地利用和覆盖图更新、土地利用动态变化监测、特征信息分析等方面。高分辨率的航空影像还可应用于区域规划等。

(五)水利检测

在陆地上,遥感无人机可应用于洪涝监测、河道管理、河道污染检测等。无人机可根据地形和河流情况,确定航线,并进行凌情应急监测、滩区洪水灾害监测、水污染等突发事件监测等。此外,遥感无人机还可以应用于海岸带调查,如填海造地、水产养殖、海岸带变迁等情况,近海岛礁监测,船只、藻类、浮标等目标识别,以及海洋环境监测等。

(六)应急救灾

无人机航空遥感系统可用于资源调查、环境监测、灾害应急救援等领域(见图1-4)。下面就无人机航空遥感系统在洪涝灾害监测、森林防火监测、气象灾害监测、地质灾害巡查与防护、地震灾害救援与灾情评估等方面的应用进行简单介绍。

图1-4 无人机应急救援应用

1.洪涝灾害监测

目前,洪涝灾害监测方法主要是通过地面上的水文实测站点获取的水文数据分析整个流域的汛情。这些站点上的分布特征,难于形成完整的面上信息。利用无人机航空遥感系统拍摄的灾情信息比其他常规手段更加快捷、客观和全面。其主要应用如下:

(1)利用航拍结果进行对比分析,详细分析汛情的发展,研究汛情的变化情况,从而把握汛情的现状和发展趋势。

(2)利用航拍视频可以看到洪水范围,评估灾害损失情况。

(3)结合地形数据可以确定水位和水深,利用数据库可以确定不同的土地被淹没类型和面积。

2.森林火灾监测

森林火灾发生时,火场上空能见度极低,即使是航护飞机能到达火场上空,观察员也无法详细观察到地面火场情况,而在这种情况下飞行又存着安全隐患。无人机能够克服航护飞机的这一不足,通过搭载摄像设备和影像传输设备,可随时执行火警侦察和火场探测任务。地面人员通过接收来自无人机的视频信号,随时掌握火场动态信息。无人机可以全天候在空中对林区进行勘查,能够及时发现火情,报告火场位置并采取行动,将火灾消灭在初期。无人机配备彩色CCD(Charge Coupled Device)任务载荷,其按预定航迹对林区进行空中巡查,并将空中巡查获取的图像数据实时传回地面测控站,地面测控站将实时图像通过网络传给防火值班部门。对于可疑点或区域,通过遥控指令可改变无人机飞行航迹及飞行高度进行详查,详查图像通过无线链路实时传回地面。对已出现火情的地区进行空中火情态势观察,使灭火指挥部门迅速有效地组织、部署灭火队伍,提高灭火作战效率,防止救火人员的伤亡。

3.气象灾害监测

利用无人机航空遥感系统提供的灾情信息和图像数据,可以进行气象灾害损失评估与灾害过程监测,估计灾害发生的范围,准确计算受灾面积及评估灾害损失。若发生雨雪、冰冻灾害,可以对低温的发生强度以及低温冷害的分布范围实施实时动态监测,并且能够迅速研究低温冷害发生发展的一般规律,为相关部门及时采取有效救灾措施提供及时、全面的信息。

4.地质灾害巡查与防护

我国是地质灾害最为严重的国家之一。无人机航空遥感系统提供的地质灾害区图像包括地质、地貌、土壤、水文、土地利用和植被等信息,这些信息构成地质灾害灾情评估的基础数据,对于提高该区域地质灾害管理和灾情评估的科学性、准确性和有效性非常重要,而且可以大大提高减灾、抗灾、防灾的效率和现代化水平。对于山体滑坡和泥石流等重大地质灾害,不但可以分析灾害严重程度及其空间分布,帮助政府分配紧急资源,快速准确地获取泥石流环境背景要素信息,而且能够监测其动态变化,为准确的预报提供基础数据。

5.地震灾害救援与灾情评估

地震具有突发性和强破坏性的特点。在地震灾害的救援过程中,情报的时效性非常关键。地震发生以后,必须快速掌握地震灾害早期综合情报,快速调查清楚地震灾害造成的损失,以便迅速准确地制定救灾策略和实施措施,把灾害造成的损失减少到最小。但是,由于震后通信、交通中断,而且,地震后往往余震不断,所以采用常规手段无法快速了解灾情信息。无人机航空遥感系统可以快速获取地震灾区信息,利用其搭载的传感器真实记录灾区地球表面的自然地貌、人工景观以及人类活动的痕迹,能够准确、客观、全面地反映地震后灾区的灾情,为震害调查、损失快速评估提供科学依据,而且可以确定极震区位置、灾区范围、宏观地震烈度分布、建筑物和构筑物破坏概况以及急需抢修的工程设施等。

五、无人机关键技术

无人机关键技术主要有机体结构设计技术、机体材料技术、飞行控制技术、无线通信遥控技术、图像传输技术(简称,"图传")、芯片技术和平台技术,这几项技术支撑着现代化智能型无人机的发展与改进。

(一)机体结构设计技术

飞机结构强度研究与全尺寸飞机结构强度地面验证试验。在飞机结构强度技术研究方面,包括飞机结构抗疲劳断裂及可靠性设计技术,飞机结构动强度、复合材料结构强度、航空噪声、飞机结构综合环境强度、飞机结构试验技术以及计算结构技术等。

(二)机体材料技术

机体材料(包括结构材料和非结构材料)、发动机材料和涂料,其中最主要的是机体结构材料和发动机材料。结构材料应具有高的比强度和比刚度,以减轻飞机的结构质量,改善飞行性能或增加经济效益,还应具有良好的可加工性,便于制成所需要的零件。非结构材料量少而品种多,常用的有玻璃、塑料、纺织品、橡胶、铝合金、镁合金、铜合金和不锈钢等。

(三)飞行控制技术

提供无人机三维位置及时间数据的 GPS 差分定位系统、实时提供无人机状态数据的状态传感器、从无人机地面监控系统接收遥控指令并发送遥测数据的机载微波通信数据链、控制无人机完成自动导航和任务计划的飞行控制计算机,所述飞行控制计算机分别与所述航姿传感器、GPS差分定位系统、状态传感器和机载微波通信数据链连接。无人机目前主要通过遥控器进行飞行控制,这项操作需要专业训练,具有一定的局限性。随着新技术的发展,无人机应简化对操作人员的要求,提升用户体验,并具备自主导航功能。

1. 手势控制技术

手势交互是一种未来人机交互的趋势,目前在精确度上存在挑战。在 2014 年国际消费类电子产品展览会(CES2014)的展场上,演示了利用 MYO 手势控制臂控制 AR.Drone2.0 四旋翼。

2. 脑机接口技术

近年来,科研人员在多个领域都运用了脑机接口技术(Brain Computer Interface,BCI),如运用该技术制作新型玩具,为残疾人制作义肢。作为需要安全性较高的飞行器,这种方式目前还不够成熟,可作为一种验证性质的技术展示,但离实际应用还有不小距离。

(四)无线通信遥控/图传技术

无人机通信一般采用微波通信,微波是一种无线电波,它传送的距离一般可达数十千米。消费级主流的方案使用 2.4 GHz Wifi 图传,传输距离为 500～1 000 m。高清图传的传输距离更远、延时性更低和画质分辨率更高,高清图传对视频的编解码要求很高,一般都选用可靠的跳频数字电台来实现无线遥控。

1. 移动通信技术

移动通信技术从模拟时代起源,经过 40 多年从 1G(1 代)到 4G(4 代)的发展,在经历了数字时代、数据时代后,正在迈入万物互联的 5G 时代。移动通信网络已覆盖了全球区域,与互联网交相呼应,构成了全球一体化的连接生态,促成了多方位的互联互通。特别是 2019 年开始商用的 5G 技术,将依靠其增强移动带宽、高可靠性、低时延、支持海量物联等特性,为无人机的创新发展赋予新动能。

2. Wifi 通信技术

2013 年,德国的卡尔斯鲁厄理工学院开发出了一项新的无线广域网技术,打破了最快的 Wifi 网络速度纪录,它可以让 1 km 以外的用户每秒钟下载 40 GB 的数据。由于这种设备的传输距离比普通 Wifi 路由器的覆盖范围要广得多,因此这种设备很适合无人机航拍图传或光纤布放不方便的地区应用。

(五)芯片技术

当前,包括 IBM 在内的多家科技公司都在模拟人的大脑,开发神经元芯片。一旦类似芯片被应用于无人机,那么,自主反应、自动识别有望变得轻而易举。

(六)平台技术

1. "Dronecode"的无人机开源系统

2014 年 10 月,著名开源基金会 Linux 推出了名为"Dronecode"的无人机开源系统合作项目,将 3DRoboTIcs、英特尔、高通、百度等科技巨头纳入项目组,旨在为无人机开发者提供所需要的资源、工具和技术支持,加快无人机和机器人领域的发展。

2.Ubuntu15.04 操作系统

Ubuntu15.04 的物联网版本是 Ubuntu 目前最安全的版本,非常精简,适合在无人机等领域中使用。

3.Airware 公司发布企业级无人机系统

Airware 公司旨在通过标准化的无人机软件系统,帮助企业迅速、高效地完成商用无人飞行器的部署及管理。

(七)未来需要重点突破的关键技术

随着不断增强的需求,由于一些瓶颈问题无人机技术的真正潜力还没办法释放。如今世界各地的科研人员和技术专家正在努力改进当前无人机技术的缺点。以下几方面则是重点需要突破的方向。

1.动力技术

续航能力是目前制约无人机发展的重大障碍,消费级多旋翼无人机续航时间基本在 20 min 左右,用户外出飞行不得不携带多块电池备用,造成使用作业的极大不便。无人机必须在动力方面实现突破,才能走上新的创新性高度。

科学家正试图生产出更有效的电池,使得无人机可以在空中飞行更长时间。此外,专业技术人员也正在研究将太阳能电池板技术应用到无人机上。据预测,在不久的将来,无人机的电池能量寿命将得到明显的改善,这将使得它们能够在需要充电前飞行更遥远的距离。

2.导航技术

无人机的导航技术是另一个需要大量创新的技术领域。精准的无人机导航系统是无人机完成飞行任务的必要条件。对于操控员,需要实时知道任何时刻无人机的位置。对于无人机来说,当自主飞行时,也需要无人机在飞行过程中的任何时刻知道自己的位置。对于全自主飞行模式,即无须控制站与飞机之间的任何通信,飞机上也必须搭载满足其任务性能所需的导航设备。目前主流的导航技术有卫星导航、惯性导航、无线电跟踪、多普勒导航、图形匹配导航、地磁导航和天文导航等。无人机必须准确知道自己"在哪儿""去哪儿",这类似于人类关于"从哪里来、到哪里去"的哲学问题,在无人机的任何发展阶段这都是绕不开的问题。

3.防撞击

让飞行中的无人机"长眼睛",能够识别飞行路径上的障碍物,并准确绕飞或悬停,是实现无人机智能化的重要一步。未来无人机避障技术将在以下几方面实现突破:①深度相机避障技术;②声呐系统避障技术;③"视觉+忆阻器"避障技术;④双目视觉避障技术;⑤小型电子扫描雷达;⑥激光扫描测距雷达;⑦四维雷达。

4.自动驾驶仪

在市场上可用的无人机都需要管理,某种程度上都是由技术人员在地上操作,但这些人必须经过严格的培训,并取得无人机飞行的认证。然而,这即将发生改变。专业人士已经尝试将自动化技术运用在无人机上,这在未来使得它们能够自主飞行,而无需人类的操作。有了这个自动的功能,那些没有无人机操控经验的人也将能够方便使用它们。

5.控制系统

无人机在飞行过程中很容易受到干扰,控制技术将会是无人机技术的关键。这些技术用于管理无人机受到不同因素影响时的应变能力,如超速、湿润和环境等。

如果没有这些控制系统,无人机的运动将很难管理。目前开发设计的控制系统都集中在无人机的保护上,专业人士正试图确保控制系统不会轻易受到病毒损害。除此之外,地面上的无人机操控人员也将通过控制系统更好地控制无人机的运动。

6.通信系统

与任何其他飞机一样,交互技术对于无人驾驶飞机非常重要。它们被地面上的操作人员使用,与无人机取得联系,并给予必要的指导方针。

类似于控制系统,无人机的通信系统也需要防火墙,这使得它们没办法被劫持。对无人机技术开发者来说,需要开发出足够强大的无人机交互技术,使得这些无人机即使在不受欢迎的情况下也能有效运作,而这可能会是关键。

六、无人机行业发展状况

(一)无人机行业发展现状

当前,世界上有 50 多个国家及地区研制了数百种型号的无人机,其中无人机技术最为先进的是美国、以色列和欧洲部分国家,处于第一梯队;而中国、俄罗斯、日本等处于第二梯队。近 10 年来,中国相继研发出各款尖端军用无人机,目前已拥有美国所有类型的尖端军用无人机,发展势头强劲。在民用无人机领域,中国更是走在世界前列。

现在全国有 1 200 多家无人机企业,生产的无人机广泛应用于各个领域。未来无人机潜力最大的市场就在民用,新增市场需求可能出现在农业植保、货物运输、空中无线网络和数据获取等领域;消费级无人机一般采用成本较低的多旋翼平台,用于竞技、航拍、游戏等休闲用途。

近年来,随着集成制造的普及,无人机基础零部件生产开始向小型化、低成本、低能耗方向发展,无人机制造成本不断走低,同时伴随着人工智能、5G 通信等新技术的逐步完善应用,无人机行业迎来新的发展机遇,行业在良好的发展环境中迅速增长,规模不断扩大。2015 年我国无人机行业整体市场规模仅为 66.4 亿元,2018 年无人机行业整体市场规模增长至 257.2 亿元,年均复合增长率达 57.05%。前瞻产业研究院预计,到 2025 年,我国民用无人机行业市场规模有望突破 2 100 亿元,年均复合增长率达 44%,其中工业级无人机行业市场规模有望突破 1 210 亿元。

(二)无人机行业发展趋势

据 UBM Market Research 预测,全世界在军、民用无人机系统方面的研发、测试费用将从 2013 年的 66 亿美元增长到 2022 年的 114 亿美元。

由于无人机的经济性、安全性、易操作性,很多民用领域对无人机都有着旺盛的需求,小型无人机可广泛应用于防灾减灾、搜索营救、核辐射探测、交通监管、资源勘探、国土资源监测、边防巡逻、气象探测和农作物估产等领域,无人机具备市场竞争优势,未来将会有大批量的使用需求。

第二节 无人机飞行

一、无人机飞行的定义

我们知道,自从 1903 年莱特兄弟发明飞机后,经过一系列的改进,人类已经彻底掌握并完美地利用了飞行技术,人类开始享受飞行并从飞行中获得更多的价值。

一般意义上的飞行,是指穿越空中或空间的航行。我们在这里所说的飞行,是指飞行器在大气层中所进行的飞行(大气层以上的飞行称为航天飞行或宇宙飞行),它是驾驶员(操纵员)操纵航空器进行的空中活动。飞行是航空活动的主要表现形式。人类是航空活动的主体,飞行是为人类活动服务的,航空活动与人类的生产、生活密切相关。随着人类生产、生活范围的扩大及航空技术的不断发展,飞行活动的领域越来越大,形式和种类也逐渐增多。

无人机飞行,一般是指无人机的驾驶员和有关人员操纵航空器进行无人机作业或活动。无人机作为通用航空的重要组成部分,具备通用航空飞行的一般特点,即不但要完成运输对象的位置变化,还要在飞行过程中完成空中作业或某种任务。

二、无人机飞行的要求

无人机飞行种类繁多、任务复杂,远离基地、流动分散,飞行条件比较简陋,有些任务的操作要求比较高。在执行任务期间,无人机人员、航空器和设备往往在外地工作时间比较长,给无人机工作人员的生活和工作带来困难,从而使完成任务的难度加大,这就使对质量的要求进一步提高。因此,要求从事无人机作业的各企业和人员在执行任务时,应当严密组织、精心准备、周密安排、细心实施、保证安全、确保质量。具体要做到以下几点:

(1)保证飞行安全是完成任务的前提。在组织与实施专业飞行时,必须贯彻"保证安全第一,改善服务工作,争取飞行正常"的方针,正确处理安全与生产、安全与服务、安全与质量的关系,在确保飞行安全的基础上,降低飞行成本,努力完成生产任务,不断提高作业质量。

(2)使用无人机的单位必须改进工作作风,加强对航空飞行作业的领导,实行科学的管理。要经常深入作业基地,检查指导工作,及时了解和解决机组在安全生产、作业质量、思想作风和生活管理等方面出现的情况和问题,提出具体改正措施,不断加强对专业飞行的组织管理。

(3)执行专业飞行任务的全体人员,要爱岗敬业,技术精湛。要有大局意识,要体现民航人的精神风范。认真遵守各项规章制度和国家的有关法律、法规,加强组织纪律性,认真落实各项安全措施,发扬团结协作和吃苦耐劳的精神,尊重地方的民族信仰和群众的风俗习惯。

(4)执行专业飞行任务的全体人员,要服从当地政府的领导,与当地政府和有关部门搞好关系。与使用单位密切配合,是保质保量完成专业飞行任务的重要保证。在执行任务过程中,要沉稳果断,主动请示汇报;在处理问题时,既要坚持原则、按章办事,又要从实际出发,合理解决遇到的实际问题。

三、无人机飞行的种类

由于无人机类型多样化,无人机飞行涉及的方面多,应用的范围广。根据管理的需要,无人机飞行可以从不同的角度进行分类。其分类与有人通航飞机类似。

(一)按照飞行任务的性质划分

按照飞行任务的性质,无人机飞行可以分为生产飞行、训练飞行和检查试验飞行。

(1)生产飞行是指无人机从事专业生产活动的飞行;

(2)训练飞行是指培训和提高驾驶员操作技术的飞行;

(3)检查试验飞行是指为检查无人机载重能力、续航或其他任务载荷设备在空中的工作状况而进行的飞行。

(二)按照运输生产的特点划分

按照运输生产的特点,无人机飞行可以分为运输生产活动和生产作业。

民航的运输生产活动主要是通过公共航空来完成的,主要包括旅客和货物的运输。但无人机有时也会承担物资的运输任务,运输生产活动是无人机重要的职能之一,例如物流快递应用、特殊物资的输送等。在可预见的将来,无人机将进行"载人"飞行。

生产作业是无人机活动的主体,可以从不同的角度进行再分类。

(三)按照航空作业的程序划分

按照航空作业的程序,无人机飞行可以分为调机飞行、视察飞行、作业飞行和返航飞行。

(1)调机飞行,是指在无人机作业飞行之前,由无人机飞机停泊所在地机场调往作业区机场的飞行。它是无人机飞行的重要组成部分,是进行无人机专业飞行的首要条件。

(2)视察飞行,是指在无人机作业飞行之前,对将要进行的作业区域进行观察的飞行。视察飞行的好坏,是关系飞行作业安全和飞行作业质量的重要一环。

(3)作业飞行,是无人机的主要内容,它是指对作业区域实施实际操作的飞行,具体包括工业作业飞行、农业作业飞行等。

(4)返航飞行,是指无人机完成作业飞行后,由作业区机场返回无人机飞机停泊所在地的飞行。

(四)按照航空飞行的区域划分

按照航空飞行的区域,无人机飞行可以分为机场区域飞行和作业区飞行。

(1)机场区域飞行,是指包括离场无人机的起飞爬升、加入航线和进场无人机的下降、进入着陆,以及无人机的本场飞行活动,如未来用中大型固定翼甚至喷气式无人机进行物流货运飞行。

(2)作业区飞行,是指无人机根据业务需要在指定地区进行作业的飞行。

(五)按照航空飞行的昼夜划分

按照航空飞行的昼夜时间,无人机飞行可以分为昼间飞行和夜间飞行。

(1)昼间飞行,是指无人机在日出到日落之间的飞行。

(2)夜间飞行,是指无人机在日落到日出之间的飞行。目前,美国等国家不允许无人机夜间飞行。

(六)按照飞行气象条件划分

按照飞行气象的条件,无人机飞行可以分为简单气象飞行和复杂气象飞行。

(1)简单气象飞行,是指无人机在云量少、云底高、能见度好的气象条件下的飞行。简单气象飞行对飞行人员的技术水平要求较低,飞行训练常常在这种条件下进行。

(2)复杂气象飞行,是指无人机在云中、云上和云下有雨、雪、雾等低能见度的情况下的飞行。复杂气象飞行对无人机的质量要求较高,该场景一般应用于应急救援等特殊时期。

(七)按照驾驶和领航术划分

飞机的驾驶和领航方式是根据外界所能提供的目视参照程度来决定的,因此,从驾驶和领航术角度考虑,飞行分为视距目视飞行和自主导航飞行。

(1)视距目视飞行,是指在可见天地线和地标的情况下,能够目视判明无人机飞行状态和目视测定无人机方位的飞行。

(2)自主导航飞行,是指完全按照预先设置的规划航线,根据卫星导航系统或图像识别特征匹配等手段,不需要人工干预而进行的飞行。

(八)按照飞行的高度划分

按照飞行的高度,无人机飞行可以分为超低空飞行、低空飞行、中空飞行和高空飞行。

飞行之所以称其为飞行,是由于无人机飞离了地面,具有飞行高度。各种不同的航空器由于飞行性能不同,其飞行的高度范围是不一样的。不同的空域,空域管理的要求不同,允许的飞行高度也是不同的。各飞行高度的飞行有其不同于其他高度的条件和特点,因此有必要按照飞行高度划分飞行类别。

(1)超低空飞行,是指距离地面或水面 100 m 以下的飞行。

(2)低空飞行,是指距离地面或水面 100 m(含)至 1 000 m 的飞行。

(3)中空飞行,是指飞行高度在 1 000 m(含)至 6 000 m 的飞行。

(4)高空飞行,是指飞行高度在 6 000 m(含)至 12 000 m(含)的飞行。

根据无人机的性能和无人机作业的要求,无人机飞行一般是低空飞行和超低空飞行。

(九)按照自然地理条件划分

按照自然地理条件,无人机飞行可以分为平原地区飞行、丘陵地区飞行、高原山区飞行、海上飞行和沙漠地区飞行。不同的自然地理条件对飞行的影响是不一样的,主要体现在导航、越障和续航力方面。

(1)平原地区飞行是指在地势平坦,没有超过 100 m 显著上升、下降的起伏地带上空的飞行。无人机较容易与地面保持高度间隔,有利于安全。

(2)丘陵地区飞行是指在地势一致,绝对高度不超过 500 m、坡度较缓且相对高差小于200 m 地带上空的飞行。在这样的区域内,无人机在边缘天气云下飞行,易进入无法退出的境地。

(3)高原是指海拔 500 m 以上、面积较大、顶面起伏较小、外围较陡的高地。山区是指地势有超过 500 m 显著上升、下降的起伏地带。在这些地区上空的飞行称为高原、山区飞行。高原、山区地形复杂,天气多变,气流扰动强烈,导航设备误差大,具有高空飞行和低空领航的特点。

(4)海上飞行,是指离开海岸线在海域上空或海洋上空的飞行。海上飞行的特点是气象资料少、天气变化不易掌握。

(5)沙漠地区飞行,是指在沙漠地区上空的飞行。

第三节　无人机飞行管理

一、飞行安全基本概念

在无人机出现以前,飞行安全特指有人机的飞行安全。飞行安全,顾名思义,是指在航空器运行期间不发生由飞行或其他原因造成的人员伤亡、航空器损坏或其他财产损失等事故。

有人说,无人机飞行安全区别于有人机飞行安全的典型之处是无人机在发生飞行事故时不会造成机上人员伤亡,但这个论点随着科技的发展即将被打破,无人机上也可以是"有人"的,只是这个机上人员不需要进行驾驶或具备相应资质。在 2017 年的日内瓦车展上,航空巨头空中客车与意大利设计公司 Italdesign 联合参展,展示了一辆可以化身为四旋翼飞行器的概念车。据新闻报道,由亿航智能技术研制的"亿航 184"飞机(见图 1-5)已经载"猴"进行试飞过几十次,下一步将会载人升空,而迪拜计划引进该飞行器进行短途载人飞行。

图 1-5　亿航 184 飞机

2019 年 6 月亿航推出新一代"亿航 216"飞机,该机型已经陆续交付给中国、欧洲及北美地区来自旅游、医疗、交通行业的客户,将来可投入市场需求的多种应用场景,例如空中游览、医疗紧急运输、物流运输及交通出行。2020 年 1 月 9 日,宣布完成双座版载人级自动驾驶飞行器(AAV)"亿航 216"在美国的首次公开飞行,并获得 FAA 颁发的全美首张自动驾驶载人飞行器特许飞行证。亿航称,这为未来在美国市场实现政策准入开启了良好的开端。亿航智能正与 FAA 协作,相信未来会获得"亿航 216"的载人飞行许可。"亿航 216"2020 年 7 月中旬在山东烟台进行了首次公开载人飞行演示,4 名乘客乘坐亿航 216 俯瞰烟台市 4A 景区"渔人码头",率先体验"空中游览"应用。

随着技术发展、军用技术外溢和成本下降,无人机在民用领域得到迅猛发展与应用,飞行活动日益增多。随之而来的违规飞行和坠机现象频发,严重威胁着飞行安全、国家安全和公共安全。飞行安全主要涉及航空安全、公共安全和国家安全。

（一）航空安全

航空安全（Aviation Safety）是为保证不发生与航空器运行有关的人员伤亡和航空器损坏等事故。无人机的航空安全主要是防止无人机与有人机之间、无人机与无人机之间、无人机与障碍物之间发生飞行冲突造成空中相撞事故。现今大部分民航客机都设有空中防撞系统，空中防撞系统（Traffic Collision Avoidance System，TCAS）是安装于中、大型飞机的一组电脑系统，用以避免飞机在空中互相冲撞。空中防撞系统价格昂贵，重量和体积大，在未来一段时期内，无人机是不可能安装此类设备的，这也在一定程度上限制了无人机进入融合空域飞行的可能。但现在许多无人机配备有双目避障设备，可在一定条件下，遇到障碍物时停止前行或自动绕开障碍物，以确保飞行安全。

根据民航局关于无人机空管与运行管理文件和咨询通告有关规定明确要求，无人机应当在隔离空域内运行，未经批准，严禁在融合空域内运行。然而，近几年来无人机违规飞行屡禁不止，全国各地曾多次出现因无人机"黑飞扰航"引发的案件。在机场地带、航路航线附近等禁飞区内操控者擅自起飞，造成航班避让、延误、异地备降，严重扰乱飞行秩序，威胁空中飞行安全。

航空安全还包括航空地面安全，航空地面安全是指围绕航空器运行而在停机坪和飞行区范围内开展生产活动的安全。如防止发生航空器损坏、旅客和地面人员伤亡及各种地面设施损坏事件。同时还包括飞机维护、装卸货物及服务用品、航空器电池更换或加油等活动的安全。

（二）公共安全

无人机飞行的广泛性给人们带来许多便捷，但也在一定程度上影响了人们的生活，涉及公共安全。公共安全，是指社会和公民个人从事和进行正常的生活、工作、学习、娱乐和交往所需要的稳定的外部环境和秩序。一方面，无人机的"炸机"事件时有发生。因操作失误、质量问题、受天气或电磁环境影响失控引起的坠机和炸机事件也频频曝出，由此显现的安全和监管问题令人担忧，引发人们对公共安全的担忧。另一方面，各种无人机的发展和使用，有可能使家中的私密空间、办公室的工作活动等受到监视，让人"无处藏身"，给公众隐私保护带来威胁。

（三）国家安全

国家安全是国家的基本利益，是一个国家处于没有危险的客观状态，也就是国家没有外部的威胁和侵害，也没有内部的混乱和疾患的客观状态。当代国家安全包括 10 个方面的基本内容，即国民安全、领土安全、主权安全、政治安全、军事安全、经济安全、文化安全、科技安全、生态安全和信息安全。

当前，普通的航拍无人机所携带的相机具有较高像素与分辨率，所拍影像足以用于军事应用。一些不法分子使用无人机进行非法测绘或对重要军事和政治目标进行航拍，误闯军事和重要目标禁区的事件也时有发生，易造成泄密。因无人机造价低廉、技术门槛低，若经恐怖分子改造后在机上装载爆炸物并远程操控使之在重要目标内爆炸，其造成的恶劣影响难以想象。因此，无人机用于恐怖活动的风险增大，已引发恐怖攻击的疑虑。

近年来，随着民用无人机市场的爆发式增长，民用无人机发展步入"快车道"。但无人机的管控并未跟上技术发展的步伐,违规飞行对国家公共安全、飞行安全甚至是空防安全构成威胁。如何有效监管规范无人机飞机,让民用无人机有序发展,是国内外都关注并亟待解决的问题。

二、国外主要国家和地区飞行监管现状

(一)美国

作为航空业最为发达的国家之一,美国在无人机监管方面处于相对领先的地位。美国联邦航空管理局(Federal Aviation Administration,FAA)于 2016 年 6 月 21 日正式颁布《小型无人机系统的运行和审定》。该规定要求质量为 250 g 以上的民用无人机需要在网上实名注册。截至 2016 年底,FAA 的网络注册已经帮助 61.6 万无人机拥有者完成了注册工作。一次注册的有效期是 3 年,到期后还需再次注册。

FAA 负责监管以下三类无人机:

(1)作为公共飞机的无人机,指公共机构或组织利用特定无人机在特定区域执行特定操作,例如,行政执法、消防、灾难救援、边境巡逻等。

(2)作为民用飞机的无人机,为非政府行为的操作,主要包括商用无人机以及研究测试用无人机等。

(3)作为模型飞机的无人机,针对出于爱好和娱乐操作,不存在营利目的的无人机。

其中,模型飞机的无人机安全飞行应该至少满足如下几点要求:飞行高度低于 400 ft①,远离周围障碍物;无人机时刻保持在视线范围内;不得干扰有人驾驶飞机;不得在人群或者体育馆附近飞行;无人机重量不得超过 55 lb②;距离机场 5 mi③ 以上(除非事先征求了机场和管控机构的许可)。

对小型商用无人机,可以向 FAA 申请豁免。申请人只要能够提交所使用无人机的性能参数和使用限制,证明安全性等同甚至超过载人航空器,基本就能豁免。其飞行高度限制为 400 ft(此前是 200 ft)。且还要满足以下要求:必须在日间运行,保持无人机在视距内运行,距离配有塔台的机场至少 5 n mile④,距离有仪表飞行程序而没有塔台的机场至少 3 n mile,距离没有仪表飞行程序也没有塔台的机场至少 2 n mile,距离有仪表飞行程序的直升机坪至少 2 n mile。

(二)欧洲

欧洲民用无人机产业发展蓬勃,在较短时间里迅速增长。如今,无人机也逐渐迈向欧洲一体化。无人机相关的各方,尤其是欧洲无人机产业界,应该表现出足够的理解与成熟,与欧盟委员会协同合作,遵守欧洲计划规定的无人机发展相关导向政策。无人机产业有关各方将迈进无人机欧洲一体化进程的最后阶段,实现无人机在欧洲自由通行和相关服务在欧盟全面覆盖的目标。这样,不但对欧洲无人机产业各方有利,而且对全球无人机界同样大有裨益,向世

---

① 1ft=0.30m。

② 1lb=0.45kg。

③ 1mi=1.6km。

④ 1n mile=1 852m。

人展示了无人机一体化的目标完全可以实现。

2015 年 7 月 30 日,欧洲航空安全局(European Aviation Safety Agency,EASA)颁布了《无人机运营规章框架说明》(A-NPA 2015-10),强调 EASA 将在欧盟层面对所有类型无人机加以规范,收回了欧洲各国民航局对 150 kg 以下无人机的适航管理权。

欧洲航空安全局在《无人机运行概念》中提出两个主要目标:一是以安全合适的方式将民用无人机融入现有的航空系统,二是培养有创新力和竞争力的欧洲无人机工业。

EASA 采用基于安全风险的方法,将民用无人机运行分为开放类、特许类和取证类三大类,分别提出相应的要求。

1. 开放类运行

安全风险最低的一类民用无人机运行,要求也相应最低。对航空器、使用人没有任何证照要求,飞行无须民航主管当局的批准,但是相应的运行要受到一定的限制,如视距内 500 m 飞行、高度 150 m 以下、远离机场等特殊区域等。

2. 特许类运行

安全风险属于中间层的一类民用无人机运行,可能会对地面人群构成安全威胁,或者要在非隔离空域与有人航空混合运行的,都属于该类运行。该类运行需要事先进行安全风险评估,获得民航主管当局批准才可以实施。安全风险评估的内容包括适航性、运行程序、运行环境、人员资质、可用空域等信息。

3. 取证类运行

安全风险最高的一类民用无人机运行,对于航空器将有适航要求,对于人员也会有证照要求,可能还要对航空器的机载设备提出一定的标准要求,如具备感知与避让功能等。

在此之上,欧盟还制定了一系列制度,如 250 g 以上的飞行器须在醒目处标记所有者信息,操作者须持有无人机驾照,户外飞行须取得当地管控部门许可,在敏感区域如警局、军队、工业区、人群密集地点、机场等区域禁飞。若无人机操作者违反上述法规,将有可能面临最高7.5 万欧元罚款和监禁 1 年的惩罚。而针对无人机飞入禁飞区的情况,司法机关将有权对无人机操作者分别处以"罚款 1.5 万欧元、监禁 6 个月"和"罚款 4.5 万欧元、监禁 1 年"的惩罚。

欧洲各国也大都通过了类似的有关无人机的法律。以法、德两国为例,法国在 2012 年 4 月颁布了第一部无人机管理条例,又在 2015 年、2016 年和 2017 年对相关法规进行了修订和补充,以此规范无人机使用者并确保无人机使用安全;德国则在 2017 年初起草了一部关于飞行器的新草案,欲增强对无人机的管理。

(三)俄罗斯和其他国家

俄罗斯航天署针对无人机制定规则,并致力于打造新的管控系统。根据最新的规则,俄罗斯无人机的拥有者将装备俄罗斯航天系统公司设计的导航系统,其将在无人机飞行时将位置等信息传输至地面监控系统。目前该系统使用方法与应用的法律规则正在制定中,俄罗斯国内外的大型无人机制造商都牵涉其中。俄罗斯的新规则包含了质量为 250 g~30 kg 的无人机,新系统将使无人机在空中避免碰撞或是飞入敏感区域。

日本政府于 2015 年 12 月修订《航空法》,对无人机的定义、飞行路线等出台了详尽的规定。2016 年 3 月制定的《无人机规制法》更明确了核电站、军政设施等敏感区域上空禁止使用无人机,并且在机场、人口集中区域及 150 m 以上空域使用无人机须事先得到交通省许可。

这些区域基本上包括了日本大部分城市。

澳大利亚的法律规定,娱乐用无人机不得飞入机场、人口稠密地区等敏感区域 5.5 km 的范围内,非职业驾驶员不得使无人机接近其他个人 30 m 内,已有飞行资格的航拍师不得使无人机接近其他个人 15 m 内。据澳大利亚民航安全局(Civil Aviation Safety Authority,CASA)的规定,无人机的飞行限高于 120 m 之内,且必须处于视线可见的范围内,以监督飞行。澳大利亚无人机管控机构——澳大利亚民用航空安全局成立了专门的项目组来审查各项无人机相关的法律,并为无人机在澳大利亚的商业化运作的监管要求和审批程序提供全面的指导性意见。该组织还致力于推行在航空和普通人团体内进行无人机风险管理的行业和公众教育,以确保每个人都了解与无人机运行有关的安全问题。

思 考 题

1. 我国民用航空局对无人机的定义是什么?

2. 无人机有哪些特点?

3. 无人机一般由哪几部分组成?

4. 无人机分类方式有哪些?

5. 说出不少于 5 种无人机的应用方向。

6. 什么是无人机飞行控制技术?目前主要有哪几种飞行控制技术?

7. 无人机飞行有哪些要求?

8. 飞行安全主要涉及哪几方面?

9. 由 FAA 负责监管的无人机有哪三类?

第二章 飞行安全基础知识

内容提示

无人机作为一种航空器,虽然类型各异,但其飞行总离不开一般意义的航空范畴,本章主要讲述与飞行有关的航空基本概念和基础知识,让读者了解、掌握航空常用的一些概念和基础,为后续进一步学习奠定基础。

教学要求

(1)掌握航空器的概念、航空器分类;

(2)了解航空的一些基础知识;

(3)了解空域分类;

(4)了解我国当前民用航空业的概况;

(5)培养学生爱岗敬业、诚实守信、严谨求实的能力,严格执行无人机飞行安全有关规定。

内容框架

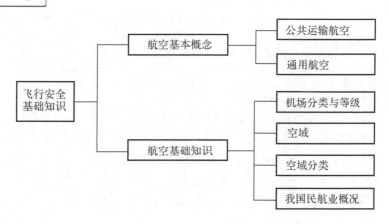

第一节 航空基本概念

航空是一种复杂而有战略意义的人类活动,指飞行器在地球大气层(空气空间)中的飞行(航行)活动,以及与此相关的科研教育、工业制造、公共运输、专业作业、航空运动、国防军事、政府管理等领域。通过对于空气空间和飞行器(航空器)的利用,航空活动可以细分为众多独立的行业和领域,典型的有航空制造业、民用航空业等。常常可以见到人们在各自的领域使用这一词语,其内涵极其丰富且多变。

从事飞行活动的飞行器,也称航空器,分为轻于空气的航空器和重于空气的航空器两类。前者依靠空气静浮力升空,如气球、飞艇等;后者依靠与空气做相对运动产生的空气动力升空,如飞机、直升机等。按照是否载人,可以分为有人机和无人机。按用途类型划分,航空主要可分为民用航空和军事航空两类。

民用航空,是指使用航空器从事除了国防、警察和海关等国家航空活动以外的航空活动。民用航空活动是航空活动的一部分,同时以"使用"航空器界定了它和航空制造业的界限,用"非军事等性质"表明它和军事航空等国家航空活动不同。民用航空的基本要求是安全可靠,对商业航空的客运和通用航空的通勤、公务飞行来说,还要求准时和舒适。

为了规范国内投资主体投资民用航空业,中国民用航空局(简称"民航局")制定了《国内投资民用航空业规定(试行)》,并于 2005 年 8 月 15 日起正式实施。新的《国内投资民用航空业规定(征求意见稿)》于 2017 年 7 月 4 日开始征求意见。航空活动分类示意图如图 2-1 所示。

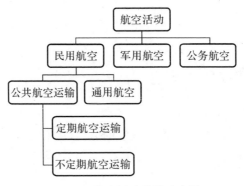

图 2-1　航空活动分类示意图

在民用航空领域,主要分为公共运输航空和通用航空两大类。

一、公共运输航空

公共运输是指公共航空运输企业使用民用航空器经营的旅客、行李或者货物的运输,包括公共航空运输企业使用民用航空器办理的免费运输。公共航空运输企业,是指以营利为目的使用民用航空器从事旅客、行李、货物、邮件运输的企业法人。

为实施公共航空运输企业经营许可,促进民用航空运输发展,根据《中华人民共和国民用航空法》和国家其他有关法律、行政法规的规定,中国民用航空局制定了《公共航空运输企业经营许可规定》并于 2005 年 1 月 15 日起施行。

商业航空是指以航空器进行经营性的客货运输的航空活动,就是我们常见的航空公司运营模式。

航空运输分为民用航空运输和非民用航空运输,民用航空运输分为公共航空运输和通用航空运输。公共航空运输从其性质、对象、时间意义以及延伸服务出发,又可以划分为不同的运输类型。

1.国内航空运输和国际航空运输

从航空运输的性质出发,可以把航空运输分为国内航空运输和国际航空运输两大类。国内航空运输,是指根据当事人订立的航空运输合同,运输的出发地点、约定的经停地点和目的地点均在一个国家境内的运输。国际航空运输,是指根据当事人订立的航空运输合同,无论运输有无间断或者有无转运,运输的出发地点、目的地点或者约定的经停地点之一不在一个国家境内的运输。

2.航空旅客运输、航空行李运输和航空货物运输

从航空运输的对象出发,可分为航空旅客运输、航空行李运输和航空货物运输。航空旅客运输,是承运人与旅客关于承运人将旅客及其行李安全运输到目的地,旅客为此支付运费的运输。航空行李运输一般和航空旅客运输合为航空旅客及行李运输。航空货物运输是指承运人与托运人关于承运人将托运人托运的货物安全运输到目的地,托运人为此支付运费的运输。

3.定期航空运输和不定期航空运输

从时间意义上划分,航空运输有定期航空运输和不定期航空运输。定期航空运输是指按照公布的时刻由预定的飞行实施、对公众开放的收费运输。不定期航空运输是指飞行时间不固定、时刻不予公布、公众可以乘坐的收费航空运输。不定期航空运输主要指包机运输,所谓包机运输是指民用航空运输使用人为一定的目的包用公共航空运输企业的航空器进行载客或载货的一种运输形式,其特点是包机人需要和承运人签订书面的包机运输合同,并在合同有效期内按照包机合同自主使用民用航空器,包机人不一定直接参与航空运输活动。

4.空海联运、空陆联运和空陆海联运

从延伸服务看,航空运输可以分为空海联运、空陆联运以及空陆海联运;从法律适用的角度进行分析,公共航空运输的基本分类为国内航空运输和国际航空运输,二者又均包括航空旅客运输和航空货物运输。

二、通用航空

(一)通用航空概念

通用航空(General Aviation,GA),是民用航空的一种,是指使用民用航空器从事公共航空运输以外的民用航空活动,包括从事工业、农业、林业、渔业和建筑业的作业飞行以及医疗卫生、抢险救灾、气象探测、海洋监测、科学实验、教育训练、文化体育等方面的飞行活动。也就是说,通用航空就是除去公共运输航空外民用航空其他所有部分。每个国家对通用航空都有不同规范,其规范主要区分是私人性质还是商业性质。

通用航空业是以通用航空飞行活动为核心,涵盖通用航空器研发制造、市场运营、综合保障以及延伸服务等全产业链的战略性新兴产业体系。

通用航空在工、农业方面的服务主要有航空摄影测量、航空物理探矿、播种、施肥、喷洒农药和空中护林等。它具有工作质量高、节省时间和人力的突出优点。直升机在为近海石油勘探服务和空中起重作业中也具有独特的作用。在一些航空发达的国家,通用航空的主要组成部分是政府机构和企业的公务飞行和通勤飞行。这是由于航空公司的定期航线不能满足这种分散的、定期和不定期的需要而兴起的飞行。此外,通用航空还包括个人的娱乐飞行、体育表演和竞赛飞行。

无人机作为一种特殊航空器,在一定程度上,已经逐步承担着之前有人通用飞机的任务,不言而喻,无人机也是通用航空的重要组成部分,具有通用航空的显著特点。从概念可以看出,无人机属于通用航空。

(二)通用航空的特点

通用航空具有机动灵活、快速高效等特点,作业项目覆盖了农、林、牧、渔、建筑、科研、交通和娱乐等行业。通用航空的具体内容包罗万象,我们熟知的通用航空有以下几种:航空摄影、医疗救护、气象探测、空中巡查和人工降水等。其他类型包括海洋监测、陆地及海上石油服务、飞机播种、空中施肥等。另外公务机和私人飞机都属于通用航空范畴之内。

通用飞机在国家经济中起着非常重要的作用。我国在"十一五"规划中已将发展通用飞机列入高技术产业工程重大专项。

(三)通用航空活动分类

根据交通运输部 2016 年第 31 号《通用航空经营许可管理规定》(已于 2016 年 6 月 1 日起正式施行),通用航空分为以下几类。

1. 甲类

通用航空包机飞行、石油服务、直升机引航、医疗救护和商用驾驶员执照培训。

2. 乙类

空中游览、直升机机外载荷飞行、人工降水、航空探矿、航空摄影、海洋监测、渔业飞行、城市消防、空中巡查、电力作业、航空器代管和跳伞飞行服务。

3. 丙类

私用驾驶员执照培训、航空护林、航空喷洒(撒)、空中拍照、空中广告、科学实验和气象探测。

4. 丁类

使用具有标准适航证的载人自由气球、飞艇开展空中游览;使用具有特殊适航证的航空器,开展航空表演飞行、个人娱乐飞行、运动驾驶员执照培训、航空喷洒(撒)、电力作业等经营项目。

从事通用航空活动,应当具备一定的准入条件。从事经营性通用航空,限于企业法人,应当向国务院民用航空主管部门申请领取通用航空经营许可证,并依法办理工商登记;未取得经营许可证的,工商行政管理部门不得办理工商登记。通用航空企业从事经营性通用航空活动,除在紧急情况下的救护或者救灾飞行外,应当与用户订立书面合同。

从事非经营性通用航空的,应当向国务院民用航空主管部门办理登记。

组织实施作业飞行时,应当采取有效措施,保证飞行安全,保护环境和生态平衡,防止对环境、居民、作物或者牲畜等造成损害。

第二节　航空基础知识

一、机场

(一)机场的概念

机场,亦称飞机场、空港,较正式的名称是航空站。机场有不同的大小,除了跑道之外,机场通常还设有塔台、停机坪、航空客运站、维修厂等设施,并提供机场管制服务、空中交通管制等其他服务。

机场飞行区是为飞机地面活动及停放提供适应飞机特性要求和保证运行安全的构筑物的统称,包括跑道及升降带、滑行道、停机坪、地面标志、灯光助航设施及排水系统。截至2016年,我国境内民用机场(颁证)共有218个(不含香港、澳门和台湾地区)。

(二)机场分类

机场按用途可分为军用机场、民用机场、军民合用机场和专用机场(指飞机制造厂、科研机构等单位专属或为某种特殊需要而专门设立的机场),按使用航空器类型可分为飞机场和直升机场,按使用情况分为常驻机场和备用机场,按使用性质可分为运输机场和通用机场,按场基可分为陆地机场和水上机场,按机场海拔高度可分为平原机场和高原机场。

机场体系总体上可分为民用机场与军用机场两大类。其中民用机场又分为运输机场与通用机场两类,军用机场分为永备机场与野战机场两类。

(三)机场等级

根据机场跑道的长度和承载能力、地面设施的完善程度以及机场区大小等,机场又分为若干等级。

机场等级一般指飞行区等级,飞行区等级常用来指称机场等级,常直接使用机场飞行区等级指称机场等级。飞行区等级并不直接与机场跑道长度、宽度等同,还与道面强度、道面摩擦力等相关,具体用道面等级序号PCN与飞机等级序号ACN来指称。飞行区各项构筑物的技术要求和飞机的特性有关,我国采用民航标准《民用机场飞行区技术标准》(MH 5001—2013)加以规范。国际民航组织和中国民用航空局用飞行区等级指标Ⅰ和Ⅱ将有关飞行区机场特性的许多规定和飞机特性联系起来,从而对在该飞机场运行的飞机提供适合的设施。飞行区等级指标Ⅰ根据使用该飞行区的最大飞机的基准飞行场地长度确定,共分4个等级;飞行区等级指标Ⅱ根据使用该飞行区的最大飞机翼展和主起落架外轮间距确定,共分6个等级。

根据《民用机场飞行区技术标准》(MH 5001—2013)按照跑道长度与翼展等指标可将民用机场分为若干等级,见表2-1。其中,民航运输机场一般都在4D以上,公务飞行一般使用3C,3D以上的机场,2B,2C级别机场可用于农林作业,小于800 m跑道的机场只适于使用小型飞机进行飞行培训、飞行体验等。其中4C级别以上的机场建设需要国家发改委立项审批,4C以下通用机场可由省级人民政府或以下机构审批。

表2-1　机场等级分类表　　　　　　　　　　　　　　　单位:m

飞行区代码	代表跑道长度	飞行区代号	翼　展	主起落架外轮间距
1	$L<800$	A	$WS<15$	$T<4.5$
2	$800 \leqslant L<1\,200$	B	$15 \leqslant WS<24$	$4.5 \leqslant T<6$
3	$1\,200 \leqslant L<1\,800$	C	$24 \leqslant WS<36$	$6 \leqslant T<9$
4	$L \geqslant 1\,800$	D	$36 \leqslant WS<52$	$9 \leqslant T<14$
		E	$52 \leqslant WS<65$	$9 \leqslant T<14$
		F	$65 \leqslant WS<80$	$14 \leqslant T<16$

注:4F级飞行区配套设施必须保障空中客车A380飞机全重(560t)起降。

飞行区等级可以向下兼容,例如我国机场最常见的4E级飞行区常常用来起降国内航班最常见的 4C 级飞机(如空中客车 A320、波音 737 等),飞机一般使用跑道长度一半以下(约 1 500 m)即可离地起飞或使用联络道快速脱离跑道。在天气与跑道长度允许的情况下,偶尔可在低等级飞行区起降高等级飞机,例如我国大部分 4E 级机场均可以减载起降 4F 级的空中客车 A380 飞机,但这会造成跑道寿命降低,并需要在起降后人工检查跑道道面。

增加跑道长度有利于在降落时气象条件不佳、刹车反推失效或错过最佳接地点的情况下避免冲出跑道,亦有利于在紧急中断起飞的情况下利用剩余跑道长度减速刹车。增加跑道宽度有利于在滑跑偏离跑道中心线的情况下有较大修正余地,避免飞机冲出跑道。

(四)通用机场

1.通用机场定义

通用机场是指供通用航空器起降的机场。

关于通用机场的定义方式,主要有通过列举所保障的飞行活动进行界定、通过排除其他业务活动进行界定两类。

采用列举法的,如《民用机场管理条例》(国务院第 553 号令,2009 年颁布),规定"通用机场,是指为从事工业、农业、林业、渔业和建筑业的作业飞行,以及医疗卫生、抢险救灾、气象探测、海洋监测、科学实验、教育训练、文化体育等飞行活动的民用航空器提供起飞、降落等服务的机场",主要强调传统的工农作业活动。

在中南、西北地区管理局颁布的通用机场建设管理规定中,除保留上述表述外,为适应通用航空发展的新特点,还增加了"为公务飞行、包机(出租)飞行、空中游览等经营性载人飞行活动的固定翼飞机、直升机等 30 座以下民用航空器提供起飞、降落等服务的机场"。

华北地区管理局根据辖区内通航活动特点,在中南局表述基础上增加了"主要用于固定翼飞机、直升机进行通用航空作业和短途运输等飞行活动"。

采用排除法的,如《通用航空机场设备设施》(GB/T 17836—1999)中规定"通用机场是使用民用航空器从事公共航空运输以外的民用航空活动而使用的机场,包括可供飞机和直升机起飞、降落、滑行、停放的场地和有关的地面保障设施"。东北、西南、新疆地区管理局出台的通用航空建设管理规定部分或全部采纳了此表述。

又如《民航华东地区通用机场建设与使用许可管理执行办法》规定的通用机场"是指除运输机场外供民用航空器使用的有固定设施的机场,不包括野外作业临时起降点以及飞艇、滑翔机、载人气球、动力伞、降落伞、滑翔伞、悬挂滑翔机等民用航空器所使用的固定场地"。

2.通用机场的分类

通用机场可分为通用机场与临时起降点两类,其中临时起降点又进一步细分为连续使用 2 年以上、须建场坪场址等固定设施与使用期限不超过 2 年、不须建设场坪场址等固定设施两类。

2012 年发布的《通用机场建设规范》(MH/T 5026—2012)根据所使用航空器座级与月最高起降量,将通用机场分为一、二、三类。华北、东北、中南、西北和新疆五个管理局在其发布的通用机场建设管理规定中采用了这种分类方法。

《民航西南地区通用机场建设管理暂行程序》根据通用机场的建设规模,将其分为一、二、三类。一、二类与三类通用机场以是否临时开放、有无固定设施区别,一、二类通用机场则以是否作为基地机场、能否仪表飞行区别。此外,要求航空器生产组装厂家的试飞场为一类通用机场,水上平台、高架直升机场为二类通用机场。

《华东地区通用机场建设和使用许可管理暂行办法》则根据建设规模、起降类别和使用频率将通用机场分为A,B,C三类。其中A类机场强调供固定翼飞机使用,跑道一般在500 m以上,多数是基地机场;B类机场强调供直升机或水上飞机使用,定义中的"驻地性"和"常年进行飞行活动"决定了此类机场一般也是基地机场;C类机场定义中的"季节性或执行临时紧急任务"决定了此类机场一般为非基地机场。

地区管理局根据辖区内通航活动的特点与需求,对通用机场分类做了细化分类,与《通用机场建设规范》的分类并不矛盾,两者同时适用(见表2-2)。

表2-2　通用机场定义与分类

民航局,华北、东北、中南、西北、新疆地区管理局		西南地区管理局		华东地区管理局	
分类	定　义	分类	定　义	分类	定　义
一类通用机场	具有10～29座航空器经营性载人飞行业务;最高月起降量达到3 000架次以上	一类通用机场	作为基地的或仪表飞行的、有固定设施的通用机场,含:航空器生产组装厂家的试飞场	A类通用机场	供固定翼飞机使用的通用机场;跑道长度一般在500 m以上。注:可作为申请通航经营许可的基地机场
二类通用机场	具有5～9座航空器经营性载人飞行业务;最高月起降量在600～3 000架次之间	二类通用机场	不作为基地的或目视飞行的、有固定设施的通用机场,含:季节性开放的一类机场、水上平台、高架直升机场	B类通用机场	具有固定性、驻地性、供直升机或水上飞机常年使用的直升机场,包括有跑道的直升机场。注:一般指基地型直升机场,可作为申请通航经营许可的基地机场
三类通用机场	除一、二类外的通用机场	三类通用机场	执行临时任务、暂时供民用航空器起飞、降落,用于非载客飞行的无固定设施的临时机场	C类通用机场	季节性型或执行临时紧急任务的直升机场和水上机场。注:不得作为申请通用航空经营许可的基地机场;含高架直升机场,个人或企业临时租用的机场、野外作业的临时起降点

(五)其他常用概念

在飞行过程中,因气象变化、机械故障等原因航空器需要临时重新寻找降落地。下面简要描述一下诸如备降机场、迫降场等一些基本概念。

1.备降机场

备降机场是指供航空器在飞行中由于气象变化、机械故障等原因无法在预定机场降落时使用的机场,简称备降场。备降机场通常选在航线或者预定降落机场附近,分为固定备降场和临时备降场。

2.迫降场

迫降场亦称迫降地带,是指为航空器紧急情况下被迫着陆而设置的场地,分为场内迫降场和场外迫降场。场内迫降场亦称土跑道,通常是在主跑道的外侧设置的经过平整、碾压的土质场地,其宽度通常为 80 m。场外迫降场通常选定为土质跑道的旧机场或其他适应迫降用的平地。

3.临时起降点

临时起降点是指供轻型、直升机、热气球、滑翔伞等航空器临时起降的场地。临时起降点的选择应根据实际条件而定,一般要求地势平坦、坚硬,地表无吹起杂物,尽量保持一定范围内无障碍物;在条件许可时,应配备相应的保障设施设备。临时起降点的设立有专门的审批程序和规定。临时起降点设立时限不超过一年,且不跨年度。

二、空域

无人机飞行必定是在地表以上可以飞行的空间里,在这个可飞行的空间里,并不是可以随便飞、任性飞的。"海阔凭鱼跃,天高任鸟飞"只是个理想状态。全球所有国家都对地表以上有明确范围的空气空间,也就是空域,进行了相应的分类与管理。

(一)空域的概念

空域是根据飞行任务需要而划定的一定范围的空间。空域是航空事业发展的重要物质基础,是航空单位(个人)进行航空活动和空管部门提供空管服务的物质空间。

空域是国家领空的一部分,具有主权属性。空域是进行空中航行和运输以及保卫国家领土主权与国家安全的重要领域,国家对其领空内所有空域实施完全管辖和控制,有权禁止或允许外国航空器通过或降落。我国陆地领土、内海、领海的上空为我国的领空,由我国空管部门对我国领空范围内所有飞行活动提供管制服务。

(二)空域用户

空域用户是指按照航空法规规定的程序使用空域的法人和自然人,是空管系统提供管制服务的对象主体。空域用户依法享有使用空域的权利,并应当遵守国家的航空法规,认真履行各项义务,按照有关规定申请和使用空域,及时向空域管理部门通报空域使用情况;与空域管理部门建立可靠的信息渠道,积极向空域管理部门提出对空域管理的意见和建议;组织实施飞行活动时,对飞行安全负责。空域管理部门应向空域用户提供必要的空域使用信息和相关服务。

按用途类型划分,公共运输航空、通用航空和军事航空是三类主要空域用户。不同的空域用户,根据其运行目的选择作业的航空器类型不一样,所使用的飞行空域也不一样。

(三)空域管理

空域管理是指为维护国家安全,兼顾民用、军用航空的需要和公众利益,统一规划,合理、充分、有效地利用空域的管理工作,是保障领空安全和空域利用而进行的空域决策、规划、建设、控制等活动的统称。空域管理是指按照各国国家法律规定以及国际民航组织相关标准的要求,对空域进行规划、管理和设计的一项工作。空域规划、管理和设计涉及航空运输的参与者在安全、有序、正常的环境和规则下运行。为了能为航空器提供安全、及时、有效、正常的管制服务、飞行情报服务和告警服务,防止航空器空中相撞或航空器与地面障碍物相撞,保证飞行安全,促使空中交通有秩序地运行,必须对空域资源进行规划、管理和设计。

空域管理主要包括空域规划、空域划设、空域数据管理等方面,具体工作如下。

1. 空域规划

空域规划是指对某一给定空域通过对未来空中交通量需求的预测或空域使用各方的要求(军方和民航),根据空中交通流的流向、大小与分布,对区域范围、航路/航线的布局、位置点、高度、飞行方向、通信/导航/监视设施类型和布局等进行设计和规划,并加以实施和修正的全过程,即指根据空域规划、使用和安全等方面要求,确定空域范围,并明确其属性和使用规定等的过程。

空域规划是指为达到预期的空域建设和管理目标而进行的空域资源配置总体筹划。科学规划空域是实现空域管理由粗放型向集约型转变的重要保障。空域规划应当综合考虑国家安全、经济建设、空域需求、管制能力、综合保障水平、机场布局和环境保护等因素,统筹兼顾、突出重点、远近结合、注重实效,实现空域资源充分合理开发和安全高效利用。

空域规划的目的是增大空中交通容量,使空中交通运行有序,有效利用空域资源,减轻空中交通管制员工作负荷和提高飞行安全水平。空域规划工作是空域管理工作中的重要组成部分,为空域管理工作提供了宏观指导,是其他空域管理工作开展的目标和依据。

2. 空域划设

空域划设是指对空域中涉及的飞行情报区和管制区、航路、航线、进离场航线(飞行程序)、禁区、限制区和危险区等空域资源以及飞行高度、间隔等空域标准进行设计、调整、实施与监控的过程。空域划设工作是空域规划工作的具体实现,在开展过程中,需要针对不同空域使用者的需求,提出合理的空域设计调整方案,并对空域容量、工作负荷、安全、设施设备、环境等方面进行评估后,确保设计方案能够满足空域标准的要求,才能投入运行使用。

3. 空域数据管理

空域数据按照使用性质分为空域结构数据和空域运行数据。空域数据的管理包括空域结构数据和运行数据的收集、整理和使用。空域结构数据是指导航设施数据、飞行情报区和管制区数据、管制地带数据、航路和航线数据、其他空域数据等静态数据。空域运行数据是指各类空域使用方面的数据,包括该空域范围内活动的种类、飞行架次、使用时间等动态数据。为了保证空域数据的时效性,空域建设方案生效后,会对相关的空域数据及时进行修订。空域数据管理是空域规划和空域划设工作的基础,除了空域结构与运行数据外,航空器飞行历史统计数据、气象数据、地理地形数据等相关辅助数据也是空域管理工作所需要的重要参考数据,也可以纳入空域数据管理的工作范畴。

三、空域分类

根据国际法的规定,空域可分为国际空域和国家空域。其中,国际空域是指毗邻区、专属经济区、公海和不属于任何国家主权管辖范围内的土地上的空域。国家空域是指一个国家领陆和领水上空的空域。

空域种类划分的核心:要在可以接受的安全范围内,为在此空域内运行的航空器提供最大限度的灵活性、机动性,即在高密度、高速运行的空域内,要为航空器提供最大的间隔,并对其实施主动管制,在飞行活动量较少的区域,如果可以接受的气象条件存在,飞行员本身能获得所必需的服务。

(一)国际民航组织建议的空域分类

为了满足公共运输航空、通用航空和军事航空三类主要空域用户对不同空域的使用需求,确保空域得到安全、合理、充分、有效的利用,国际民航组织和各国根据国情对空域进行了分类。空域分类是复杂的系统性标准,包括对空域内运行的人员、设备、服务、管理的综合要求。

IFR(Instrument Flight Rules),即仪表飞行规则,一般用于高空飞行和恶劣天气情况下。VFR(Visual Flight Rules),即目视飞行规则,与 IFR 相对,在 IFR 不可用时使用,如自动驾驶仪损坏。多数小型飞机上都没有 IFR 设备,这时使用 VFR。干线飞机上都按照 IFR 飞行。

国际民航组织根据是否给 IFR 或 VFR 飞机提供空中交通管制,对不同的空域予以分类和命名。标准中把空域分为 A,B,C,D,E,F,G 等 7 类。

1. A 类空域

只允许 IFR 飞行,要求实现地空双向通信,进入空域要进行空中交通管制(Air Traffic Control,ATC)许可,对所有 IFR 飞行均提供空中交通管制服务,并在其所有航空器之间配备间隔。

2. B 类空域

允许 IFR 和 VFR 飞行,对所有飞行均提供空中交通管制服务,并在其相互之间配备间隔。即 B 类允许 IFR 和 VFR 飞行,其他同 A 类。

3. C 类空域

允许 IFR 和 VFR 飞行,管制员在 IFR 与 IFR 飞行以及 IFR 与 VFR 飞行之间配备间隔,提供空中交通管制服务。在 VFR 与 VFR 飞行之间只接收关于所有其他飞行的交通情报,管制员不为其提供间隔。

4. D 类空域

允许 IFR 和 VFR 飞行。管制员为 IFR 飞行与其他 IFR 飞行之间配备间隔,提供空中交通管制服务。IFR 接收关于 VFR 飞行的活动情报。VFR 飞行接收关于所有其他飞行的交通情报。

5. E 类空域

只需要 IFR 飞行实现地空双向通信,VFR 飞行进入空域不需要 ATC 许可,其他同 D 类;E 类空域允许 IFR 和 VFR 飞行,对 IFR 飞行提供空中交通管制服务。所有飞行均尽可能接收活动情报。E 类空域不得用于管制地带。

6. F 类空域

对 IFR 飞行提供交通资讯和情报服务,对 VFR 飞行提供飞行情报服务,所有航空器进入空域都不需要 ATC 许可,其他同 E 类;F 类空域允许 IFR 和 VFR 飞行。所有 IFR 飞行者均接受空中交通咨询服务。如要求,可提供飞行情报服务。

7. G 类空域

不需要提供间隔服务,对飞行提供飞行情报服务,只需要 IFR 飞行是实现地空双向通信,进入空域不需要 ATC 许可,其他同 F 类。如要求,可提供飞行情报服务。

由 A 到 G,空域的限制等级逐渐递减。

各国必须选择适合它们需要的空域种类,但不一定需要将所有的种类都包括。比如,美国空域系统分为 A,B,C,D,E,G 等 6 级,图 2-2 所示为美国的空域分类。澳大利亚空域系统分为 A,C,D,E,G 五级。国际民用航空组织(ICAO)没有规定各类空域的水平范围和垂直范围。美国 A 类空域和澳大利亚 A 类空域提供的服务一样但是空域的空间范围却有差别。我国当前并没采用 ICAO 建议的空域分类方式。

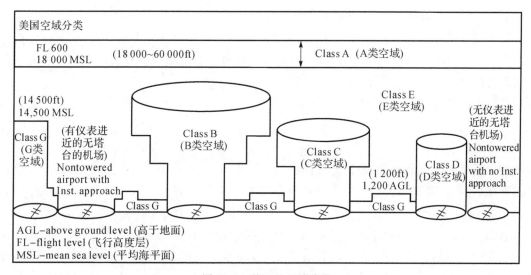

图 2-2　美国的空域分类

(二)我国民用航空的空域分类

我国主要参照中国民用航空局令第 122 号——《民用航空使用空域办法》对空域进行划分。对于民用空域,如航路、航线地带和民用机场区域可设置高空管制区、中低空管制区、终端(进近)管制区和机场塔台管制区。管制区是需要进行交通管制服务的区域。我国将管制区域分为 A,B,C,D 四类。

A 类空域为高空管制区,高度为 6 600 m 以上高空。高空管制区由高空区域管制室负责。在高空管制区只允许 IFR 飞行。

B 类空域为中低空管制区,高度为 6 600 m 以下的空域。接受 IFR 和 VFR 飞行,但 VFR 飞行须经航空器驾驶员申请并经中低空区域管制室批准。

C 类空域为进近管制空域,通常设置在一个或几个机场附近的航路汇合处,也是中低空管制区与塔台管制区的连接部分。其高度为 6 000 m 以下最低高度层以上,水平范围通常以机场基准点为中心半径 50 km 或走廊进出口以内的除机场塔台管制范围以外的空间。

D 类空域为塔台管制区,通常包括起飞航线、第一等待高度层及其以下、地球表面以上的空间和机场机动区。

在我国境内、毗连区、专属经济区及其毗连的公海的上空划分若干飞行情报区。

(三)空中交通服务空域的分类

根据《国际民用航空公约》(又称《芝加哥公约》)国际民用航空组织附件11中的相关内容:"将要提供空中交通服务的部分空域和管制机场必须按照所提供的空中交通服务对那部分空域或那些机场予以指定",通常空中交通服务(Air Traffic Service,ATS)空域可指定为飞行情报区、管制区、管制地带和管制机场。

1.飞行情报区(Flight Information Region,FIR)

经过确定将要提供飞行情报服务和告警服务的那部分空域,必须指定为飞行情报区。飞行情报区没有具体的尺寸而言,大气中的任何一部分都会属于某飞行情报区。小国家的领空是一个单一的飞行情报区,较大的国家的领空被细分成若干区域飞行情报区。

有些飞行情报区可以包括几个国家的领空。海洋空域分为海洋情报区,并授予若干机构来负责该地区的飞行情报服务和告警服务,机构之间的分工是通过国际民用航空组织的国际协议来约定的。

目前中国共有11个飞行情报区,分别为台北、香港、沈阳、北京、上海、广州、昆明、武汉、兰州、乌鲁木齐和三亚。

2.管制区和管制地带

确定将对IFR飞行提供空中交通管制服务的那部分空域,必须指定为管制区或管制地带。而确定将对VFR飞行提供空中交通管制服务的那部分管制空域,国际民用航空组织建议指定为B、C或D类空域。

管制区(Control Area)指的是从地球表面上某一规定界限向上延伸的管制空域,按照向航空器提供管制服务的阶段不一样,管制区一般又可分为进近管制区、中低空管制区和高空管制区。管制地带(Control Zone)指的是从地球表面向上延伸到规定上限的管制空域。通常,管制地带以圆柱形扣在机场上,最小半径为5 mi,其上限与管制区下限相接,而且离地高不能小于200 m。

3.终端区(Terminal Control Area)

终端区是管制区的一种,通常设在一个或几个繁忙机场附近的空中交通航路汇合处,上接航路管制区,下接机场管制地带。建立终端区的目的主要是为繁忙机场上空的IFR运行的航空器提供空中交通服务,保证其安全、有序、经济地飞行。

终端区的水平形状与为IFR航空器设计的标准进近和标准离场航线的方向相关,一般如果没有其他特殊空域和障碍物的限制、理想状态下,单个机场上空建设的终端区通常为圆柱形,允许航空器从四面八方飞至机场。终端区的下限最低离地(水面)200 m,上限是高空管制空域的下限。多个彼此距离较近的受管制机场,造成多个机场管制地带距离较近,从运行的角度上为了避免管制移交过为频繁,没有必要单独为每个机场建立单独的终端区,这时就会考虑建一个大终端来为多个机场服务,即多个机场上空共建一个终端区。

4.管制机场(Controlled Aerodrome)

确定对机场交通提供空中交通服务的那些机场必须指定为管制机场。在中国,所有的民用机场都是管制机场。

（四）特殊空域的分类

空域系统中另一个不能被忽视的就是特殊空域。这是由多种空域组成的，其中除了大量的军事活动外，还可能制止或限制那些不属于军方的飞行活动。通常，特殊用途空域设置的目的就是为了国际安全、社会安宁、环境保护、军事演习、科学研发、测试和评估。特殊用途空域大多数都会在航图上标明。

在中国，特殊空域分为禁航区、限制区、危险区、放油区、试飞区域、训练区域和临时飞行空域。

1. 危险区（Danger Area）

危险区可以由每个主权国家根据需要在主权地区的陆地或领海上空建立，也可以在无明确主权的地区建立。它在所有限制性空域中，约束、限制最少。被允许在其内运行的飞机受到保护，其他航空器的运行会受到可能的影响。基于此，有关国家应在其正式的文件、通告中发布该区建立的时间、原因、持续的长短，以便于其他飞行员作决策——能否有足够的把握、充足的信心应对如此的危险。国际民用航空组织规定，在公海区域，只能建立危险区，因为谁也无权对公海飞行施加更多的限制。我国在航图上以 D 表示（Danger Area 的首字母）（见图 2-3）。

D2	D：识别标志，英文 Danger 的第一个字母
7000	2：空域性质代码和编号
地面	7000：上限高度（米或英尺）
	地面：下限高度（米或英尺）
0800 - 1600	0800 - 1600：限制时间
ZBPE	ZBPE：管制机构

图 2-3　空中危险区的标识方法示例

2. 限制区（Restricted Area）

空中限制区是指位于航路、航线附近的军事要地、兵器试验场上空划设的空间和航空兵部队、飞行院校等航空单位的机场飞行空域。在规定时限内，未经飞行管制部门许可的航空器，不得飞入空中限制区。

限制区是限制、约束等级较危险区高但又比禁区低的一种空域，在该空域内飞行并非是绝对禁区，而是否有危险，已不能仅仅取决于飞行员自身的判别和推测。此种类型空域的建立一般不是长期的，所以最重要的是要让有关各方知道，该区何时开始生效、何时将停止存在，赖以建立的条件、原因是否依然。往往与限制区建立相关的活动包括有空中靶场、高能激光试验、导弹试验，有些限制区的生效时间持续 24 h，有些仅仅作用于某些时段，其他时段对飞行无任何影响。航图上用 R 字母加以标注（见图 2-4）。

3. 禁航区（Prohibited Area）

禁航区被划分为永久性禁航区和临时性禁航区两种，是在各种类型的空域中，限制、约束等级最高的，一旦建立任何飞行活动都会被禁止，除非有特别紧急的情况，否则将遭受致命的灾难。这些区域主要用来保护关系到国家利益的重要设施，如核设施、化学武器生产基地、某些敏感区域。不仅本身很重要，而且当发生工作事故、波及上述目标后，又将产生极大的危害，所以对于该区的建立各国都比较慎重,常以醒目的 P 在航图上加以标注(Prohibited Area 首字母)。

R3	R:识别标志,英文 Restricted 的第一个字母
7000	3:空域性质代码和编号
地面	7000:上限高度(米或英尺)
	地面:下限高度(米或英尺)
0800 - 1600	0800 - 1600:限制时间
ZBPE	ZBPE:管制机构

图 2 - 4　空中限制区的标识方法示例

4. 放油区(Fuel Dumping Area)

放油区是围绕大型机场建立的供飞机在起飞后由于种种原因不能继续飞行,返回原起飞机场又不能以起飞全重着陆时而划定的一片区域。设计该区域的主要目的是放掉多余燃油,使飞机着陆时不超过最大允许着陆重量,对飞机不造成结构性损伤,大大减少其他可能事件的发生。这样的区域一般规划在远离城市的地带。

(五)航路

在一望无际的天空中,实际上有着肉眼看不见的一条条空中通道,它对高度、宽度、路线都有严格的规定,偏离这条安全通道,就有可能存在失去联络、迷航、与高山等障碍物相撞的危险。

1. 航路概念

航路是指为航空器飞行划定的具有一定宽度和高度范围,设有地面或星基导航设施并对航空器有导航要求的空域。该空域以连接各导航设施的直线为中心线,规定有上限和下限的高度和宽度,是由国家统一划定的具有一定宽度的空中通道。目前,航空公司飞行员执行航班任务从起飞机场到目的地机场大多都是沿航路进行的。

航路分为国内航路和国际航路。国内航路供本国航空器使用,国际航路供本国航空器和外国航空器使用。划定航路的目的是维护空中交通秩序,提高空间利用率,保证飞行安全。在这个通路上,空中交通管理机构要提供必要的空中交通管制、航行情报服务和告警服务。

航路的宽度取决于飞机能保持指定航迹飞行的准确度、飞机飞越导航设施的准确度、飞机在不同高度和速度飞行的转弯半径,并须增加必要的缓冲区。按《国际民用航空公约》规定,当两个全向信标台之间的航段距离在 50 mi(92.6 km)以内时,航路的基本宽度为航路中心线两侧各 4 mi(7.4 km);如果距离在 50 mi 以上时,根据导航设施提供飞机航迹引导的准确度进行计算,可以扩大航路宽度。我国的航路宽度通常为 20 km,当某一段受到条件限制时,可以减小宽度,但不得小于 8 km。因此空中航路的宽度不是固定不变的。

2. 航路代码

为便于航空器驾驶员和空中交通管制部门工作,空中航路具有明确的名称代号,即自己的名称。除标准离场和进场航路外,一般基于地面导航设备的航路由基本代号和附加代号组成。国际民用航空组织规定,航路的基本代号由一个英文字母和 1～999 的数字组成,比如 A591,A326。而航路的第一个英文字母不可随意选用,必须在《国际民用航空公约》国际民用航空组织附件 11 规定可用的字母中选择。A,B,C,R 用于表示国际民用航空组织划分的地区航路网

（如亚太地区）的地基导航航路，H，J，V，W 为不属于地区航路网的地基导航航路（见图 2-5）。

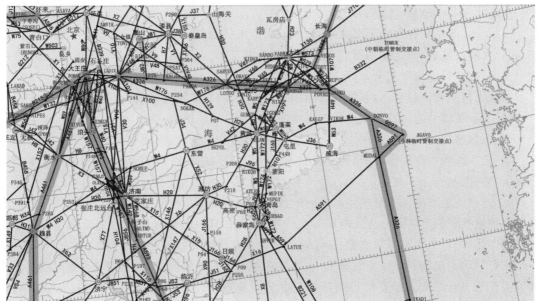

图 2-5 航路航线示意图

（1）地区性空中交通服务航路或国际航路是根据国际民用航空组织亚太地区航行规划确定的或我国确定的对外开放航路，其航路走向由地区航行会议确定，航路代码由国际民用航空组织亚太地区办事处指定，分别为 A，B，G，R。

（2）地区性区域导航航路同样由国际民用航空组织亚太地区航行规划确定，航路代码由国际民用航空组织亚太地区办事处指定，分别为 L，M 和 N。

（3）国内空中交通服务航路由国家确定并指定代码，分别为 H 和 J。国内区域导航航路由国家确定并指定代码，分别是 Q（航向 180～359），Y（航向 360～179）和 T（双向）。

（4）对于规定高度范围的航路或供特定的飞机飞行的航路，则可在基本代号之前增加一个英文字母，如 K 用于表示直升机低空的航路，U 表示高空航路，S 表示超声速飞机用于加速、减速和超声速飞行的航路。也可在基本代号之后增加一个英文字母，如 D 用于表示航路、航线或者部分航段只提供咨询服务，F 用于表示航路、航线或者部分航段只提供飞行情报服务。

3. 低空航路

最初建立的航路为低空航路（6 000 m 以下），航路的导航设施为低频、中频导航台和无线电四航道信标台。20 世纪 50 年代后期逐渐为全向信标（VOR）和伏塔克（VORTAC）所代替。喷气式飞机投入航空运输飞行后，使用全向信标、全向信标/测距机（VOR/DME）和伏塔克建立起包括 6 000 m 和以上高度的高空航路。随着空中交通密度的增大，为了使航路能有更大的容纳量，减少航班飞行的延误，对航路内的飞行实施雷达管制，以缩小航路上飞机之间的间隔。另外，在飞机上增加了区域导航系统，以便在根据全向信标/测距机建立的航路两侧建立平行航路—区域导航航路。这样，不仅减轻了主航路上空中交通的压力，增加了同方向飞行的总交通量，而且使飞机进出机场区域的飞行更加机动和安全。

(六)航线

1. 航线与航线分类

飞机飞行的路线称为空中交通线,简称航线。飞机的航线不仅确定了飞机飞行的具体方向、起止点和经停点,而且还根据空中交通管制的需要,规定了航线的宽度和飞行高度,以维护空中交通秩序,保证飞行安全。

按照飞机飞行的起止点,航线可分为国际航线、国内航线和地区航线三类。

(1)国际航线是指飞行路线连接两个或两个以上国家的航线;

(2)国内航线是指在一个国家内部的航线,它又可分为干线、支线和地方航线三大类;

(3)地区航线指在一国之内,连接普通地区和特殊地区的航线,如中国内地/大陆与港、澳、台地区之间的航线。

另外,航线还可分为固定航线和临时航线。临时航线是指根据飞行需要,经有关部门批准的非固定航线。临时航线分为临时国际航线和临时国内航线,临时航线的划设除具备划设航线的基本条件外,通常不得与航路、固定航线交叉或者通过飞行繁忙机场上空。

平行航线是指基于区域导航技术,在导航精度大幅提高的前提下,在导航设施两侧设计的相互平行的飞行航线。划设平行航线的目的是优化航路(线)结构,提高空域容量和空域利用率。

2. 航路与航线的区别

航路是指根据地面导航设施建立的供飞机作航线飞行之用的具有一定宽度的空域。该空域以连接各导航设施的直线为中心线,规定有上限和下限的高度和宽度。飞机飞行的路线称为航线,航线确定了飞机飞行的具体方向、起止和经停地点。

3. 航路航线规划

航路航线规划时,首先要保证安全,充分考虑所经地区的地形、气象特征以及附近的机场和空域,充分利用地面导航设施,方便航空器飞行和提供空中交通服务。在此基础上,还应当符合下述基本准则:

(1)航路航线应当根据运行的主要航空器的最佳导航性能划设。

(2)中高密度的航路航线应当划设分流航线,或者建立支持终端或者进近管制区空中交通分流需要的进离场航线。

(3)航路航线应当与等待航线区域侧向分离开。

(4)航路航线的交叉点应当保持最少,并避免在空中交通密度较大的区域出现多个交叉点;交叉点不可避免的,应当通过飞行高度层配置减少交叉飞行冲突。

(七)低空空域

低空空域是指地面至某一较低高度的空间范围,是通用航空(无人机)的主要活动空间。各国对低空空域上限要求标准差别较大。我国低空空域通常是指真高 1 000 m(含)以下的空间范围,可根据不同地区特点和实际需要做适当调整。2016 年 5 月 17 日,国务院办公厅出台《关于促进通用航空业发展的指导意见》,低空空域范围从 2010 年认定的真高(即以飞机正下方地平面为基准测量的高度)1 000 m 以下提升到 3 000 m 以下,这意味着大幅度提升通用航空活动空间。

根据管制服务内容,低空空域分为管制空域、监视空域和报告空域三类。低空空域的划设由中国人民解放军空军参谋部提出方案,报国家空管委审批。

1.管制空域

管制空域是指飞行计划实行审批制,空管部门对飞行活动实施管制指挥的空域。在此类空域内的所有飞行,必须预先申请并经过批准后方能实施。飞行实施过程中,管制部门要严格掌握其飞行动态,按照飞行间隔标准对其实施管制指挥。在此类空域内飞行的航空器,其通信、导航以及机载设备必须符合该空域的管制要求。

管制空域通常划设在飞行比较繁忙的地区,如机场起降地带、空中禁区、空中危险区、空中限制区、地面重要目标、国(边)境地带等区域的上空。

2.监视空域

监视空域是指飞行计划实行报备制,空管部门严密监视航空器的飞行,并为航空器提供飞行情报服务和告警服务的空域。在此类空域内的所有飞行,组织实施的单位或者个人必须事先向管制部门报备飞行计划,并在飞行实施过程中,及时向管制部门通报起飞和降落情况。管制部门负责监视其飞行动态,提供飞行情报和告警服务,在特殊情况下对其实施管制指挥。组织实施飞行活动的单位和个人对飞行安全负全责。在此类空域内飞行的航空器,应具备"可监视"的能力。监视空域通常划设在管制空域周围。

3.报告空域

报告空域是指飞行计划实行报备制,空管部门提供航行情报服务的空域。在此空域内的一切空域使用活动,空域用户向飞行管制部门报备飞行计划后,即可自行组织实施并对飞行安全负责,飞行管制部门根据用户需要提供航行情报服务。报告空域通常划设在远离空中禁区、空中危险区、空中限制区、国(边)境地带、地面重要目标以及飞行密集地区、机场管制地带等区域的上空。

(八)机场净空保护区

机场净空保护区是指为保证航空器起飞、着陆和复飞的安全,在机场周围划定的限制地貌和地物高度的空间范围。机场净空保护区由升降带、端净空区和侧净空区构成,其范围和规格根据机场等级确定。

升降带是为保证飞机起飞、着陆、滑跑的安全,以跑道为中心在其周围划定的一个区域;端净空区为保证飞机起飞、爬升和着陆下降安全限制障碍物高度的空间区域;侧净空区是从升降带和端净空区限制面边线开始,至机场净空区边线所构成的限制障碍物高度的区域,由过渡面、内水平面、锥形面和外水平面组成。机场净空保护区示意图如图2-6所示。

在机场区域内必须严格执行国家有关保护机场净空的规定,禁止修建可能在空中排放大量烟雾、粉尘、废气而影响飞行安全的建筑物或者设施、靶场、强烈爆炸物仓库等影响飞行安全的建筑物或者设施等障碍物体;禁止修建影响机场电磁环境的建筑物或者设施;禁止在依法划定的民用机场范围内放养牲畜和饲养、放飞影响飞行安全的鸟类动物和其他物体。在机场以及按照国家规定的净空保护区域以外,对可能影响飞行安全的高大建筑物或者设施,应按照国家有关规定设置飞行障碍灯和标志,并使其保持正常状态。

"为了防范无人机等升空物体侵入民用机场障碍物限制面区域,减少对机场飞行安全和运行效率的影响,促进电子围栏系统等类似技术的应用,2017年5月17日,中国民用航空局公布155个民用机场限制面保护范围相关数据。"

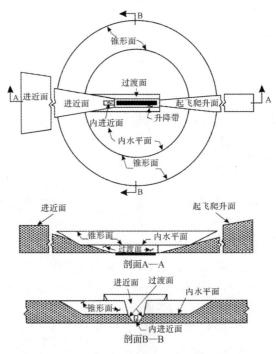

图 2-6 机场净空保护区平面图及剖面图

(九)禁飞区

禁飞区又称禁航区,指某一领地的上空禁止任何未经特别申请许可的飞行器飞入或飞越的空域。

禁飞区(No-fly zone)有多种形式:①主权国家在特殊情况下、在特殊时段对其领空范围内的特定空域采取的限制飞行的管制措施,这种禁飞区的建立是国家主权所赋予的权力;②在发生冲突的情况下,某个或某些国家或组织在冲突地域划定的特殊限制空域,限制冲突相关方的飞行器在管制空域内的飞行活动,只有在国际组织授权的前提下建立这种禁飞区才具有合法性。

"禁飞区"与"禁区"从字面上看意义相近,都是禁止航空器飞入的区域,但这两个是不同的概念。禁区是一旦建立则"任何飞行活动都会被禁止",而禁飞区是"未经特别申请许可"不得飞入而允许获批准的飞行活动,也就是禁飞区只要经管理该空域的部门批准则可以进行飞行活动。

四、我国民航业概况

中国大陆及临海上空划分为 11 个飞行情报区,总面积约为 1 081 万 km²,除禁止军民航日常飞行使用的空域(空中禁区、危险区)面积为 27.1 万 km²,实际可用飞行空域面积为 998.5 万 km²。除台北和香港两个飞行情报区外,目前全国划设 19 个高空管制区,28 个中低空管制区,25 个进近管制区,1 个终端管制区;航路航线总距离约 16.4 万 km,其中国际航路航线约占 46.2%,临时航线约占 16.2%。

改革开放以来,中国民航业持续、快速、健康发展,规模、质量和效益跃上一个新台阶。截至 2019 年底,民航全行业运输飞机期末在册架数为 3 818 架,我国共有定期航班航线为 5 521 条,国内航线 4 568 条,其中港澳台航线 111 条,国际航线 953 条。按重复距离计算的航线里程为 1 362.96 万 km,按不重复距离计算的航线里程为 948.22 万 km(见表 2-3)。

表 2－3　2019 年我国定期航班条数及里程

指　标	数　量
航线条数/条	5 521
国内航线	4 568
其中：港澳台航线	111
国际航线	953
按重复距离计算的航线里程/万 km	1 362.96
国内航线	917.66
其中：港澳台航线	16.71
国际航线	445.30
按不重复距离计算的航线里程/万 km	948.22
国内航线	546.75
其中：港澳台航线	16.71
国际航线	401.47

机场方面，截至 2019 年底，我国共有颁证运输机场 238 个。2019 年新增机场有北京大兴国际机场、巴中恩阳机场、重庆巫山机场、甘孜格萨尔机场。2019 年，北京南苑机场停航，宜宾菜坝机场迁至宜宾五粮液机场。颁证运输机场按飞行区指标分类：4F 级机场 13 个，4E 级机场 38 个，4D 级机场 38 个，4C 级机场 143 个，3C 级机场 5 个，3C 级以下机场 1 个。2019 年，全行业全年新开工、续建机场项目 126 个，新增跑道 7 条，停机位 444 个，航站楼面积 174.9 万 m²。截至 2019 年底，全行业运输机场共有跑道 261 条，停机位 6 244 个，航站楼面积 1 629 万 m²。

在通用航空方面，截至 2019 年底，获得通用航空经营许可证的通用航空企业 478 家。其中，华北地区 104 家，东北地区 39 家，华东地区 113 家，中南地区 116 家，西南地区 55 家，西北地区 33 家，新疆地区 18 家。通用航空在册航空器总数达到 2 707 架，其中教学训练用飞机 849 架。共有 44 座通用机场获得颁证，全行业颁证通用机场数量达到 246 座。

在无人机方面，截至 2019 年底，全行业无人机拥有者注册用户达 37.1 万个，其中个人用户 32.4 万个，企业、事业、机关法人单位用户 4.7 万个。全行业注册无人机共 39.2 万架。全行业无人机有效驾驶员执照 67 218 本。

思 考 题

1.航空的基本概念是什么？按照用途类型划分，航空可分为哪两类？
2.什么是公共运输航空？可分为哪几类？
3.什么是通用航空？其特点是什么？
4.根据《通用航空经营许可管理规定》，通用航空分为哪几类？
5.什么是空域？空域管理主要包括哪几方面的管理？
6.简述航路与航线的区别。
7.航路航线的设计需要遵循哪些基本准则？
8.低空空域的高度范围是多少？
9.无人机在管制飞行需要满足哪些条件？

第三章　飞行安全管理机构

近年来,国内外无人机市场经历了井喷式的发展,无人机行业与市场面临着监管的难题,空中愈来愈多的无人机,引起了国内外监管层与社会各界的极大关注,本章主要介绍国际民航的组织体系和我国现行空管体制以及航空管理(管制)部门在无人机飞行安全管理中所履行的职责和职能。

教学要求

(1)了解国际民航的组织体系;
(2)掌握我国飞行组织体系;
(3)了解飞行安全管理有关因数;
(4)培养学生具有良好的职业态度和道德修养。

内容框架

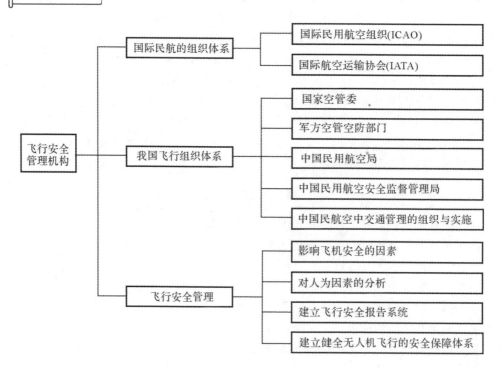

为保证空中飞行器安全有序运行,国际上和各国都成立了相应的航空安全管理部门,以制定空中秩序和安全运行规则与标准。近年来,国内外无人机市场经历了井喷式的发展,无人机行业与市场面临着监管的难题。空中愈来愈多的无人机,引起了国内外监管层与社会各界的极大关注。本章主要介绍国际民用航空的组织体系和我国现行空管体制以及航空管理(管制)部门在无人机飞行安全管理中所履行的职责。

第一节　国际民用航空的组织体系

一、国际民用航空组织(ICAO)

(一)简介

国际民用航空组织(简称"国际民航组织")(International Civil Aviation Organization,ICAO),是联合国的一个管理国际民航事务的专门机构(标志见图 3-1)。1944 年在美国政府的邀请下,为促进全世界民用航空安全、有序发展,52 个国家签订了《国际民用航空公约》,根据公约规定成立临时国际民用航空组织。随着 1947 年 4 月 4 日《国际民用航空公约》的正式生效,国际民用航空组织也正式成立,并于同年 5 月 6 日召开第一次大会,同年 5 月 13 日正式成为联合国的一个专门机构。国际民航组织总部设在加拿大蒙特利尔,是 191 个缔约国(截至 2012 年)在民航领域中开展合作的媒介。国际民航组织的主要活动是研究

图 3-1　国际民航组织标志

国际民用航空的问题,制定民用航空的国际标准和规章,鼓励使用安全措施,统一业务规章和简化国际边界手续。

中国是国际民航组织的创始成员国之一。2013 年 9 月 28 日,中国在加拿大蒙特利尔召开的国际民航组织第 38 届大会上再次(第四次)当选为一类理事国。

由于民用无人机在全球范围内发展迅速,国际民航组织已经开始为无人机系统制定标准和建议措施(SARPs)、空中航行服务程序(PANS)和指导材料。这些标准和建议措施预计将在未来几年成熟,因此多个国家发布了管理规定。

(二)法律地位

1.国际民航组织是国际法主体

这种主体资格是由成员国通过《国际民用航空公约》而赋予的,《国际民用航空公约》第 47 条规定:"本组织在缔约国领土内应享有为履行其职能所必需的法律能力。凡与有关国家的宪法和法律相抵触时,都应承认其完全的法律资格。"同时,《国际民用航空公约》还详尽规定了国际民航组织作为一个独立的实体在国际交往中所应享有的权利和承担的义务。应该说,它已经具备了一个国际法主体所必须具有的三个特征,即必须具有独立进行国际交往的能力,必须具有直接享有国际法赋予的权利,必须构成国际社会中地位平等的实体。

2.国际民航组织的权利能力和行为能力

国际民航组织的权利能力和行为能力主要表现在以下几方面。

（1）协调国际民航关系。努力在国际民航的各领域协调各国的关系及做法,制定统一的标准,促进国际民航健康、有序的发展。

（2）解决国际民航争议。多年来,国际民航组织充当协调人,在协调各国关系上发挥过不可替代的作用。国际民航组织不仅参与国际条约的制订,还以条约缔约方的身份签订国际条约。

（3）特权和豁免。国际民航组织各成员国代表和该组织的官员,在每个成员国领域内,享有为达到该组织的宗旨和履行职务所必需的特权和豁免。

（4）参与国际航空法的制定。在国际民航组织的主持下,制定了很多涉及民航各方面活动的国际公约,包括从《国际民用航空公约》及其附件的各项修正到制止非法干扰民用航空安全的非法行为,以及国际航空私法方面的一系列国际文件。

3.国际民航组织是政府间的国际组织

国际民航组织是各主权国家以自己本国政府的名义参加的官方国际组织,取得国际民航组织成员资格的法律主体是国家,代表这些国家的是其合法政府。对此,《国际民用航空公约》第21章做出了明确规定,排除了任何其他非政治实体和团体成为国际民航组织成员的可能,也排除了出现两个以上的政府机构代表同一国家成为国际民航组织成员的可能。

4.国际民航组织是联合国的一个专门机构

1946年,联合国与国际民航组织签订了一项关于它们之间关系的协议,并于1947年5月13日生效。据此,国际民航组织成为联合国的专门机构。该类专门机构指的是通过特别协定而同联合国建立法律关系的或根据联合国决定创设的对某一特定业务领域负有"广大国际责任"的政府间专门性国际组织。但它并不是联合国的附属机构,而是在整个联合国体系中享有自主地位的组织。协调一致,是这些专门机构与联合国相互关系的一项重要原则。联合国承认国际民航组织在其职权范围内的职能,国际民航组织承认联合国有权提出建议并协调其活动,同时定期向联合国提出工作报告,相互派代表出席彼此的会议,但无表决权。一个组织还可以根据需要参加另一组织的工作。

（三）宗旨和目的

国际民航组织的宗旨和目的在于发展国际航行的原则和技术,促进国际航空运输的规划和发展,以便实现下列各项目标:

（1）确保全世界国际民用航空安全、有秩序的发展;

（2）鼓励为和平用途的航空器的设计和操作技术;

（3）鼓励发展国际民用航空应用的航路、机场和航行设施;

（4）满足世界人民对安全、正常、有效和经济的航空运输的需要;

（5）防止因不合理的竞争而造成经济上的浪费;

（6）保证缔约各国的权利充分受到尊重,每一缔约国均有经营国际空运企业的公平的机会;

（7）避免缔约各国之间的差别待遇;

（8）促进国际航行的飞行安全;

（9）普遍促进国际民用航空在各方面的发展。

以上9条共涉及国际航行和国际航空运输两方面问题。前者为技术问题,主要是安全;后者为经济和法律问题,主要是公平合理、尊重主权。两者的共同目的是保证国际民航安全、正常、有效和有序的发展。基于以上宗旨和目的,国际民航组织必将能够处理好无人机飞行的技术、经济和法律问题,使无人机安全、有效地融入民航空域,保证无人机与国际民航正常、有序的发展。

(四)组织架构

国际民航组织由大会、理事会和秘书处三级组成(见图3-2)。

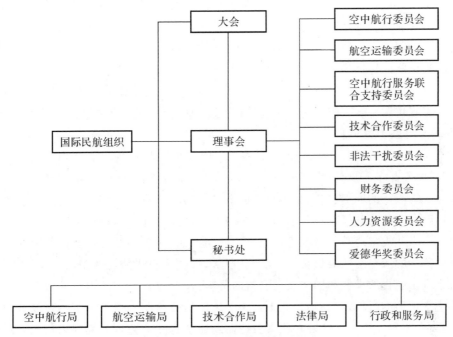

图3-2　国际民航组织架构图

1. 大会

大会是国际民航组织的最高权力机构,由全体成员国组成。大会由理事会召开,一般情况下每3年举行一次,遇到特别情况时,经理事会召集或经不少于1/5的缔约国向秘书长提出要求,可以随时举行大会特别会议。所有缔约国在大会会议上都有同等的代表权,每一缔约国应有一票的表决权。大会会议必须有过半数的缔约国构成法定人数。大会决议一般由所投票数的过半数票通过。但在某些情况下,如《国际民用航空公约》的任何修正案,则需过2/3票通过。

大会的主要职能:选举理事会成员国,审查理事会各项报告,提出未来3年的工作计划,表决年度财政预算,授权理事会必要的权力以履行职责,并可随时撤回或改变这种权力,审议关于修改《国际民用航空公约》的提案,审议提交大会的其他提案,执行与国际组织签订的协议,处理其他事项等。

大会的权力和职责:在每次会上,选举大会主席和其他官员;选举参加理事会的缔约国;审查理事会各项报告,对报告采取适当行动,并就理事会向大会提出的任何事项做出决定;决定大会本身的议事规则,并设置其认为必要的或适宜的各种附属委员会;表决ICAO的各年度预算,并决定ICAO的财务安排;审核ICAO的支出费用,并批准本组织的账目;根据自己的决定,将其职权范围内的任何事项交给理事会、附属委员会或任何其他机构处理;赋予理事会为履行 ICAO 职责所必需的或适宜的权力和职权,并随时撤销或变更所赋予的职权等。

大会召开期间,一般分为大会、行政、技术、法律和经济等 5 个委员会对各项事宜进行讨论和决定,然后交大会审议。

2. 理事会

理事会是向大会负责的常设机构,由每届大会选出的 33 个缔约国组成。当选的理事国任职至下届选举时为止。理事国分为三类:第一类是在航空运输方面居特别重要地位的成员国,第二类是对提供国际民用航空的空中航行设施做最大贡献的成员国,第三类是区域代表成员国。这三类理事国的比例为 10∶11∶12。理事会每年举行三次例会,理事会下设空中航行、航空运输、空中航行服务支持、技术合作、非法干扰、财务、人力资源和爱德华奖等八个委员会。

理事会设有主席一名,任期三年,可连选连任。理事会主席无表决权。理事会的决议需经过半数理事国同意。奥卢穆伊瓦·贝纳德·阿留(Olumuyiwa Bernard Aliu,尼日利亚人)2013 年上任,任期至 2016 年。2016 年 11 月 21 日,他再次当选为 ICAO 理事会主席。2020 年 1 月 1 日,萨尔瓦多·夏基塔塔(Salvatore Sciacchitano)任 ICAO 理事会主席。

理事会必须履行的职责:向大会提出年度报告;管理本组织的财务;执行大会的指示和履行国际民用航空公约为其规定的职责和义务;决定其组织和议事规则;决定理事会主席的酬金;任命秘书长,并规定对其他必要工作人员的任用办法;在理事会各成员国代表中选择任命一对理事会负责的航空运输委员会,并规定其职责;设立一空中航行委员会;征求、收集、审查并出版关于空中航行的发展和国际航班经营的资料,包括经营成本及以公共资金给予空运企业补贴等详细情形的资料;向各缔约国报告关于违反本公约及不执行理事会建议或决定的任何情况;向大会报告关于一缔约国违反本公约而经通知后在一合理的期限内仍未采取适当行动的任何情况;通过国际标准及建议措施;为便利起见,将此种标准和措施称为本公约的附件,并将已经采取的行动通知所有缔约国;审议空中航行委员会有关修改附件的建议,并按照规定采取行动;审议任何缔约国向理事会提出的关于本公约的任何事项等。

理事会可以行使的职责:在适当的情况下并根据经验认为需要的时候,在地区或其他基础上,设立附属的航空运输委员会,并划分国家或空运企业的组别,以便理事会与其一起或通过其促进实现本公约的宗旨;委托空中航行委员会行使规定以外的职责,并随时撤销或变更此种职责;对具有国际意义的航空运输和空中航行的一切方面进行研究,将研究结果通知各缔约国,并促进缔约国之间交换有关航空运输和空中航行的资料;研究有关国际航空运输的组织和经营的任何问题,包括干线上国际航班的国际所有和国际经营的问题,并将有关计划提交大会;根据任何一个缔约国的要求,调查对国际空中航行的发展可能出现本可避免的障碍的任何情况,并在调查后发布其认为适宜的报告。

3. 秘书处

秘书处是国际民航组织的常设行政机构,由秘书长负责保证国际民航组织各项工作的顺利进行。秘书长由理事会任命,2021 年 8 月 1 日,胡安·卡洛斯·萨拉萨尔(Juan Cavlos Salazar)任国际民航组织秘书长。秘书处下设航行局、航空运输局、法律局、技术合作局和行政局等 5 个局,以及财务处和外事处。此外,秘书处有一个地区事务处和七个地区办事处,分设在曼谷、达喀尔、开罗、利马、内罗毕、墨西哥城和巴黎。地区办事处直接由秘书长领导,主要任务是建立和帮助缔约各国实行国际民航组织制定的国际标准和建设措施以及地区规划。

(五)成员

1.成员资格

关于国际民航组织成员的资格问题,由1944年《国际民用航空公约》以及国际民航组织与联合国签订的协议所规定。各国通过批准和加入《国际民用航空公约》获得国际民航组织成员资格。《国际民用航空公约》规定,公约自26个国家批准后生效。因此,最初批准公约的26个国家成为国际民航组织的创始成员国。创始成员国不具备任何特权,与随后加入的成员所享有的权利和承担的义务是完全相同的。公约生效后,即开放加入,但范围限于联合国成员国、与联合国成员国联合的国家或在第二次世界大战(以下简称"二战")中的中立国。同时,公约也准许其他国家加入,但须得到联合国的许可并经大会4/5票数通过。如果该国在二战中侵入或者攻击了别国,那么必须在得到受到侵入或者攻击的国家的同意后,由国际民航组织把申请书转交联合国全体大会,若大会在接到第一次申请后的第一次会议上没有提出拒绝这一申请的建议,国际民航组织才可以按照公约规定批准该申请国加入国际民航组织。

2.中止或暂停表决权

根据《国际民用航空公约》的规定,任何成员国在合理的期限内,不能履行其财政上的义务或者违反了该公约关于争端和违约规定时,将被中止或暂停其在大会和理事会的表决权。如果联合国大会建议拒绝一国政府参加联合国或建立与联合国发生关系的国际机构,则该国即自动丧失国际民航组织成员国的资格。但经该国申请,由理事会多数通过,并得到联合国大会批准后,可重新恢复其成员资格。

3.退出公约

任何缔约国都可以在声明退出《国际民用航空公约》的通知书送达之日起一年之后退出公约,同时退出国际民航组织。如果有关公约的修正案决议中规定,任何国家在该修正案生效后的规定时期内未予批准,即丧失其国际民航组织成员的资格。对于没有履行这一义务的缔约国而言,就被剥夺了成员资格。

(六)工作重点

国际民航组织按照《国际民用航空公约》的授权,发展国际航行的原则和技术。由于各种新技术飞速发展,全球经济环境也发生了巨大变化,为加强工作效率和针对性,继续保持对国际民用航空的主导地位,国际民航组织制订了战略工作计划(Strategic Action Plan),重新确定了工作重点,于1997年2月由其理事会批准实施。

1.法规(Constitutional Affairs)

修订现行国际民航法规条款并制订新的法律文书。

(1)敦促更多的国家加入关于不对民用航空器使用武力的《国际民用航空公约》第3分条和在包用、租用和换用航空器时由该航空器登记国向使用国移交某些安全职责的第83分条(我国均已加入)。

(2)敦促更多的国家加入《国际航班过境协定》(我国尚未加入)。

(3)起草关于统一承运人赔偿责任制度的《新华沙公约》。

(4)起草关于导航卫星服务的国际法律框架。

2.航行(Air Navigation)

制定并刷新关于航行的国际技术标准和建议措施是国际民航组织最主要的工作,《国际民用航空公约》的 18 个附件中有 17 个都是涉及航行技术的。战略工作计划要求这一工作跟上国际民用航空的发展速度,保持这些标准和建议措施的适用性。

规划各地区的国际航路网络,授权有关国家对国际航行提供助航设施和空中交通与气象服务,对各国在其本国领土之内的航行设施和服务提出建议,是国际民航组织"地区规划"(Regional Air Navigation Planning)的职责,由 7 个地区办事处负责运作。各国越来越追求自己在国际航行中的利益,冲突和纠纷日益增多,致使国际民航组织的统一航行规划难以得到完全实施。战略工作计划要求加强地区规划机制的有效性,更好地协调各国的不同要求。

3. 安全监察(Safety Oversight Program)

全球民航重大事故率平均为 1.44 架次/百万架次。随着航空运输量的增长,如果这一比率不降下来,事故的绝对次数也将上升到不可接受的程度。国际民航组织从 20 世纪 90 年代初开始实施安全监察规划,主要内容为各国在自愿的基础上接受国际民航组织对其航空当局安全规章的完善程度以及航空公司的运行安全水平的评估。这一规划已在第 32 届大会上发展成为强制性的"航空安全审计计划"(Safety Audit Program),要求所有的缔约国必须接受国际民航组织的安全评估。

安全问题不仅在航空器运行中存在,在航行领域的其他方面也存在,例如空中交通管制和机场运行等。为涵盖安全监察规划所未涉及的方面,国际民航组织还发起了"在航行域寻找安全缺陷计划"(Program for Identifying Safety Shortcomings in the Air Navigation Field)。

作为航空安全的理论研究,现实施的项目有"人类因素"(Human Factors)和"防止有控飞行撞地"(Prevention of Controlled Flight into Terrain)。

4. 制止非法干扰(Aviation Security)

制止非法干扰,即我国通称的安全保卫或空防安全。这项工作的重点为敦促各缔约国按照《国际民用航空公约》附件 17"安全保卫"规定的标准和建议措施,特别加强机场的安全保卫工作,同时大力开展国际民航组织的安全保卫培训规划。

5. 实施新航行系统(ICAO CNS/ATM Systems)

新航行系统,即国际民航组织通信、导航、监视/空中交通管制系统,是集计算机网络技术、卫星导航和通信技术以及高速数字数据通信技术为一体的革命性导航系统,将替换现行的陆基导航系统,大大提高航行效率。20 世纪 80 年代末期由国际组织提出,90 年代初完成全球规划,现已进入过渡实施阶段。这种新系统要达到全球普遍适用的程度,尚有许多非技术问题要解决。战略工作计划要求攻克的难题包括卫星导航服务(GNSS)的法律框架、运行机构,全球、各地区和各国实施进度的协调与合作、融资与成本回收等。

6. 航空运输服务管理制度(Air Transport Services Regulation)

国际民航组织在航空运输领域的重点工作为"简化手续"(Facilitation),即"消除障碍以促进航空器及其旅客、机组、行李、货物和邮件自由地、畅通无阻地跨越国际边界"。《国际民用航空公约》18 个附件中唯一不涉及航行技术问题的就是对简化手续制定标准的建议措施的附件 9"简化手续"。

在航空运输管理制度方面,1944 年的国际民航会议曾试图制定一个关于商业航空权的多边协定来取代大量的双边协定,但未获多数代表同意。因此,国家之间商业航空权的交换仍然由双边谈判来决定。国际民航组织在这方面的职责为,研究全球经济大环境变化对航空运输管理制度的影响,为各国提供分析报告和建议,为航空运输中的某些业务制定规范。战略工作计划要求国际民航组织开展的工作有修订计算机订座系统营运行为规范、研究服务贸易总协定对航空运输管理制度的影响。

7. 统计(Statistics)

《国际民用航空公约》第54条规定,理事会必须要求收集、审议和公布统计资料,各成员国有义务报送这些资料。这不仅对指导国际民航组织的审议工作是必要的,而且对协助各国民航当局根据现实情况制订民航政策也是必不可少的。这些统计资料主要包括承运人运输量、分航段运输量、飞行始发地和目的地、承运人财务、机队和人员、机场业务和财务、航路设施业务和财务、各国注册的航空器、安全、通用航空以及飞行员执照等。

国际民航组织的统计工作还包括经济预测和协助各国规划民航发展。

8. 技术合作

20世纪90年代以前,联合国发展规划署援助资金中5%用于发展中国家的民航项目,委托给国际民航组织技术合作局实施。此后,该署改变援助重点,基本不给民航项目拨款。鉴于不少发展中国家引进民航新技术主要依靠外来资金,国际民航组织强调必须继续维持其技术合作机制,资金的来源,一是靠发达国家捐款,二是靠受援助国自筹资金,委托给国际民航组织技术合作局实施。不少发达国家认为国际民航组织技术合作机制效率低,养人多,还要从项目资金中提取13%的管理费,很少向其捐款,主要选择以双边的方式直接同受援国实施项目。

9. 培训

国际民航组织向各国和各地区的民航训练学院提供援助,使其能向各国人员提供民航各专业领域的在职培训和国外训练。战略工作计划要求,今后培训方面的工作重点是加强课程的标准化和针对性。

(七)有关无人机方面的工作

国际民航组织于2007年成立了无人机研究小组(Unmanned Aircraft Systems Study Group, UASSG)。该小组协助国际民航组织秘书处编制标准和建议措施、空中导航服务程序以及民用无人机的指南材料,支持无人机安全、高效地进入非限制空域。

2011年,国际民航组织发布了328-AN/190通告,期望无人机进入非限制空域并实现空管一体化,阐述了需要考虑的无人机和有人机的一些基本差异点,并鼓励各成员国根据各国自身经验提供信息,协助国际民航组织研究关于无人机的政策。为了分析现有的标准和建议措施是否适用于无人机运行,无人机研究小组对《国际民用航空公约》各附件进行了修订,增加了无人机的管理要求,明确要求无人机应进行适航审定,无人机运营人应持有运营证书,操作员应持有证照。

为了更好地适应无人机法规框架制定的良好发展趋势,2015年3月,国际民航组织召开了遥控航空器系统(Remotely Piloted Aircraft System, RPAS)研讨会。研讨会为法规制定方、证照管理方、培训机构和企业代表提供交换意见与分享经验的国际平台,讨论RPAS手册相关指导材料,并展示了国际民航组织后续的工作计划。至2020年国际民航组织将在《国际民用航空公约》各附件中增加适用于RPAS的相关内容。2017年9月,国际民航组织第二届远程驾驶航空器系统研讨会在国际民航组织总部蒙特利尔召开,涉及的主题包括无人机驾驶证照、训练标准实施、无人机在空中交通管理(ATM)环境下运行(包括安全风险管理),以及人为因素的影响等。2017年12月,国际民航组织航行委员会初步审议了附件2《空中规则》和附件7《航空器国籍和登记标志》中有关驾驶遥控航空器系统(RPAS)的修订提案,并批准将其转发各缔约国和有关国际组织征求意见。

二、国际航空运输协会（IATA）

（一）简介

国际航空运输协会（International Air Transport Association，IATA）是一个由世界各国航空公司所组成的大型国际组织，前身是1919年在海牙成立并在二战时解体的国际航空业务协会。1945年4月16日在哈瓦那会议上修改并通过了草案章程后，国际航空运输协会成立。同年10月，新组织正式成立，定名为国际航空运输协会（图标见图3-3）。IATA总部设在加拿大蒙特利尔，执行机构设在日内瓦。和监管航空安全和航行规则的国际民航组织相比，它更像是一个由承运人（航空公司）组成的国际协调组织，属非官方性质组织，管理在民航运输中出现的诸如票价、危险品运输等问题，主要作用是通过航空运输企业来协调和沟通政府间的政策，并解决实际运作的问题。但是它制定运价的活动，也必须在各国政府授权下进行。它的清算所对全世界联运票价的结算是一项有助于世界空运发展的公益事业，因而国际航空运输协会发挥着通过航空运输企业来协调和沟通政府间政策，解决实际运作困难的重要作用。

IATA在2016年就发布警告称，民用无人机正对商业航空领域的安全造成"真正的、日益增长的威胁"，并呼吁在严重的事故发生之前要制定法规进行管控，呼吁全球统一监管。

（二）IATA的宗旨

（1）为了世界人民的利益，促进安全、正常和经济的航空运输，扶植航空交通，并研究与此有关的问题；

（2）为直接或间接从事国际航空运输工作的各空运企业提供合作的途径；

（3）与国际民航组织及其他国际组织协力合作。

图3-3　国际航空运输协会图标

（三）机构组成

国际航空运输协会的组织架构如图3-4所示。

1.全体会议

全体会议是国际航空运输协会的最高权力机构，每年举行一次会议，经执行委员会召集，也可随时召开特别会议。所有正式会员在决议中拥有平等的一票表决权，如果不能参加，也可授权另一正式会员代表其出席会议并表决。全体会议的决定以多数票通过。在全体会议上，审议的问题只限于涉及国际航空运输协会本身的重大问题，如选举协会的主席和执行委员会委员、成立有关的委员会以及审议本组织的财政问题等。

2.执行委员会

执行委员会是全体会议的代表机构，对外全权代表国际航空运输协会。执行委员会成员必须是正式会员的代表，任期分别为一年、两年和三年。执行委员会的职责包括管理协会的财产、设置分支机构、制定协会的政策等。执行委员会的理事长是协会的最高行政和执行官员，在执行委员会的监督和授权下行使职责并对执行委员会负责。在一般情况下，执行委员会应在年会即全体会议之前召开,其他会议时间由执行委员会规定。执行委员会下设秘书长、专门委员会和内部办事机构,维持协会的日常工作。

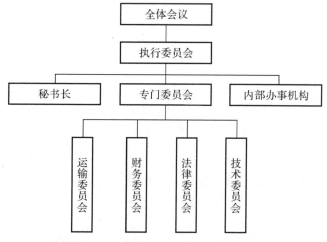

图 3-4　国际航空运输协会组织架构图

3.专门委员会

国际航空运输协会分为运输、财务、法律和技术委员会。各委员会由专家、区域代表及其他人员组成,并报执行委员会和大会批准。

4.分支机构

国际航空运输协会总部设在加拿大蒙特利尔,但是主要机构还设在日内瓦、伦敦和新加坡。国际航空运输协会还在安曼、雅典、曼谷、达卡、香港、雅加达、吉达、吉隆坡、迈阿密、内罗毕、纽约、波多黎各、里约热内卢、圣地亚哥、华沙和华盛顿设有地区办事处。

(四)基本职能

国际航空运输协会的职能:国际航空运输规则的统一,业务代理,空运企业间的财务结算,技术合作,参与机场活动,协调国际航空客货运价,航空法律工作,帮助发展中国家航空公司培训高级和专门人员。

(五)主要成员及成员申请

全球共有 300 家航空公司加入协会。国际航空运输协会的会员分为正式会员和准会员两类。国际航空运输协会会籍向获得符合国际民航组织成员国身份的政府所颁发执照的任何提供定期航班的经营性公司开放。国际航空运输协会正式会员向直接从事国际经营的航空公司开放,而国际航空运输协会准会员身份只向国内航空公司开放。国际航空运输协会现有 200 多家会员航空公司。

1.加入

国际航空运输协会的执行委员会负责审议航空公司的申请,并有权决定接纳航空公司成为正式会员或准会员。申请加入协会的航空公司如果想成为正式会员,必须符合以下两个条件:

(1)批准其申请的政府是有资格成为国际民航组织成员的国家政府。

(2)在两个或两个以上国家间从事航空服务。其他航空公司可以申请成为准会员。

2.会员权利限制

如果一个会员在 180 天之内未缴纳会费、罚金或其他财政义务,也没有能够在此期限内做出履行此类义务的安排,那么该会员的权利将受到限制,不再拥有表决权,其代表也不可以成为国际航空运输协会任何机构的成员,但是其会员资格并未终止,仍然享有根据协会章程所应享有的其他权利和义务。此章程是为了制止会员拖欠会费而制定的。

3.终止

如果会员违反了国际航空运输协会的有关章程或规定,或者该航空公司所代表的国家被国际民航组织除名,或者会员宣告破产,执行委员会可以取消其会员资格。会员也可以自行通知国际航空运输协会理事长退出该组织,并自通知发出之日起 30 天生效。

(六)主要工作

根据 1978 年国际航空运输特别大会决定,国际航空运输协会的活动主要分为行业协会活动和运价协调活动两大类。1988 年,又增加了行业服务。

1.运价协调

国际航空运输协会通过召开运输会议确定运价,经有关国家批准后即可生效。第二次世界大战以后,确定了通过双边航空运输协定经营国际航空运输业务的框架。在此框架内,由哪一家航空公司经营哪一条航线以及运量的大小,由政府通过谈判确定,同时,在旅客票价和货物运费方面也采用一致的标准,而这个标准的运价规则是由国际航空运输协会制定的。如有争议,有关国家政府有最后决定的权利。

为便于工作,协会将全球划分为三个区域,即一区,包括所有北美和南美大陆及与之毗连的岛屿,格陵兰、百慕大、西印度群岛和加勒比海群岛、夏威夷群岛(包括中途岛和帕尔迈拉);二区,包括欧洲全部(包括俄罗斯联邦在欧洲的部分)和与之毗连的岛屿,冰岛、亚速尔群岛、非洲全部和与之毗连的岛屿、阿森松岛和地处伊朗伊斯兰共和国西部并包括其在内的亚洲部分;三区,包括除二区已包括部分的亚洲全部和与之毗连的岛屿,东印度群岛的全部、澳大利亚、新西兰和与之毗连的岛屿,以及除一区所包括之外的所有的太平洋岛屿。

2.运输服务

国际航空运输协会制定了一整套完整的标准和措施以便在客票、货运单和其他有关凭证以及对旅客、行李和货物的管理方面建立统一的程序,这也就是所谓的"运输服务",主要包括旅客、货运、机场服务三方面,也包括多边联运协议。

3.代理人事务

国际航空运输协会在 1952 年就制定了代理标准协议,为航空公司与代理人之间的关系设置了模式。协会举行一系列培训代理人的课程,为航空销售业造就合格人员。近年来随自动化技术的应用发展,协会制定了适用客、货销售的航空公司与代理人结算的"开账与结算系统"和"货运账目结算系统"。

4.法律

国际航空运输协会的法律工作主要表现在以下三方面:

(1)世界航空的平稳运作而设立文件和程序的标准;

(2)为会员提供民用航空法律方面的咨询和诉讼服务;

(3)在国际航空立法中,表达航空运输承运人的观点。

5.技术

国际航空运输协会对《国际民用航空公约》附件的制定起到了重要的作用,目前在技术领域仍然进行着大量的工作,主要包括航空电子和电信、工程环境、机场、航行、医学、简化手续以及航空保安等。

(七)国际航空运输协会与无人机

横亘在有人或无人空中交通管理系统前的一大障碍,是如何管理空中交通拥堵问题。国际航空运输协会着眼于当下和长远,计划将无人机系统整合运用于空域管理和航空公司的运营之中,通过技术转移,无人机交通管理(UTM)将会对空中交通管理(ATM)带来积极影响。比如,通过人工智能开发的新型探测防撞系统、新的运行概念、新的飞机之间的联络系统、新的飞机间隔标准,以及由此带来的新角色以及新职责。

随着因无人机干扰航班正常运行的严重事件数量上升,为了防止无人机给民航客机安全带来的潜在威胁,国际航空运输协会表示,执法部门应当加强管控,对无人机使用者形成一定的威慑力。国际航空运输协会同时也想方设法增强无人机使用者的安全意识,提高他们的操作水平。

第二节　我国飞行组织体系

党的十一届三中全会以来,中国的民航事业在航空运输、通用航空、飞行安全、航线布局、航行保障、机群更新、机场建设以及人才培训等方面都得到了快速发展,取得了举世瞩目的成就。民航事业的发展与国家的经济发展密不可分,近年来随着无人机的发展,无人机与民航飞行之间的矛盾也越来越突出。我国民航组织体系的各部门都在积极探索有效措施,加强对无人机的监管,促进无人机合法飞行。

一、国家空管委

国务院、中央军委空中交通管制委员会是中国空域管制最高机构,领导全国飞行管制工作。国家空管委是国务院议事协调机构之一,具体工作由军委联合参谋部作战局承担。国家空管委的办事机构——国家空管委办公室,设在军方的军委联合参谋部,办公室主任由联合参谋部作战局局长兼任,具体工作由其协调。人员也主要来自中国人民解放军军队,具体工作由军委联合参谋部承担。

深化低空空域管理改革,是党中央、国务院、中央军委做出的重大战略决策。当前低空空域改革已经进入深水区和攻坚期,需要破解的矛盾问题很多,任务艰巨繁重。2017年2月至4月,全国多地发生无人机威胁民航航班飞行安全事件,严重影响正常的空中交通秩序,直接威胁航空旅客生命财产安全。中央领导高度重视,做出重要批示,要求强化管理、堵住漏洞。为确保航班飞行安全,规范空中秩序,引导无人驾驶航空器产业良性健康发展,国家空管委发布"无人机专项整治方案"文件,决定自2017年5月至8月,在全国范围内开展无人机管理专项整治活动。

(一)历史

1986年1月30日,邓小平同志批准成立国务院、中央军委空中交通管制委员会,国务院副总理任空管委主任,统一领导全国的空中交通管制工作。李鹏、邹家华、吴邦国、黄菊、张德江和马凯同志先后担任空管委主任,现任空管委主任是中央政治局常委、国务院副总理韩正。

江泽民同志于 1994 年 10 月 1 日题词:"保证飞行安全,提高服务质量,为我国改革开放和经济建设服务。"在这一方针的指导下,中国空管事业步入了快速发展的轨道。

2003 年 9 月,国务院、中央军委空中交通管制委员会对空管工作提出了新要求,指示尽快形成适应经济建设和国防安全要求的空管体制,进一步开发利用空域资源,满足经济建设、国防建设和社会发展的需求。中国空管事业进入了新的发展时期。

(二)主要职责

根据《中华人民共和国飞行基本规则》,国家空管委领导全国飞行管制工作,中国境内的飞行管制由空军统一组织实施,各飞行管制部门按照职责提供空中交通管制服务。

航路航线开通或者调整由民航局按照职责报总参或者空军审批,空中禁区、危险区、限制区由空军报军委联合参谋部审批,各类军事训练空域由空军或者战区空军审批。民航班机日常运行过程中改航、绕航均须得到空军管制部门同意后方可执行。

有关军民航协调机制的调控,战略层面是国家空管委领导下由各部委及军兵种组成,办公室设在军委联合参谋部作战局;预战术层面是地区空管协调委领导下由地区军民航各单位组成,办公室设在战区空军航空管制处;战术层面由军民航相对应的管制运行单位组成。

我国的空管体制实行"统一管制、分别指挥"。在国务院、中央军委空中交通管制委员会的领导下,由空军负责实施全国的飞行管制,军用飞机由空军和海军航空兵实施指挥,民用飞行和外航飞行由民航实施指挥。

二、军方空管空防部门

航空管制是世界上各个国家对自有领空进行管理的一种手段,一般都有明确的立法和规定。中国境内的飞行管制由空军统一组织实施,各有关飞行管制部门按照职责提供空中交通管制服务。

为减少管制协调环节,提高管制效能,保证飞行安全,适应军民航空管系统建设和联网的需要,根据国发〔1993〕67 号《国务院、中央军委批转空中交通管制考察团关于出国考察空管体制情况报告及对我国空管体制改革意见请示的通知》和《我国空中交通管制第二步改革实施方案》的精神和要求,我国军民航管制区域进行了调整。全国(除台湾、香港地区外)划设 7 个飞行管制区,分别为沈阳、北京、兰州、济南、南京、广州和成都飞行管制区(区域范围附后);划设 37 个飞行管制分区(空军 33 个,海军 4 个)。

2015 年的中央军委改革工作会议上,确立了构建军委—战区—部队的作战指挥体系和军委—军种—部队的领导管理体系(见图 3-5)。相应对全国军航飞行管制区域进行了调整,将全国(除台湾、香港地区外)划设 5 个飞行管制区,分别为沈阳、北京、南京、广州和成都飞行管制区;划设 28 个飞行管制分区。

沈阳飞行管制区内划设沈阳、长春、大连、青岛、济南和山海关 6 个飞行管制分区。
北京飞行管制区内划设北京、大同、西安和武汉 4 个飞行管制分区。
南京飞行管制区内划设南京、上海、福州、漳州和宁波 5 个飞行管制分区。
广州飞行管制区内划设广州、南宁、昆明和海口 4 个飞行管制分区。
成都飞行管制区内划设成都、拉萨、兰州、拉萨和乌鲁木齐 5 个飞行管制分区。

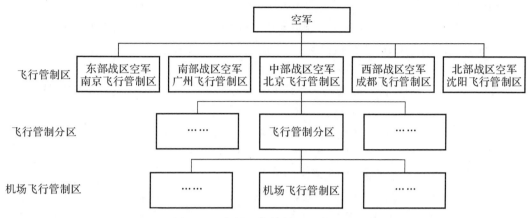

图 3-5 空军飞行管制区示意图

三、中国民用航空局

中国民用航空局,简称"中国民航局"或"民航局",英文简称为 CAAC(Civil Aviation Administration of China),是民用航空相关单位。中国民航局是中华人民共和国国务院主管民用航空事业的由部委管理的国家局,归交通运输部管理。其前身为中国民用航空总局,在1987 年以前曾承担中国民航的运营职能;2008 年 3 月,由国务院直属机构改制为部委管理的国家局,同时更名为中国民用航空局(标识见图 3-6)。

图 3-6 中国民用航空局标识

(一)发展历史

中国民航局的发展主要历经下述 4 个阶段。

1. 第一阶段(1949—1978 年)

1949 年 11 月 2 日,中共中央政治局会议决定,在人民革命军事委员会下设民用航空局,受空军指导。11 月 9 日,中国航空公司、中央航空公司总经理刘敬宜、陈卓林率两公司在香港员工光荣起义,并率领 12 架飞机回到北京、天津,为新中国民航建设提供了一定的物质和技术力量。1950 年,新中国民航初创时,仅有 30 多架小型飞机,年旅客运输量仅 1 万人,运输总周转量仅 157 万 t·km。

1958 年 2 月 27 日,国务院通知中国民用航空局划归交通部领导。1958 年 3 月 19 日,国务院通知:全国人民代表大会常务委员会第 95 次会议批准国务院将中国民用航空局改为交通部的部属局。

1960 年 11 月 17 日,经国务院编制委员会讨论原则通过,决定中国民用航空局改称为"交通部民用航空总局",为部属一级管理全国民用航空事业的综合性总局,负责经营管理运输航空和专业航空,直接领导地区民用航空管理局的工作。

1962 年 4 月 13 日,第二届全国人民代表大会常务委员会第 53 次会议决定民航局的名称改为"中国民用航空总局"。

1962 年 4 月 15 日,中央决定将中国民用航空总局由交通部属改为国务院直属局,其业务工作、党政工作、干部人事工作等均直归空军负责管理。

这一时期,中国民航局由于领导体制几经改变,航空运输发展受政治、经济影响较大。1978 年,航空旅客运输量仅为 231 万人,运输总周转量 3 亿 t·km。

2. 第二阶段(1978—1987 年)

1978 年 10 月 9 日,邓小平同志指示民航要用经济观点管理。1980 年 2 月 14 日,邓小平同志指出:"民航一定要企业化。"同年 3 月 5 日,中国政府决定民航脱离军队建制,把中国民航局从隶属于空军改为国务院直属机构,实行企业化管理。这期间中国民航局是政企合一,既是主管民航事务的政府部门,又是以"中国民航(CAAC)"名义直接经营航空运输、通用航空业务的全国性企业。下设北京、上海、广州、成都、兰州(后迁至西安)和沈阳 6 个地区管理局。1980 年,全民航只有 140 架运输飞机,且多数是 20 世纪 50 年代或 40 年代生产制造的苏式伊尔 14、里二型飞机,载客量仅 20 多人或 40 人,载客量 100 人以上的中大型飞机只有 17 架;机场只有 79 个。1980 年,中国民航全年旅客运输量仅 343 万人,全年运输总周转量 4.29 亿 t·km,居新加坡、印度、菲律宾、印度尼西亚等国之后,列世界民航第 35 位。

3. 第三阶段(1987—2002 年)

1987 年以前,民航局承担中国民航的运营职能。1987 年,中国政府决定对民航业进行以航空公司与机场分设为特征的体制改革。主要内容是将原民航北京、上海、广州、西安、成都和沈阳 6 个地区管理局的航空运输和通用航空相关业务、资产和人员分离出来,组建 6 个国家骨干航空公司,实行自主经营、自负盈亏、平等竞争。这 6 个国家骨干航空公司是中国国际航空公司、中国东方航空公司、中国南方航空公司、中国西南航空公司、中国西北航空公司和中国北方航空公司。此外,以经营通用航空业务为主并兼营航空运输业务的中国通用航空公司也于 1989 年 7 月成立。

在组建骨干航空公司的同时,在原民航北京管理局、上海管理局、广州管理局、成都管理局、西安管理局和沈阳管理局所在地的机场部分基础上,组建了民航华北、华东、中南、西南、西北和东北 6 个地区管理局以及北京首都机场、上海虹桥机场、广州白云机场、成都双流机场、西安西关机场(现已迁至咸阳,改为西安咸阳机场)和沈阳桃仙机场。6 个地区管理局既是管理地区民航事务的政府部门,又是企业,领导管理各民航省(区、市)局和机场。

航空运输服务保障系统也按专业化分工的要求进行了相应改革。1990 年,在原民航各级供油部门的基础上组建了专门从事航空油料供应保障业务的中国航空油料总公司,该公司通过设在各机场的分支机构为航空公司提供油料供应。属于这类性质的单位还有从事航空器材(飞机、发动机等)进出口业务的中国航空器材公司,从事全国计算机订票销售系统管理与开发的计算机信息中心,为各航空公司提供航空运输国际结算服务的航空结算中心,以及飞机维修公司、航空食品公司等。

　　1993 年 4 月 19 日,中国民航局改称中国民用航空总局,属国务院直属机构。12 月 20 日,中国民用航空总局的机构规格由副部级调整为正部级。

　　20 多年中,中国民航运输总周转量、旅客运输量和货物运输量年均增长分别达 18%、16% 和 16%,高出世界平均水平 2 倍多。2002 年,民航行业完成运输总周转量 165 亿 t·km、旅客运输量 8 594 万人、货邮运输量 202 万 t,国际排位进一步上升,成为令人瞩目的民航大国。

　　4. 第四阶段(2002 年至今)

　　2002 年 3 月,中国政府决定对中国民航业再次进行重组。

　　航空公司与服务保障企业的联合重组。民航总局直属航空公司及服务保障企业合并后于 2002 年 10 月 11 日正式挂牌成立,组成为六大集团公司,分别是中国航空集团公司、东方航空集团公司、南方航空集团公司、中国民航信息集团公司、中国航空油料集团公司和中国航空器材进出口集团公司。成立后的集团公司与民航总局脱钩,交由中央管理。

　　民航政府监管机构改革。民航总局下属 7 个地区管理局(华北地区管理局、东北地区管理局、华东地区管理局、中南地区管理局、西南地区管理局、西北地区管理局和新疆管理局)和 26 个省级安全监督管理办公室(天津、河北、山西、内蒙古、大连、吉林、黑龙江、江苏、浙江、安徽、福建、江西、山东、青岛、河南、湖北、湖南、海南、广西、深圳、重庆、贵州、云南、甘肃、青海和宁夏),对民航事务实施监管。

　　机场实行属地管理。按照政企分开、属地管理的原则,对 90 个机场进行了属地化管理改革,民航总局直接管理的机场下放所在省(区、市)管理,相关资产、负债和人员一并划转;民航总局与地方政府联合管理的民用机场和军民合用机场,属民航总局管理的资产、负债及相关人员一并划转所在省(区、市)管理。首都机场、西藏自治区区内的民用机场继续由民航总局管理。2004 年 7 月 8 日,随着甘肃机场移交地方,机场属地化管理改革全面完成,也标志着民航体制改革全面完成。

　　2004 年 10 月 2 日,在国际民航组织第 35 届大会上,中国以高票首次当选该组织一类理事国。

　　2004 年,民航行业完成运输总周转量 230 亿 t·km、旅客运输量 1.2 亿人、货邮运输量 273 万 t、通用航空作业 7.7 万 h。截至 2004 年底,中国定期航班航线达到 1 200 条,其中国内航线(包括香港、澳门航线)975 条,国际航线 225 条,境内民航定期航班通航机场 133 个(不含香港、澳门和台湾地区),形成了以北京、上海、广州机场为中心,以省会、旅游城市机场为枢纽,其他城市机场为支干,联结国内 127 个城市,联结 38 个国家 80 个城市的航空运输网络。民航机队规模不断扩大,截至 2004 年底,中国民航拥有运输飞机 754 架,其中大中型飞机 680 架,均为世界上最先进的飞机。2004 年中国民航运输总周转量达到 230 亿 t·km(不包括香港、澳门以及台湾地区),在国际民航组织 188 个缔约国中名列第 3 位。

　　2008 年 3 月,根据第十一届全国人大第一次会议通过的《国务院机构改革方案》,中国民用航空总局改组为中国民用航空局,由新组建的交通运输部管理。2016 年 12 月,中国民航要求客机每 15 min 报告飞行位置,预计 2020 年实现无缝监控。

　　(二)机构职责

　　2009 年国务院办公厅关于印发《中国民用航空局主要职责内设机构和人员编制规定的通知》,将原民航总局规范管理航空运输业、实施航空安全和空中交通管理、组织协调重大紧急航空运输任务等职责划入中国民航局。取消已由国务院公布取消的行政审批事项。其主要职责如下：

(1)提出民航行业发展战略和中长期规划、与综合运输体系相关的专项规划建议，按规定拟订民航有关规划和年度计划并组织实施和监督检查。起草相关法律法规草案、规章草案、政策和标准，推进民航行业体制改革工作。

(2)承担民航飞行安全和地面安全监管责任。负责民用航空器运营人、航空人员训练机构、民用航空产品及维修单位的审定和监督检查，负责危险品航空运输监管、民用航空器国籍登记和运行评审工作，负责机场飞行程序和运行最低标准监督管理工作，承担民航航空人员资格和民用航空卫生监督管理工作。

(3)负责民航空中交通管理工作。编制民航空域规划，负责民航航路的建设和管理，负责民航通信导航监视、航行情报、航空气象的监督管理。

(4)承担民航空防安全监管责任。负责民航安全保卫的监督管理，承担处置劫机、炸机及其他非法干扰民航事件相关工作，负责民航安全检查、机场公安及消防救援的监督管理。

(5)拟订民用航空器事故及事故征候标准，按规定调查处理民用航空器事故。组织协调民航突发事件应急处置，组织协调重大航空运输和通用航空任务，承担国防动员有关工作。

(6)负责民航机场建设和安全运行的监督管理。负责民用机场的场址、总体规划、工程设计审批和使用许可管理工作，承担民用机场的环境保护、土地使用、净空保护有关管理工作，负责民航专业工程质量的监督管理。

(7)承担航空运输和通用航空市场监管责任。监督检查民航运输服务标准及质量，维护航空消费者权益，负责航空运输和通用航空活动有关许可管理工作。

(8)拟订民航行业价格、收费政策并监督实施，提出民航行业财税等政策建议。按规定权限负责民航建设项目的投资和管理，审核(审批)购租民用航空器的申请。监测民航行业经济效益和运行情况，负责民航行业统计工作。

(9)组织民航重大科技项目开发与应用，推进信息化建设。指导民航行业人力资源开发、科技、教育培训和节能减排工作。

(10)负责民航国际合作与外事工作，维护国家航空权益，开展与港澳台地区的交流与合作。

(11)管理民航地区行政机构、直属公安机构和空中警察队伍。

(12)承办国务院及交通运输部交办的其他事项。

(三)内设机构

根据上述职责，中国民航局设以下内设机构(副司局级)。

1.综合司

负责机关文电、会务、机要、档案、政务公开、安全保密、新闻发布和信访等工作，承担重要文稿起草工作。

2.航空安全办公室(空管行业管理办公室)

组织协调民航行业系统安全管理工作；起草民航安全和空中交通管理政策、标准，拟订相关规划，监督、指导民航飞行安全、航空地面安全和空管运行安全工作；管理航空安全信息，发布航空安全指令；按规定组织或参与民用航空器事故及事故征候调查；拟订航班时刻和空域容量资源分配管理办法；承担民航空中交通管理相关人员资格、空管设备使用许可、民航无线电管理工作；依法指导重要飞行保障和民用航空器搜寻救援工作；承担民航应急工作、重大事项和突发事件处置的组织协调。

3. 政策法规司

组织起草民航法律法规和规章草案,组织开展相关政策研究;指导民航行业行政执法工作并监督检查;承办相关行政复议和行政应诉工作;指导民航行业体制改革;组织起草通用航空发展政策和标准,规范通用航空市场秩序;承办民用航空器权利登记工作。

4. 发展计划司

提出民航行业发展战略和中长期规划、与综合运输体系相关的专项规划建议,按规定组织编制和实施有关专项规划;承担民航建设项目投资和管理、行业价格、组织协调航油供应保障、行业统计有关工作;审核购租民用航空器的申请;监测行业运行情况;指导民航行业节能减排工作。

5. 财务司

提出民航行业财税等政策建议,监测民航行业经济效益;承担机关和直属单位的财务、资产管理和监督检查工作;承担民航政府性基金有关工作。

6. 人事科教司

承担机关及直属单位干部人事、机构编制、劳动工资管理工作;按权限承担直属单位领导干部管理工作;管理民航院校;指导民航行业人才队伍建设、教育培训、职业技能鉴定、科技和信息化工作,组织重大科技项目研究,承担民航行业职业资格有关管理工作;承担民航安全监察专员日常管理工作。

7. 国际司(港澳台办公室)

起草民航对外合作政策,承办民航国际合作、外事和对外航空权利谈判工作,承办与中国港澳台合作与交流有关事务;承办外国和中国港澳台航空运输企业常驻机构及人员的审核工作。

8. 运输司

规范航空运输市场秩序,监督管理服务质量;起草航空运输和航空消费者权益保护政策和标准并监督执行;承担航空运输企业及其航线航班经营许可管理工作;拟订并实施内地/大陆与港澳台地区航空运输安排;组织协调重大、特殊、紧急航空运输和通用航空任务;承担国防动员有关工作。

9. 飞行标准司

起草民航飞行运行、航空器维修、危险品航空运输和航空卫生政策及标准并监督执行,承担民用航空器运营人、航空人员训练机构及设备、民用航空器维修单位的审定和监督检查工作,承担民航飞行人员、飞行签派人员和维修人员的资格管理;审批机场飞行程序和运行最低标准并监督执行;承担民用航空器的运行评审工作。

10. 航空器适航审定司

起草民用航空产品适航管理的政策和标准;承担民用航空产品以及民航油料、化学产品的适航审定工作,并监督检查;承担民用航空器国籍登记;颁发适航指令;承担民航标准和计量有关工作。

11. 机场司

起草民用机场建设、安全、运营管理政策和标准并监督检查;承担民用机场的场址、总体规划、工程设计审核工作,承担民用机场及其专用设备使用许可管理工作;承担民航建设工程招投标、质量监督和相关单位资质管理工作,组织工程行业验收;承担民用机场应急救援、环境保护、土地使用、净空保护有关管理工作;承担机场内供油企业安全运行监督管理工作。

12. 公安局

承担民航行业空防安全监督管理工作;起草民航安全保卫管理的政策和标准,审核民航企事业单位航空安全保卫方案并监督执行;指导防范和处置非法干扰民航事件,承担处置劫机、炸机事件的综合协调和日常工作;指导和监督民航安全检查和空中安全保卫工作;组织、指导民航专机安全警卫和刑事侦查工作,监督管理机场公安及消防救援工作;管理直属公安队伍。公安局列入公安部序列,由中国民用航空局、公安部双重领导,党政工作以中国民用航空局领导为主,公安业务工作以公安部领导为主。

13. 机关党委(思想政治工作办公室)

负责机关和直属单位党群工作,指导民航系统的思想政治工作和精神文明建设工作。

14. 离退休干部局

负责机关离退休干部工作,指导直属单位的离退休干部工作。

(四)其他事项

(1)中国民航局下设 7 个中国民用航空地区管理局,负责对辖区内民用航空事务实施行业管理和监督。7 个民航地区管理局根据安全管理和民用航空不同业务量的需要,共派出 33 个中国民用航空安全监督管理局,负责辖区内民用航空安全监督和市场管理。以上机构行政编制共 2 580 名。暂保留中国民用航空西藏自治区管理局。

(2)中国民航空中警察队伍由中国民航局领导,负责防范和制止劫机、炸机以及非法干扰民航飞行安全的行为,保护机上旅客生命财产安全。

(3)所属事业单位的设置、职责和编制事宜,由中央机构编制委员会办公室另行规定。

2014 年各地区管理局管辖的安全监督管理局见表 3-1。

表 3-1 2014 年各地区管理局管辖的安全监督管理局

地区管理局	安全监督管理局								
华北地区管理局	北京	天津	河北	山西	内蒙古				
东北地区管理局	黑龙江	吉林	辽宁	大连					
华东地区管理局	上海	江苏	浙江	山东	安徽	福建	江西	厦门	青岛	温州
中南地区管理局	河南	湖北	湖南	广西	海南	广东	深圳	桂林	三亚
西南地区管理局	四川	重庆	贵州	云南	丽江	西藏自治区管理局(代管)			
西北地区管理局	陕西	甘肃	宁夏	青海					
新疆管理局	乌鲁木齐	喀什(前身为阿克苏运行办)							

四、中国民用航空安全监督管理局

以中国民用航空黑龙江安全监督管理局为例,其内设机构及其主要职责如下。

1. 综合处(应急管理办公室)

负责本局行政、机要、保密、档案、信访、电子政务、财务、人事、法律事务等工作以及党组织建设、纪检、工会等党群工作;承担辖区内民航应急工作和重大事项的组织协调;承担辖区内民航规划、投资、价格监管,以及行业统计的相关工作;承担辖区内民航网络和信息安全监管工作。

2.航空安全办公室

按授权,参与辖区内民航飞行事故、航空地面事故的调查,组织事故征候和不安全事件的调查工作;负责辖区内民用航空安全信息管理工作。

3.运输处(国防动员办公室)

按授权,负责对辖区内民用航空运输和通用航空市场秩序、民用航空客货运输安全以及危险品航空运输实施监督管理,协调完成重大航空运输、通用航空任务;负责辖区内民用航空国防动员的有关工作。

4.飞行标准处

按授权,承办辖区内民用航空运营人运行合格审定、飞行训练机构合格审定的有关事宜并实施监督管理;负责辖区内民用航空飞行人员、乘务人员的资格管理;监督管理辖区内的民用航空卫生工作。

5.航务处

按授权,监督检查辖区内民用航空飞行程序及各类应急程序的执行情况;负责辖区内飞行签派人员的资格管理。

6.适航处

按授权,承办辖区内民用航空器维修单位合格审定的有关事宜并实施监督管理;负责辖区内民用航空器持续适航及维修管理;负责辖区内航空器维修人员资格管理;按授权对航空器及其零部件、机载设备、材料等进行生产许可审定。

7.机场处

按授权,负责对辖区内民用机场(含军民合用机场民用部分)的安全运行、总体规划、净空保护以及民航专业工程建设项目和航油企业安全运行等实施监督管理。

8.空中交通管理处

按授权,监督检查辖区内民航空管系统运行和安全状况;组织协调辖区内专机、重要飞行保障和民用航空器搜寻救援工作;监督、检查辖区内航班时刻和空域容量等资源的使用状况;承办辖区内民航无线电管理等事宜。

9.空防处

按授权,负责对辖区内民航企事业单位执行民用航空安全保卫法律、法规和规章情况实施监督检查;监督检查辖区内民用机场公安、安检、消防工作。

五、中国民航空中交通管理的组织与实施

(一)行业管理现状

为了提升我国空中交通管理(以下简称"空管")安全水平,在学习国外经验的基础上,2007年我国进行了空管体制改革,将运行职能分离出来由中国民用航空局空中交通管理局(以下简称"民航局空管局")垂直管理,而监督等行政职能仍由国家政府机构民航局负责。民航局空管局是民航局管理全国空中交通服务、民用航空通信、导航、监视、航空气象、航行情报的职能机构。中国民航空管系统现行行业管理体制为民航局空管局、地区空管局、空管分局(站)三级管理。中国民航局空管局领导管理民航七大地区空管局及其下属的民航各空管单位,驻省会城市(直辖市)民航空管单位简称空中交通管理分局,其余民航空管单位均简称为空中交通管理站。民航地区空管局为民航局空管局所属事业单位,其机构规格相当于行政副司局级,实行企业化管理。民航空管分局(站)为所在民航地区空管局所属事业单位,其机构规格相当于行政正处级,实行企业化管理。中国民航空管行业管理三级机构具体结构如图 3-7 所示。

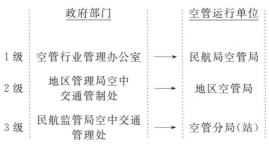

图 3-7　中国民航空管行业管理三级机构

1.政府监管机构的职能

(1)民航空管行业管理办公室。民航空管行业管理办公室下设空中交通管制处、通信导航监视处、航空气象处、安全处、综合处。主要职能:起草民航空管法规、规章、政策、标准和技术规范并监督执行。编制民航空管发展和建设规划并监督执行。负责民航空管单位的安全审计工作,指导民航空管系统的安全管理体系建设。负责民航空管运行安全的监督检查工作。拟订航班时刻和空域容量等资源分配政策,并监督检查执行情况。负责空中交通管制人员、航空情报人员、航空电信人员、航空气象人员资格管理工作。负责空管监察员的业务培训工作。负责民航空管设施设备的使用许可、开放运行许可管理工作。负责民航无线电台(站)址的审批。负责气象探测环境许可管理工作。负责民航无线电频谱的规划与管理工作。负责民航无线电频率、呼号与编码的指配工作,核发民用航空器无线电台执照。负责重大民航无线电干扰事件的协调与处理。承办局领导交办的其他事项。

(2)地区管理局和监管局空管处。主要职能:负责组织对辖区内民航空域使用和空中交通管制、航行情报运行和安全实施监督管理;负责辖区内管制人员和航行情报人员资格管理的相关工作;组织协调辖区内航班时刻和空域容量等资源分配工作;组织协调辖区内专机、重要飞行保障和民用航空器搜寻救援工作;对辖区内民航空中交通管制、空域、航行情报发展和建设规划提出建议,并跟踪执行情况。

2.业务机构的职能

中国民航空管系统现行行业管理体制为民航局空管局、地区空管局、空管分局(站)三级管理。运行组织形式基本是区域管制、进近管制、机场管制为主线的三级空中交通服务体系。主要职责:贯彻执行国家空管方针政策、法律法规和民航局的规章、制度、决定、指令;拟定民航空管运行管理制度、标准、程序;实施民航局制定的空域使用和空管发展建设规划;组织协调全国航班时刻和空域容量等资源分配执行工作;组织协调全国民航空管系统建设;提供全国民航空中交通管制和通信导航监视、航行情报、航空气象服务,监控全国民航空管系统运行状况,负责专机、重要飞行活动和民航航空器搜寻救援空管保障工作;研究开发民航空管新技术,并组织推广应用;领导管理各民航地区空管局,按照规定,负责直属单位人事、工资、财务、建设项目、资产管理和信息统计等工作。

(1)民航局空管局。

1)主要职能:贯彻执行国家空管方针政策、法律法规和民航局的规章、制度、决定、指令;拟定民航空管运行管理制度、标准、程序;实施民航局制定的空域使用和空管发展建设规划;组织协调全国航班时刻和空域容量等资源分配执行工作;组织协调全国民航空管系统建设;提供全国民航空中交通管制和通信导航监视、航行情报、航空气象服务,监控全国民航空管系统运行状况,负责专机、重要飞行活动和民航航空器搜寻救援空管保障工作;研究开发民航空管新技术,并组织推广应用;领导管理各民航地区空管局,按照规定,负责直属单位人事、工资、财务、建设项目、资产管理和信息统计等工作。

2)内设机构:办公室、规划发展部、人力资源部、财务部、资产办、审计部、国际合作部、质量监管部、安全管理部、空中交通管制部、通信导航监视部、基建部、党委办公室、纪委办(监察处)、工会、团委、离退休人员管理部和博物馆工程管理处。

3)直属单位:运行管理中心、空域管理中心、技术中心、气象中心、航行情报服务中心、指挥部、博物馆、永恒公司、电信公司、通达航空服务部、网络公司、航管科技公司、数据公司、空管装备发展公司、通信导航设备修造厂、国际航空俱乐部以及航空保安器材公司。

4)各地区空管局:华北空管局、华东空管局、东北空管局、西北空管局、中南空管局、西南空管局、西北空管局以及新疆空管局。

(2)各地区空管局。

1)主要职能:贯彻执行国家空管方针政策、法律法规以及民航局的决定、指令和规章制度;实施本地区空域使用和空管发展建设规划,组织实施本地区民航空管系统建设;负责本地区民航空管业务管理和专业技术培训;提供民航空中交通管制、航行情报、通信导航监视、航空气象服务;负责本地区专机、重要飞行活动和民用航空器搜寻救援空管保障工作;负责辖区内航班时刻和空域容量等资源分配的执行工作;监控本地区民航空管系统运行状况;负责所属单位民航空管设施设备的维修维护;领导管理民航省(区、市)空中交通管理分局(站),负责管理所属单位的行政、规划投资、人力资源、财务和党群等工作。

2)内设机构:办公室、规划发展部、人力资源部、财务部、安全管理部、空中交通管制部、通信导航监视部、气象服务部、基建部、党委办公室、纪委办公室(监察处)、工会办公室、团委以及离退休人员管理部。

3)下设机构:民航华北、华东、中南地区空管局下设运行管理中心、区域管制中心、终端管制中心、机场塔台管制室、飞行服务中心、设备运行监控中心、技术保障中心、设备维修中心、通信网络中心、气象中心、培训中心和后勤服务中心。其中,区域管制中心内设综合管理室、安全管理室和管制运行室。

4)民航东北、西南、西北地区空管局和新疆空管局下设运行管理中心、空中交通管制中心、飞行服务中心、设备运行监控中心、技术保障中心、设备维修中心、通信网络中心、气象中心、培训中心和后勤服务中心。

(3)各空管分局和空管站。

1)主要职能:贯彻执行国家空管方针政策、法律法规以及民航局的决定、指令和规章制度;执行辖区内航班时刻和空域容量等资源分配工作;提供民航空中交通管制、航行情报、通信导航监视、航空气象服务;负责本地专机、重要飞行活动和民用航空器搜寻救援空管保障工作;根据授权,实施本地民航空管工程建设项目。

2)内设机构:办公室、规划发展部、人力资源部、财务部、综合业务部、安全管理部和党委办公室。

3)下设机构:管制运行室、技术保障室、气象台和后勤服务中心。

民航局指导监督全国民用无人驾驶航空器系统空中交通管理工作,地区管理局负责本辖区内民用无人驾驶航空器系统空中交通服务的监督和管理工作。空管单位向其管制空域内的民用无人驾驶航空器系统提供空中交通服务。

(二)运行机构的设置

2007年改革之后,中国民航空管运行系统现行管理体制为民航局空管局、地区空管局、空管分局(站)三"横"管理。运行保障体系基本是以管制运行、通信导航监视气象设备保障和情报服务为主的三"纵"保障。运行组织形式基本是以区域管制、进近管制、机场管制为主线的三级空中交通服务体系。

民航局空管局领导管理民航七大地区空管局及其下属的民航各空管单位。七大民航地区空管局分别是华北地区空管局、东北地区空管局、华东地区空管局、中南地区空管局、西南地区空管局、西北地区空管局和新疆空管局(见图3-8)。

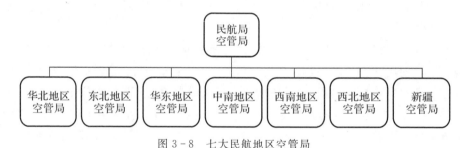

图3-8 七大民航地区空管局

各地区空管局又下设多个空管分局(站),如民航华北地区空管局下设河北、山西、天津、内蒙古空管分局和呼伦贝尔空管站等;民航东北地区空管局下设黑龙江、吉林空管分局和大连空管站等;民航华东地区空管局下设山东、安徽、江苏、浙江、江西、福建空管分局和厦门、青岛、宁波、温州空管站等;民航中南地区空管局下设海南、河南、湖北、湖南、广西空管分局,桂林、湛江、深圳、三亚、汕头、珠海空管站和珠海进近管制中心等;民航西南地区空管局下设云南、贵州和重庆空管分局等;民航西北地区空管局下设甘肃、青海、宁夏空管分局等。

当前,全国民用航空空中交通服务具体提供部门由以下几个部门负责:

(1)各空管分局(站)管制运行室,包括飞行服务报告室、机场塔台管制室、进近管制室或进近管制中心、区域管制室。

(2)地区空管局空中交通管制中心,包括区域管制中心、终端管制中心和机场塔台管制室。

(3)地区空管局运行管理中心。

(4)民航局空管局运行管理中心。

飞行服务报告室,也常简称"飞服",负责审查航空器的飞行预报及飞行计划,向有关管制室和飞行保障单位通报飞行预报和动态。机场塔台管制室,负责对本塔台管辖范围内航空器的开车、滑行、起飞、着陆和与其有关的机动飞行的管制工作。在没有机场自动情报服务的塔台管制室,还应当提供航空器起飞、着陆条件等情报。进近管制室或进近管制中心,常用"APP"代表,其负责一个或数个机场的 IPR 航空器进、离场的管制工作。区域管制中心,常用"ACC"表示,它负责向本管制区内受管制的航空器提供空中交通管制服务,受理本管制区内执行通用航空任务的航空器以及在非民用机场起降而由民航保障的航空器的飞行申请,负责管制并向有关单位通报飞行预报和动态。

地区空管局运行管理中心,负责监督、检查本地区管理局管辖范围内的飞行,组织协调本地区管理局管辖范围内各管制室之前和管制室与航空器经营人航务部门之间飞行工作的实施;控制本地区管理局管辖范围内的飞行流量,协调处理特殊情况下的飞行;承办专机飞行的有关工作,掌握有重要客人、在边境地区和执行特殊任务的飞行。

民航局空管局运行管理中心,负责全国民航飞行流量管理工作,审定中外航空公司在国内的航班和不定期飞行时刻;承办中外航空公司在现行航路、飞行高度层的飞行申请及增加高度层申请的报批工作,审核报批航路、航线的使用和飞行高度层及机场空域的开放使用;统一协调全国民航空中交通管制工作,监控全国民航空中交通管理系统的日常运行情况,收集、整理、发布全国民航空管系统运行信息;了解掌握民用航空器和机场运行情况,协调有关飞行冲突与矛盾;组织协调中外专机、抢险救灾等重要飞行的空管保障,参与处置劫机和飞行事故等紧急突发事件,协调配合民用航空器搜寻救援工作。

六、其他部门与机构

我们知道,除了无人机定义为航空器外,航模、动力伞、滑翔翼、热气球等也都是飞行器,特别是航模、无人飞艇、无人热气球等跟无人机的界线越来越模糊了。目前,我国除了国家民航局主要负责管理航空器外,还有体育、气象等部门以及相应的组织、协会或机构负责航模、气球等飞行器的管理。

(一)体育部门

航空模型是各种航空器模型的总称。它包括模型飞机和其他模型飞行器。航空模型活动从一开始就引起人们浓厚的兴趣,而且千百年来长盛不衰,主要原因就在于它在航空事业的发展和科技人才的培养方面起着十分重要的作用。

国家体育总局航空无线电模型运动管理中心(以下简称"航电模中心")是国家体育总局直属事业单位,是中国航空运动协会、中国航海模型运动协会、中国车辆模型运动协会、中国无线电运动协会、中国定向运动协会的常设机构。主要任务:根据国家的体育方针和政策,统一组织、指导全国航空运动、模型运动、无线电运动和定向运动的发展,推动项目的普及和提高,通过开展多种经营活动,为项目的发展筹集和积累资金。

航电模中心下设办公室、综合部、经营开发部、行政事务管理部、航空运动一部、航空运动二部、模型部、模拟筹备组和无线电定向部。负责会同空军、国务院民用航空主管部门、国务院公安部门等单位制定模型航空器管理规则。

当前,严格意义上来说,航模是不带飞行控制系统的,主要由遥控器实时操控。但为方便控制,现在很多航模已经加装飞行控制系统,具备自主导航飞行。在 2017 年 4 月至 5 月期间,成都双流机场发生的扰航事件中,飞行员多次证实是翼展约 2 m 的航模,该航模已经自主飞行,很有可能已经安装了飞行控制系统。

(二)气象部门

中国气象局是中国国家级别的气象行政管理部门,是中华人民共和国国务院直属事业单位,主要承担全国气象工作的政府行政管理职能,负责全国气象工作的组织管理。

中国气象局内设机构:办公室、应急减灾与公共服务司、预报与网络司、综合观测司、科技与气候变化司、计划财务司、人事司、政策法规司、国际合作司、直属机关党委、监察室、审计室以及离退休干部办公室。

根据《通用航空飞行管制条例》第33条,"进行升放无人驾驶自由气球或者系留气球活动,必须经设区的市级以上气象主管机构会同有关部门批准。具体办法由国务院气象主管机构制定",2012年国务院下发《国务院关于第六批取消和调整行政审批项目的决定》(国发〔2012〕52号)附件2《国务院决定调整的行政审批项目目录》,"下放管理层级的行政审批项目升放无人驾驶自由气球或者系留气球活动审批",下放后实施机关为县级以上气象主管机构。

(三)相关协会

行业协会,国际上统称的非政府机构(又称NGO),是一种民间性非营利性组织,不属于政府的管理机构系列,在政府与企业之间起到桥梁和纽带的作用。而伴随着国务院机构改革和职能转变,政府向社会组织转移职能的范围、力度在加大,步伐在加快。

除国家有关部门或机构制定相关的法规政策和行业指导外,我国航空业相关的协会在促进航空业的发展上也发挥了举足轻重的作用,其中对通用航空或无人机方面有较大影响力的协会有中国航空学会、中国航空运输协会和中国航空器拥有者及驾驶员协会等。

1.中国航空学会

中国航空学会是航空航天(以下通称"航空")科学技术工作者自愿结成、依法登记成立,并经中国科学技术协会接纳的全国性的学术性非营利法人社会团体。中国航空学会历史悠久,成立于1964年2月。全国会员代表大会是中国航空学会的最高权力机构。由全国会员代表大会选举产生的理事会是全国会员代表大会闭会期间的领导机构。理事会选举理事长、副理事长、秘书长和常务理事,组成常务理事会。

著名航空专家沈元教授在第一次(1964年2月)、第二次(1979年9月)全国会员代表大会上当选为理事长。著名力学专家季文美教授在第三次(1983年3月)、第四次(1988年5月)全国会员代表大会上当选为理事长。全国人大原环境与资源保护委员会副主任、原中国航空工业总公司总经理朱育理同志在第五次(1993年6月)、第六次(1999年12月)全国会员代表大会上当选为理事长。全国政协原委员、原中国航空工业第一集团公司总经理刘高倬同志在第七次(2004年11月)、第八次(2009年10月)全国会员代表大会上当选为理事长。中央委员、中国航空工业集团公司董事长林左鸣在第九次(2014年10月)全国会员代表大会上当选为理事长。

(1)组织架构。中国航空学会由全国会员代表大会、理事会、常务理事会组成,全国会员代表大会是中国航空学会的最高权力机构。由全国会员代表大会选举产生的理事会是全国会员代表大会闭会期间的领导机构。理事会选举理事长、副理事长、秘书长和常务理事,组成常务理事会。学会先后设立专业分会作为理事会领导下的学术组织,涉及航空各专业领域。其中常务理事会下设专门委员会(共3个,其中包括无人驾驶航空器系统专门委员会)、工作委员会、办事机构、会员工作站、专业分会(共 35 个,其中包含无人机及微型飞行器分会)、地方学会。全国 19 个省、市成立了地方航空学会,在中国航空学会的指导下开展工作。

(2)学术活动。中国航空学会及各专业委员会(分会)、地方学会每年均举行各种形式的学术会议。学会还和中国科学技术协会所属其他学会联合举办一些交叉学科的学术交流会。学会及各级组织每年平均举办的学术会议为 50 次,交流的论文在千篇以上,并评选、奖励优秀成果。

中国航空学会多次创办中国无人机大会暨展览会,为我国无人机领域打造了大规模、高层次的交流平台,对无人机技术创新和产业的发展起到了积极推动作用。

(3)国际交流。中国航空学会是国际航空科学理事会(ICAS)的全权会员单位。为促进科技合作,学会推荐有专长的科技人员参加国际交流与合作项目、出席国际会议,同时在中国举办国际会议和展览会。学会邀请国外专家在国内作技术报告,接待国外学者、科技人员来华进行科技参观和学术讨论,组织双边性研讨会,以促进国内外之间的学术交流。

(4)无人机工作。中国航空学会下设无人驾驶航空器系统专委会,在促进我国无人机技术交流,推动我国无人机产业发展发挥了较好的作用,已多次举办集学术交流、展览展示、商业洽谈于一体的中国国际无人驾驶航空器大会暨展览会、中国无人驾驶航空器安全与发展论坛等高层次、大规模的综合性专业活动。

2. 中国航空运输协会

中国航空运输协会(China Air Transport Association,CATA),简称"中国航协",成立于 2005 年 9 月 9 日,是依据我国有关法律规定,经中华人民共和国民政部核准登记注册,以民用航空公司为主体,由企、事业法人和社团法人自愿参加组成的、行业性的、不以营利为目的的全国性社团法人。截至 2015 年 12 月,协会会员 2 371 家,本级会员 82 家,分支机构会员 2 289 家。行业主管部门为中国民航局。

(1)目标任务:围绕国家改革发展大局,围绕企业经营的热点、难点,围绕维护会员单位合法权益,积极推进各项工作,坚定地走自立、自主、自律、自我发展的道路,以服务为本,把协会建设成中国航空运输企业之家、会员之家,以创新为源,把协会办成高效率、有信誉,具有国际影响的先进社团组织。

(2)机构设置:设理事长、副理事长、秘书长等领导职务。秘书处下设综合人事部、财务部、研究部、市场部、培训部以及交流部 6 个部门。

分支机构有航空安全工作委员会、通用航空分会、航空运输销售代理分会、航空油料分会、飞行乘务员委员会、航空食品分会、法律委员会、收入会计工作委员会、海峡两岸航空运输交流委员会和航空货运发展专项基金管理委员会。在华北、华东、中南、西南、西北、东北和新疆分别设有代表处,中国航空运输协会机构设置,如图 3-9 所示,其中通用航空分会更名为中国航空运输协会通用航空委员会。

中国航空运输协会通用航空委员会(以下简称"中国航协通航分会",CATAGA)正式成立于 2006 年 10 月 26 日,是报中国民航局备案,经国家民政部批准的中国航空运输协会分支机构,接受中国航空运输协会和中国民用航空局的业务指导和监督管理。中国航协通航分会在企业、协会、政府之间发挥着桥梁和纽带的作用,在发展战略、产业政策、科技进步、市场开拓、技术标准、行业立法等方面,及时向政府有关部门反映会员单位的意见和建议,一直以来为会员单位服务,维护会员单位的合法权益,促进中国航空事业又好又快发展。2016 年始,中国航协通航分会一直在努力升格为一级协会,即"中国通用航空协会"(标识见图 3-10)。

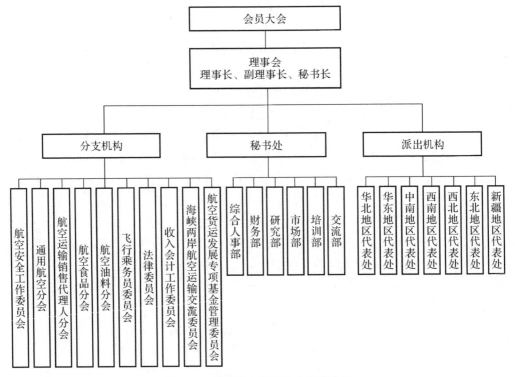

图 3-9 中国航空运输协会机构设置

图 3-10 中国通用航空协会标识

3.中国航空器拥有者及驾驶员协会

中国航空器拥有者及驾驶员协会(AOPA-China)是国际航空器拥有者及驾驶员协会(IAOPA)的中国分支机构,是 IAOPA 在中国(包括台湾、香港、澳门)的唯一合法代表。中国航空器拥有者及驾驶员协会于 2004 年 8 月 17 日在中国国家民政部登记注册,由中国民用航空局业务指导,代表中国私用航空器拥有者及驾驶员利益,接受国际航空器拥有者及驾驶员协会监督、指导及相关规章约束的全国性社团组织。其组织架构如图 3-11 所示。其下属无人机事业部(也称无人机管理办公室)主要负责无人机方面的工作。

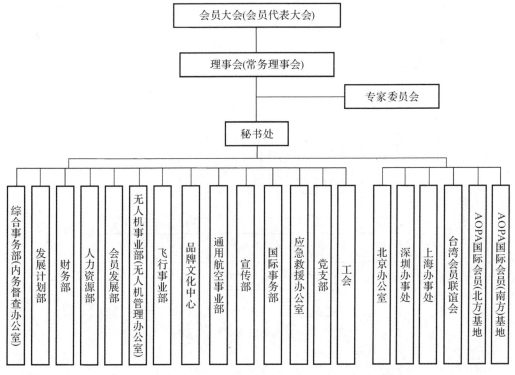

图 3-11　中国航空器拥有者及驾驶员协会组织架构图

第三节　飞行安全管理

由于无人机重于空气,因此它必须在空气中以相当大的速度运动,才能获得托举它在空气中飞行的能力。这种由于无人机与空气之间的相对运动而产生的力称为空气动力。围绕空气动力而展开的飞行原理研究,决定了无人机在各种环境条件下的安全运行和无人机的设计与制造标准。然而,实际飞行情况要复杂得多,无人机构形和外界条件是千变万化的,其组合有可能形成多种困难的临界情况,而安全飞行原理阐明的正是在各种安全临界情况下,在尽可能考虑人机系统实际特性的条件下,如何按照基本飞行原理正确地使用和操纵无人机,分析各种特殊情况下可能发生的问题及应采取的措施。

飞行安全管理同样沿用了泰罗的"科学管理",即通过收集数据、分析研究,明确责任分工,制定工作标准,有效利用人力、物力、财力的一整套管理理论和方法。飞行安全管理既充分利用科学管理的成果,又利用现代数学手段和信息论、控制论、系统工程等学科的分析方法,发展了以系统观点为核心的现代管理科学。飞行安全管理就是按照科学所揭示的客观规律来对航空生产的安全进行计划、决策、组织、控制和协调,把生产者、生产工具和生产对象构成的生产力三要素有机、协调地组织在一起,以便防止安全事故的发生,确保航空安全和人身财产的安全。

一、影响飞行安全的因素

无人机种类繁多,对于大中型无人机来说,其安全管理是一个极其复杂的系统性工程。通航飞行事故及其飞行隐患(事故征候)的出现,是人员、设备、技术和管理等诸多因素共同影响的结果。这些影响因素,有的是造成飞行事故的直接原因,有的间接构成对安全的威胁,有的则对安全产生不利影响。这些不利因素,既有客观环境对飞行安全的影响,也有企业内部管理方面的原因,还有设备、人员等方面的因素,如图 3-12 所示。

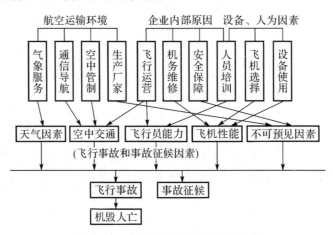

图 3-12 影响通用航空安全的因素

根据国际民航组织对已经发生的飞行事故的调查分析,飞行事故的主要原因可以分为五大类,大部分是多种因素结合在一起所产生的后果,只有少部分原因比较孤立。这些因素同样适应于无人机飞行安全。

(一)人为因素

从历年世界飞行事故的统计结果可以发现,人为过失原因直接导致飞机失事的占整个飞行事故总量的 2/3 以上。根据分析,人为因素非常复杂,有机组驾驶员的原因,也有地面维修人员和空中交通指挥人员的原因等。

1.机组人员的原因

对机组人员来说,安全责任感不高、操作技能不高、操作过失、判断失误、作业环境不熟悉、缺乏特殊情况的处置经验、心理素质差、反应不灵敏、身体突然发病、精力不集中、机组人员配合不和谐等因素,都会直接影响飞行安全。

2.空中交通管制人员的原因

空中交通管制人员是飞机安全飞行的"警察","警察"指挥失误同样会对航空安全产生不利的影响。例如,在空中交通管制中,所给信号的失误、语言交流的失误等。

3.维修人员的原因

维修工作失误,也是导致飞行事故发生的主要因素之一。飞机的设计和制造质量对保障飞行安全固然重要,然而在实际过程中,飞机的维修更为重要。不仅仅是维修技术,部件质量也很关键。根据飞机失事事故统计分析,与机械有关的事故占飞行事故的 30% 左右。

(二)作业环境因素

航路结构的难易程度、作业现场的净空条件及通用航空作业的复杂程度等,也直接影响飞行安全。在通用航空飞行作业中,作业现场千变万化。各种复杂的情况,都会对通用航空飞行产生消极的影响。

(三)飞机性能因素

飞机性能因素主要指飞机的部件质量出现问题而影响飞行安全。根据统计,喷气式飞机飞行事故的 40% 左右是由于飞机部件损坏引起的,如发动机故障、起落架失控、驾驶控制与通信系统失灵等。飞机的部件质量,与结构设计、材料选择和操作水平等因素有关。

炸机是航模术语,一般来说,操作不当或机器故障等因素导致飞行航模不正常坠地是炸机,但坠地后航模无损伤叫作摔机。摔机后不影响航模内部结构仍可飞行。操作不当或机器故障等因素导致飞行航模不正常坠地,但坠地后航模损伤较严重,影响了内部结构,或坠地后航模完全被摔碎分解,导致航模完全无法飞行叫作炸机。

(四)天气因素

现代飞机可以进行全天候飞行。但是,恶劣的天气情况,如雷电、切变风、冰雹等,都会引起飞机机械或通信导航问题。特别是通用航空飞行,飞行的高度不如公共航空,更容易受到气象因素的影响。如果驾驶员临场心理素质不好而判断处理失误,最终都有可能导致飞机失事。

(五)其他因素

飞行事故除以上比较常见的原因之外,还有其他因素,如人为蓄意破坏、暴力行为及鸟撞等,都会对飞行安全构成严重威胁。

此外,还存在一些影响飞机飞行安全的间接因素。虽然这些因素并不能直接导致飞行事故("炸机"),但是它们有可能产生一些影响飞行安全的隐患。当这些隐患发展到一定程度或受其他条件激发时,就可能引起质的变化,导致飞行事故的发生。这些因素体现在以下几方面:

(1)随着飞行任务的加重,飞机的日利用率不断提高,飞机日飞行时间延长,加快了飞机部件的损耗;机组和机务人员工作量增加,体能和精力消耗增加可能导致工作失误。

(2)技术培训水平。技术培训的好与坏不会直接构成飞行事故,但是,培训对提高飞行和维修人员操作能力和技术水平有直接作用。例如飞行员的模拟驾驶训练、机务维修工程技术人员的故障分析讲评,都会对飞行安全产生间接影响。

(3)安全管理。提高飞行安全水平,不仅需要驾驶员、维修人员和安全员的努力,而且必要的安全管理制度也是非常重要的。对于机组人员,必须有严格的技术水平考核制度。对于维修人员,不仅需要技术水平的考核,还需要维修质量的控制程序。管理不严格、不科学,都可能会诱发事故隐患,酿成"炸机"等后果。

航空安全的基础是优秀的驾驶员、适航的航空器、安全的交通运行和无暴力干扰的运行环境。"人为因素失事"仍然是到目前为止一个尚未解决的安全问题,但是人们能够理解的是国际民航组织积极倡导并发布了一系列研究成果,民航界各个层次都重视并采取了积极反映。人为因素方面的任何进步均有望对促进飞行安全发挥重大作用。

从政府主管到航空企业,安全管理的主要措施,一方面是制定条例、规范、标准并监督执行,另一方面是开展旨在预防安全事故的各种形式的活动。

二、对人为因素的分析

对人为因素的分析主要从以下三方面进行。

(一)事故原因和人为因素

研究表明,在飞机事故的原因中,人为因素占了事故总数的70%,这个数据表明飞行安全与驾驶员之间有着密切的关系。而在其余30%的原因中,最重要的是飞机方面的原因。例如,飞机发动机安装部位的强度不够,发动机设计错误引起的损坏等,这些都和厂家在制造飞机时的失误有关系。

近10年间,以驾驶员为主要原因的事故呈减少的趋势,而以飞机或者设备、机场、管制为主要原因的事故却呈上升趋势。可以说,今后驾驶员以外的原因引起的事故可能会增加。因此,人的失误是所有岗位都必须考虑的。

(二)一切事故都与人为因素有关

考虑上述各种原因就可以明白,它们都以某种形式和人为因素息息相关。作为通用航空公司的失误,当然有驾驶员的失误,还有维修人员的失误和管理人员的失误;作为厂家的失误,有设计失误、制造失误;作为航行支援系统的失误,有管制的失误、气象情报本身的错误,或者使用情报数据方法的错误,以及机场管理的错误;等等。深究下去,总能发现在各个地方安全都与人的因素发生关系。而且,事故不是仅仅由一种原因引起的,而是由多种原因共同造成的,这些相关的原因也几乎都和人为因素有关系。为了探求事故的本质,采取有效的预测事故的措施,就需要站在这样的角度去考虑问题,即不是去研究谁的不对,而是去研究谁能够防止事故的发生。

(三)调查研究人为因素的必要性

随着时间的推移,人们发现,在导致事故发生的原因中,机械原因即硬件方面的原因在减少,人为原因即人为因素在增加,这一点已经被事实所证明。研究人会犯何种错误,积累这方面的资料,并采取预防措施,是至关重要的事情。列举出错误的事例,就是为了调查人会犯什么错误,那种错误是否可能与事故有关系,如果有关系,就要采取措施从而提高安全性。

调查研究人为因素,并把得到的成果有效地运用到发挥人的能力方面,我们把为此而进行的活动称之为人为因素学。人为因素学的基本原理之一是人为差错不能为零,要通过控制差错来防止差错,即不是要求没有差错的人,而是要通过积累资料来控制差错,使差错接近于零。

三、建立飞行安全报告系统

能够担负起早期发现、早期治理任务的角色之一的,正是飞行安全报告系统。另外,这里有"事故"和"事故征候"之分。社会上一般认为这两个词几乎没有差别,但是作为从事安全工作的人,必须把这两者明确地区分开来。就是说,按照国际民航组织的定义,飞机受到损坏、飞机在飞行中出现人员受重伤或死亡、飞机去向不明等情况,可以称为事故。与此相对应,发动机故障或发动机损坏,飞机发生火灾,过于接近障碍物或地形,飞机危险接近或失去导航功能等,被定义为事故征候。

按照海因里希法则,减少危险苗头,事故征候就会减少;事故征候减少,事故就会减少。因此,通过安全报告系统来收集危险苗头的事例,更多的人就能够了解这些事例。同时,由于阅读了这种报告,阅读者可以模拟那种情况,从而具有防止发生类似苗头的意识,这对于防止事故的发生是很有益处的。飞行安全报告的目的就在于避免飞机在飞行中发生事故,在遇到有诱发事故的可能性的事态时,参加飞行的人自愿提供情报,并把这些情报反馈给有关人员。这样就能够做到防患于未然,防止以后由同样的原因引起的事故发生。

建立飞行安全报告系统总是在一定的前提下才能进行,也就是说要有一定的基础,安全报告才可行,而运用这一系统的基础实际上就是"确立一种依赖关系"。为此,需要具备以下 6 个最根本的条件:

(1)免除责任。这种情况不是一般性免除责任,而是公司内免除责任。

(2)系统的独立性。

(3)不追究提供情报人的秘密方式。

(4)谈体会式的提供情报的方式,自愿报告个人体会。

(5)反馈被提供的情报,或者基于这种情报,研究改进措施。

(6)实绩管理。

四、建立健全无人机飞行的安全保障体系

建立健全无人机飞行的安全保障体系,是无人机安全运营生产的重要保证。根据《中华人民共和国飞行基本规则》,安全生产是航空企业各级领导和全体员工的重要职责。通过严密的组织,有效地实施各项安全生产规章制度,确保航空生产安全。

中国民航安全管理体系机构如图 3-13 所示。通用航空(无人机)安全管理的最高机构是民航局,在民航局下设安全委员会和安全监督委员会。各个通用航空公司根据安全管理的要求,下设自己的安全管理委员会和安全监督机构,负责本公司的通用航空安全管理工作。

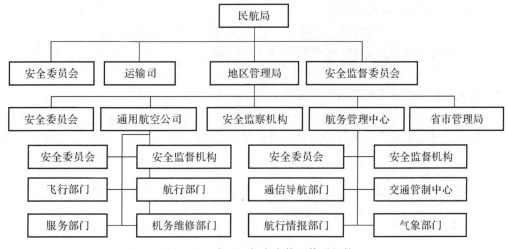

图 3-13　中国民航安全管理体系机构

(一)安全监察管理机构职责

民航各级安全监察管理机构的主要职责如下:

(1)监督检查各生产部门执行有关飞行安全的各项规章制度情况,落实安全保障措施;

(2)及时掌握各单位的安全生产形势,监督检查生产事故的调查和处理,并提出安全指导

意见；

(3)制定有关民航安全生产的规章制度；

(4)组织飞行事故的调查；

(5)组织新航线、新机场、新机型的安全检查。

(二)安全监察管理机构的权力

根据民航局有关安全生产的政策法规和规章制度，民航生产安全监察管理机构具有以下职权：

(1)有权立即停止使用危及安全生产的设备和人员；

(2)有权要求有关部门对形象安全生产的问题进行处理，采取措施，限期解决；

(3)有权要求有关部门报告安全情况，提供相关资料；

(4)有权要求有关部门对违章、失职的当事人和事故责任人进行处理。

思　考　题

1.简述国际民航组织的组织架构。

2.国际民航组织的工作重点有哪些？

3.国际航空运输协会的宗旨是什么？

4.IATA 的基本职能及主要工作是什么？

5.IATA 的入会条件是什么？

6.我国的飞行管理机构有哪些？

7.简述国家空管委的主要职责。

8.简述中国民航局的机构职责。

9.中国空管行业的三级机构是什么？

10.我国民航七大地区管理局分别是什么？

11.我国与无人机安全飞行有关的协会有哪些？

12影响无人机安全飞行的因素有哪些？

13.建立飞行安全报告应具备什么条件？

14 如何建立健全无人机飞行的安全保障体系？

第四章 飞行有关法律法规

航空法规是与民用航空相适应发展起来的,用来调整民用航空领域内的社会关系。本章主要介绍民用航空法的法律属性,重点介绍我国航空法规文件体系,以及我国现行无人机有关的文件规定等内容。

教学要求

(1)了解民用航空法有关内容;
(2)掌握我国的航空法规文件体系;
(3)掌握我国现行涉及无人机飞行有关文件规定。

内容框架

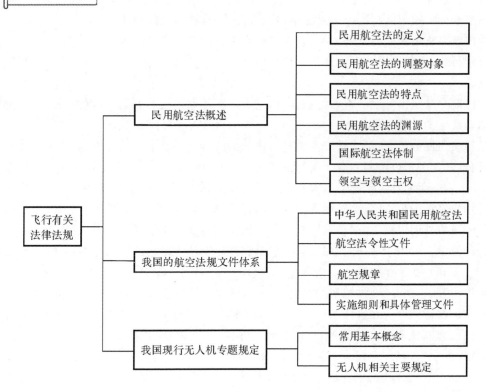

民用航空是航空业和交通运输业中一个独立的、充满活力的部门,它在整个国民经济以及人们的社会生活中都起着不可或缺的重要作用。民用航空法是与民用航空相适应发展起来

的,用来调整民用航空领域内的社会关系。

第一节　民用航空法概述

一、民用航空法的定义

《牛津法律大辞典》对民用航空法所下的定义:它是有关民用航空的法体,用以调整空中航空和空间使用等问题。《中国大百科全书(航空·航天卷)》以及中国空运网对其所下的定义:直接或间接同民用航空有关的法律。按有关专家的定义:民用航空法律是用以调整因民用航空活动而发生的社会关系的法律规范的总和。

航空法是指关于航空器运行以及民用航空活动的法律规范的总和。航空法不包括关于无线电传播和外层空间活动的法律规范,它们已分别形成了新的法律分支,即电信法和外层空间法。这里所说的"航空法",指的是国际法的一部分,为明确起见,有时称为"国际航空法"。

领空主权原则是一个根本性的法律制度,是航空法的基础。民用航空活动所产生的社会关系是航空法的主要调整对象。在和平时期和正常情况下,民用航空和非民用航空在同一空域活动时,应遵守统一的空中交通规则,实行统一的空中交通管制,必须统一管理空中航行,以保证空中航行的安全和畅通。所以,航空法是规定领空主权,管理空中航行和民用航空活动的法律规范的总称。

航空法分为国内航空法和国际航空法两大部分,分属不同的法律体系。

国内航空法是国内的重要法律,它涉及领空主权的宣告及其空域管理制度,规范民用航空行政管理行为,调整民用航空活动产生的民商法律关系,还涉及采用刑法手段保护民用航空的安全问题。

国际航空法是国际法的重要组成部分,它确立了领空主权的原则,调整国家之间开展民用航空活动产生的社会关系。

从历史角度分析,航空法受海商法和海洋法的影响比较大。海上货物运输法是海商法的核心部分,其起源可以追溯到海上货物运输之初。国际上目前可考的最早的海商法一般认为是由600—800年间起源于腓尼基人和希腊人的海事法发展而来的《罗德法》。航空货物运输法是民用航空法的核心部分,然而现代意义的民用航空法是在1903年重于空气、有动力的航空器——飞机发明以后,才逐步发展起来的。因此相对其他法学部门而言,民用航空法是一门很年轻的法学。但由于民用航空的迅速发展,民用航空法在短短的一百年时间中,已经发展成为一个比较完善的法律体系。

可以说,航空法是20世纪初的产物,甚至在人类尚未完全征服空气空间之前,人们就开始探索航空的法律问题。在这样的历史背景下,人们借用海商法的模式来研究航空法,是完全可以理解的。海商法对航空法影响的痕迹至今可见。"空中航行"(Air navigation)、"驾驶"或"领航"(Pilot)、"机场"(Airport)等词语,无不来源于航空用语。1929年《华沙公约》关于推定过失责任制度、责任限制、免责原由等规定,也是模仿了海商法中的1924年的《海牙规则》。

然而,随着航空技术的迅速进步,航空法早已摆脱了海商法的模式。在航空法中,1919年巴黎的《空中航行管理公约》曾采用过"无害通过"制度,但到1944年《国际民用航空公约》便抛弃了这种制度,而代之航空"业务权"(Traffic rights)(即五种空中自由)的概念。今天,在航空运输过程中已推行了"无过失责任制度"(即无过失责任制);而在海运中,到 1978 年才通过《汉堡规则》采用"完全的过失责任制"。

二、民用航空法的调整对象

航空法调整民用航空活动产生的社会关系的范围十分广泛,凡与航空器、航空器的正常状态、航空器的操作、航空器所有权及其正常转移、机场、信标、商业航空运输(客、货)及其国际通航、可能造成的损害责任、保险等有关的问题都在航空法的范围之内,内容极其广泛和丰富。

民用航空与非民用航空的关系协调是非常重要的,其主要原因在于:

(1)航空法关于领空主权的规定,是一切航空活动都须遵守的规则。

(2)在同一空域中同时进行各种航空活动,不论是民用航空还是军用航空,为了保障飞行安全的需要,都必须接受统一的空中交通管制,遵守统一的空中交通规则。

(3)非民用航空部门参与民用航空活动,都必须受航空法有关规定的约束。

因此,航空法是调整民用航空活动及其相关领域中产生的各种社会关系的法律。

三、民用航空法的特点

民用航空法是随着航空技术进步而发展起来的一个部门法律。民用航空法的专业性、技术性很强。它形成较晚,但发展较快,具有明显的独立性、统一性、国际性及平时法的特点。

1.航空法的国际性

空气空间的立体存在性,无有形边界,无海洋与高山、河流阻隔,这种航空的特殊性决定了航空法的国际性;欧洲中、小国家林立,航空被当成国际最有效的交通工具,欧洲学者以及国际法学界通常认为航空法就是国际航空法;航空活动的国际性要求建立口岸、海关制度,也使它成为国际法的缩影:主权、管辖权、领土、国籍、国家之间及与国际法律实体之间的关系、统一私法及许多法律冲突等,也决定了航空法的国际性。

2.航空法的统一性

航空法的统一性就是公法问题与私法问题的统一性。航空法兼具公法与私法,内容涉及国家主权、航空管理等公法内容,也涉及财产权利、合同法、侵权行为等私法内容。

3.航空法的平时法

航空法属于平时法,也就是说只适用民用航空活动,而不适用国家航空器。它的适用范围以平时为限,而不约束战争期间交战国或中立国的航空行为。有关航空器在战争时期用作武器和军事目的的一套规则已并入战争法中。1944 年《国际民用航空公约》第 3 条明确规定:"本公约仅适用于民用航空器",而不适用于"军事、海关和警察部门的航空器"。

4.航空法的独立性

航空法的独立性是指航空法自成一类,成为一个独立的法律部门。航空法是否具有独立性,是否能成为一个独立的法律部门,历来就有两派观点,至今仍存在分歧。有的学者否认航空法的独立性,甚至否认航空法的存在,认为航空法没有丝毫新的内容,只是把各种现行法,如国际公法、国际私法、海商法、行政法、刑法、商法等适用于空中航行。有的学者还认为,航空法应无条件地将海商法适用于航空活动。在他们看来,只要看一个事实就能说明这一点,即海上和空中都是航行,都是离开陆地后,直至到达港口或者降落之前,进行独立活动的交通工具。

但一般认为航空活动创制出国际法与国内法所没有的新的规则:航空登记国管辖权、降落地国管辖权、罪犯发现地国的准普遍管辖权,推动了国际法,特别是国际刑法的发展,因此具备独立性。

四、民用航空法的渊源

随着人类征服空间进程的深入,飞行科技技术的进一步发展,人类愈来愈广泛地利用航空运输为社会经济服务。当今世界,民用航空的发展状况是一个国家经济发展水平的重要标志,是国家现代化程度的象征。民用航空自诞生日起,其性质就决定了它在很大程度上是一种国际运输。民用航空愈发展,其活动愈频繁,所涉及的社会关系就愈广泛,更加需要一种法律来保护这一行业的健康发展,民用航空法由此诞生。

航空法有国内法和国际法之分,处在两种不同的法律体系之中。因此,对航空法的渊源也就需要分别进行研究。

(一)航空法的历史发展

1784年巴黎市政府发布治安令:未经批准,不得放飞。这大概是人类历史上第一个航空法令。

航空活动除了在本国领空内进行,往往在国际开展,国际航空运输活动的发展促使与国际航空运输相关的公约的制定和完善。1919年10月3日,在巴黎和会上缔结了第一个国际航空法——《空中航行管理公约》,1928年2月20日,在哈瓦那签订了《泛美商业航空国际公约》,1929年10月12日,在华沙签订了《统一国际航空运输某些规则的公约》(《华沙公约》)。

1944年12月7日,在芝加哥召开的国际民用航空会议上签订了《国际民用航空公约》(《芝加哥公约》)。根据该公约成立了国际民用航空组织。后来又签署了一系列世界性多边条约。此外,还有一批地区性多边条约以及各国之间签订的双边航空协定。比如,1963年签订了《东京公约》等三个反劫机公约,1999年签订了《蒙特利尔公约》,2010年签订了《北京公约》等。

随着科学技术的进步、国际政治和经济形势的变化,航空领域中也出现了很多新情况,这些都需要制定新的法律框架和规范。因此,现代航空法在不断地发展变化。

(二)航空法的法律渊源

这里的航空法渊源,是指航空法的形式渊源,即航空法的组成和表现形式。

1.国内航空法的渊源

国内法是由特定的国家制定或认可,实施于该国主权所达范围之内的法律。

航空法有狭义和广义之分。狭义的航空法是指以"航空法"为名称的那部法律。广义的航空法是指规定领空主权,管理空中航行和民用航空活动的法律规范的总和。

2.国际航空法的渊源

国际航空法是国际法的一部分。国际法的渊源就是国际航空法的渊源,但国际航空法的渊源有其自身的特点。一般说来,国际法的渊源主要有两个,即条约和习惯。由于航空技术和发展水平都提高得十分迅速,航空立法基本上是与之同步的,所以今天的国际航空法最重要和主要的渊源是国际条约,而国际习惯不是国际航空法的主要渊源。依照国际法的渊源,国际民用航空法的渊源主要来自以下几方面:

(1)国际条约。国际民用航空法的渊源主要是国际条约。条约是国家及其他国际法主体所缔结,而以国际法为准,并确定其相互关系中的权利和义务的一种国际书面协议,也是国际法主体间相互交往的一种最普遍的法律形式。条约是国家间明示的协议,对各缔约国均有约束力。国际条约的名称很多,主要是条约、公约、协定、议定书、宪章、盟约、换文以及宣言等。

（2）国际习惯。国际习惯也称国际惯例,是国际法最古老的渊源。国际习惯是国际航空法的一般渊源,当没有条约规定时,惯例就成了适用的原则。国际习惯有个形成的过程,一旦被国际社会所接受和承认,便成了国际习惯法规则,具有普遍的约束力。

（3）国际法的一般法律原则。国际法的一般法律原则是指各国法律体系共有的一些原则。国际法的基本原则是指被各国公认的、具有普遍意义的、适用于国际法一切效力范围的、构成国际法基础和核心并具有强行法性质的国际法原则。

（4）各国国内法及法院判例。对于没有国际条约,由国内法支配的其他航空法问题,外国法律就有可能成为民用航空活动的法律渊源。

（5）相关国际组织的决议。国际组织是现代国际生活中促成各国合作的一种有效的法律形式。从目前来看,国际组织的决议作为独立的国际法渊源,仅是局限在一定的范围内,各个国际组织决议的法律效力问题不能一概而论,应在其组织章程规定的前提下具体决议,具体分析。随着国际社会的日趋组织化,国际合作的思想将进一步发展,国际依赖的事实将进一步加强,国际组织决议所涉范围也日渐广泛,其成果与积极影响势必得到国际社会成员的充分肯定。

五、国际航空法体制

国际航空法的法律制度体系主要由三大部分组成:①以《国际民用航空公约》为主体的国际民用航空基本体制,也称国际民用航空公约体制;②以《华沙公约》为主体的国际民用航空损害赔偿体制,也称华沙公约体制;③以《海牙公约》和《蒙特利尔公约》为主体的国际民用航空安全体制。

（一）《国际民用航空公约》

《国际民用航空公约》,简称 1944 年《国际民用航空公约》。《国际民用航空公约》分"序言""空中航行""国际民用航空组织""国际运输"和"最后条款",经修订后共 22 章 99 条,是国际航空法最基本的公约。缔约各国应无保留地遵守该公约。该公约取代了 1919 年《巴黎公约》和 1928 年《哈瓦那公约》。该公约现有 18 个附件规定了国际民用航空的国际标准和建议措施。公约附件对缔约国不具有强制性约束力,但缔约国应将本国规定和措施与附件规定的国际标准和程序之间的差异立即通知国际民用航空组织。

（二）《统一国际航空运输某些规则的公约》

《统一国际航空运输某些规则的公约》,简称 1999 年《蒙特利尔公约》,2005 年 7 月 31 日正式生效。该公约以统一国际航空运输规则和国际航空运输承运人为主要内容,对 1929 年《华沙公约》的这两个内容进行了重大的修改。该公约最大的特点就是规定了承运人对旅客的双梯度责任制度,即在第一梯度下,无论承运人是否有过错,都要对旅客的死亡或身体伤害承担以 10 万特别提款权(在本公约签署当日,1 特别提款权合人民币 11.163 10 元)为限额的赔偿责任;在第二梯度下,对超过 10 万特别提款权的部分,只要承运人能够证明其没有过错,就不承担赔偿责任。

六、领空与领空主权

领空,是指主权国家领陆和领海上空的空气空间,国家领土的组成部分。《巴黎航空公约》和《国际民用航空公约》规定,国家对其领土上空的空气空间享有绝对主权。而领空主权是指领土之上空气空间享有完全的主权,目前现行国际法对于领空和外层空间没有定论。

国际空中航行应当遵循下述基本原则:

(1)领空主权原则。外国航空器在航行过程中,如果需要经过一国领空,必须经过该国允许,并且还应当遵守该国的法律制度。

(2)在不属于任何国家领空的空气空间,航空器拥有自由航行的权力,但是必须遵守国际民用航空组织制定的统一的空中航行规则。

第二节　我国的航空法规文件体系

我国民用航空法律体系主要是由航空法典,国务院有关民用航空的行政法规,民用航空规章,关于航空法的立法、司法和行政解释和其他民用航空规范性文件等构成的。

近年来,我国出台了一系列通用航空市场准入、运行标准以及外商投资通用航空业等方面的法规、规章,初步建立了较为完善的通用航空法规体系。我国现行的通用航空法规体系包括法律、法规、规章、标准等。无人机作为通用航空的重要组成部分,国家民航局等部门也是参照通用航空有关规则出台相关管理政策征求意见稿,但对无人机产业冲击较大,受到质疑而搁置,如2016年6月《民用无人机驾驶航空器系统适航管理要求(暂行)》和《民用无人驾驶航空器特殊适航证颁发和管理程序》等。

在讲述相关法律法规之前,我们先了解一下我国的航空法规文件体系。我国航空法规文件体系以《国际民用航空公约》为基础,以《美国联邦航空条例》(简称FAR)和《欧洲联合航空规章》(简称JAR)及其他国家和地区的航空法律规章为主要参考内容,结合中国民航的实际情况,吸收过去颁发的规章文件中的适用部分而自成体系。我国的航空法规文件体系如图4-1所示。

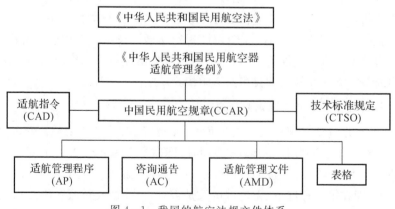

图4-1　我国的航空法规文件体系

一、《中华人民共和国民用航空法》

《中华人民共和国民用航空法》(以下简称《民用航空法》)是新中国第一部全面规范民用航空活动的法律,是我国民用航空发展史上的一个重要的里程碑。《民用航空法》是中国民用航空法律体系的核心,它全面规范了我国的民用航空活动。

《民用航空法》是从事民用航空活动的单位和个人都必须遵守的根本大法,其目的在于维护国家的领空主权和民用航空权利,保障民用航空活动安全和有秩序地进行,保护民用航空活动当事人各方的合法权益,促进民用航空事业的发展。

《民用航空法》由第八届全国人民代表大会常务委员会第十六次会议于1995年10月30日审议通过,自1996年3月1日实施。当前版本是2017年11月4日第十二届全国人民代表大会常务委员会第三十次会议修正的。

《民用航空法》共16章,包括民用航空器国籍、权利、适航管理、航空人员、机场、空中航行、公共航空运输企业、公共航空运输、通用航空等内容。应该说,《民用航空法》中规定的各个条款,均适用于中国民用航空中的通用航空,在《民用航空法》第10章中,对通用航空的定义、从事通用航空活动的人员或企业应当具备的条件、从事通用航空活动的要求等事项进行了规定和说明。《民用航空法》的全文见附录A。

二、航空法令性文件

在实施《民用航空法》的基础上,基于民航行业的特殊性,国务院还会同民航局制定了一些专业性较强的航空法令性文件,要求从事民用航空活动的单位和个人遵守,以便使从事民用航空活动的单位和个人在遵循《民用航空法》的基础上更好地实施这些准则。《中华人民共和国民用航空器适航管理条例》《中华人民共和国飞行基本规则》《通用航空飞行管制条例》等就是这类航空法令性文件。

(一)《中华人民共和国航空器适航管理条例》

《中华人民共和国民用航空器适航管理条例》(以下简称《适航条例》)于1987年5月4日由国务院颁布,目的在于保障民用航空安全,维护公众利益,促进民用航空事业的发展。在中华人民共和国境内从事民用航空器(含航空发动机和螺旋桨)的设计、生产、使用和维修的单位或者个人,向中华人民共和国出口民用航空器的单位或者个人,以及在中华人民共和国境外维修在中华人民共和国注册登记的民用航空器的单位或者个人,均须遵守本条例。民航管理人员应当在广泛征求航空工业部门及各有关部门意见的基础上,制定《适航条例》的实施细则及有关技术标准。

民用航空器的适航管理,是根据国家的有关规定,对民用航空器的设计、生产、使用和维修,实施以确保飞行安全为目的的技术鉴定和监督。民用航空器的适航管理由民航局负责。民用航空器的适航管理,必须执行规定的适航标准和程序。任何单位或者个人设计民用航空器,应当持航空工业部对该设计项目的审核批准文件,向民航局申请型号合格证。民航局接受型号合格证申请后,应当按照规定进行型号合格审定;审定合格的,颁发型号合格证。

(二)《中华人民共和国飞行基本规则》

2000年7月24日中华人民共和国国务院、中华人民共和国中央军事委员会令(第288

号)公布了现行《中华人民共和国飞行基本规则》(以下简称《飞行基本规则》)。根据 2001 年 7月 27 日《国务院、中央军委关于修改〈中华人民共和国飞行基本规则〉的决定》第一次修订,根据 2007 年 10 月 18 日《国务院、中央军委关于修改〈中华人民共和国飞行基本规则〉的决定》第二次修订。制定本规则的目的在于维护国家领空主权,规范中华人民共和国境内的飞行活动,保障飞行活动安全有秩序地进行。凡辖有航空器的单位、个人和与飞行有关的人员及其飞行活动,必须遵守本规则。

《飞行基本规则》分为 12 章,包括总则,空域管理,飞行管制,机场区域内飞行,航路和航线飞行,飞行间隔,飞行指挥,飞行中特殊情况的处置,通信、导航、雷达、气象和航行情报保障,对外国航空器的特别规定,法律责任,附则。此外还包括 3 个附件。附件一:辅助指挥、联络的符号和信号;附件二:飞行高度层配备标准示意图;附件三:拦截航空器和被拦截航空器的动作信号。本规则自 2001 年 8 月 1 日零时起施行。国务院、中央军事委员会 1977 年 4 月 21 日颁发的《中华人民共和国飞行基本规则》同时废止。

(三)《通用航空飞行管制条例》

《通用航空飞行管制条例》(以下简称《通航飞行条例》)是根据《民用航空法》和《飞行基本规则》制定的,目的是促进通用航空事业的发展,规范通用航空飞行活动,保证飞行安全。该条例由中央军委和国务院于 2003 年 1 月 10 日 联合发布,自 2003 年 5 月 1 日起施行。

《通航飞行条例》缩短了审批时间,简化了审批程序,规定了通用航空飞行保障收费,按照国家有关国内机场收费标准执行。《通航飞行条例》分为 7 章,包括总则、飞行空域的划设与使用、飞行活动的管理、飞行保障、升放和系留气球的规定、法律责任、附则等。在中华人民共和国境内从事通用航空飞行活动,必须遵守《通航飞行条例》。在中华人民共和国境内从事升放无人驾驶自由气球和系留气球活动,适用《通航飞行条例》的有关规定。

(四)通航法规现状

由于空域属于国家资源,空域分类涉及国家安全和公众利益,按照《中华人民共和国立法法》第 8 条的规定只能通过制定法律进行调整。我国航空领域现行有效的唯一一部法律《民用航空法》由于调整范围限于民用航空,不能对空域管理进行全面规定,只有制定《航空法》才能从根本上解决空域分类管理以及与此相关的体制性问题,明确空域类别、管理体制、服务标准,简化使用空域的程序,保障各类空域用户使用空域的权利。

通用航空(含无人机)多是"低空、慢速、小目标"的低空飞行,航空器种类繁多,性能差异大,可靠性低,作业范围广,任务性质复杂,受环境因素影响大,保障手段不足,用户数量多,人员配置、组织教育薄弱。随着通用航空的不断发展,如果不能理顺其管控体制,必然会带来不明空情增加、危及重要目标安全隐患增多、空中恐怖活动风险加大等问题。同时,由于我国未将限制使用空域和公共活动空域进行区分,空防必须对所有空域目标进行全程监控,客观上增加了空防安全压力。我国现行的《飞行基本规则》《通航飞行条例》虽然列举了航空活动应当遵守的规则,以及应当予以处罚的违规情形,但对于惩处违规行为的执法主体、执法程序、执法手段、惩罚措施缺乏明确的规定。

通用航空的发展、航空安全和空防安全是国家整体利益的不同方面,三者虽然在某些局部问题上有矛盾,但在国家利益全局上高度一致。为正确处理发展通用航空、保障航空和空防安全的关系、加强管理和合理利用的关系,只有建立完备的法规制度体系,制定国家层面的《航空法》,才能解决当前《民用航空法》《飞行基本规则》和《通航飞行条例》无法解决的空管安全和空防体制问题,集中空防资源保证重点目标空中安全,同时确立查处危害航空安全和空防安全行为的执法主体、执法程序、执法手段和惩罚措施,在确保国家空管空防安全的前提下实现通用航空的健康发展。

突破现行法规的限制,制定《航空法》,从法律层面把促进通用航空发展作为国家意志加以明确,是实现通用航空发展,充分发挥通用航空在促进经济发展、服务国民经济、国家应急救援、国防建设、维护社会安定等方面的重要作用的根本途径。为此,建议将《航空法》立法列入国家立法规划,加快立法进程。

三、航空规章

为了便于单位和个人在从事民用航空活动过程中更好地遵照和执行国家和民航局的有关法律法规,也便于政府部门对民用航空活动进行监督和管理,中国民用航空总局还相应制定了一些规章,保证各项法令的实施,如《中国民用航空规章》(以下简称《民航规章》)等。

《民航规章》是指中国民用航空局根据法律和国务院的行政法规、决定和命令,在本部门的权限范围内制定的,或者与国务院有关部门在各自权限范围内联合制定的,以民航局令的形式公布的规范性文件。民航局、民航局职能部门或者民航地区管理局制定并对外发布的涉及行政管理相对人权利、义务,具有普遍约束力的其他规范性文件不得与《民航规章》相抵触。《民航规章》只能以民航局的名义制定,民航局的机关各职能厅、室、司、局不得以自己的名义制定规章。

《民航规章》规定的事项应当属于执行法律或者国务院的行政法规、决定、命令的事项;需要规定行政许可、资质、资格、行政性收费、行政处罚措施的,应当制定规章。

《民航规章》所规范的内容,相关法律、法规已有规定的,只能对其相关条款进行细化,或根据相关条款对具体操作办法和实施细则进行规定,不得与相关法律、法规相抵触;没有相关法律、法规规定的,可以根据民航局的职责范围,对涉及的内容进行规定。

规章签署后,应当在民航局网站(www.caac.gov.cn)、《中国民用航空局公告》或《中国民航报》上公布或以其他方便公众周知的途径及时公布。

《中国民用航空局公告》刊登的规章文本为标准文本。

《民航规章》体系由 15 编共 400 部构成,主要参照了美国联邦航空管理规章(FAR)的管理规章体系,目前尚未全部完成,有待调整与完善。

第一编　行政程序规则(1~20 部)

第二编　航空器(21~59 部)

第三编　航空人员(60~70 部)

第四编　空域、导航设施、空中交通管理和一般运行规则(71~120 部)

第五编　民用航空企业合格审定及运行(121~139 部)

第六编　学校、非航空人员及其他单位的合格审定及运行(140~149 部)

第七编　民用机场建设和管理(150~179 部)

第八编　委任代表规则(180~189 部)

第九编　航空保险(190~199 部)

第十编　综合调控规则(201~250 部)

四、实施细则和具体管理文件

为了更好地贯彻执行上述法律、法规,民航局空管办、适航司、飞标司、运输司等部门,结合我国实际情况,对我国一些航空法律、法规做了进一步解释和补充,发布了一些法规性文件作为实施细则,如管理程序、咨询通告、管理文件、管理办法等。

第三节　我国现行无人机专题规定

本节按照文件颁布时间的先后顺序,对我国民航局颁布的一些主要的无人机专题规定进行简要介绍。

一、常用基本概念

在介绍无人机专题规定之前,先了解一些涉及无人机的常用基本概念。

1.隔离空域与非隔离空域

隔离空域是指专门分配给无人驾驶航空器系统运行的空域,通过限制其他航空器的进入以规避碰撞风险。

非隔离空域是指无人驾驶航空器系统与其他有人驾驶航空器同时运行的空域,也称融合空域。

2.电子围栏

电子围栏是指为防止民用无人驾驶航空器飞入或者飞出特定区域,在相应电子地理范围中画出其区域边界,并配合飞行控制系统,保障区域安全的软硬件系统。

3.无人机云系统

无人机云系统(也称无人机云),是指轻小型民用无人机运行动态数据库系统,用于向无人机用户提供航行服务、气象服务等,对民用无人机运行数据(包括运营信息、位置、高度和速度等)进行实时监测。接入系统的无人机应即时上传飞行数据,无人机云系统对侵入电子围栏的无人机具有报警功能。相应地,能够为无人机用户提供无人机云服务并经民航局审定合格的企业,称为无人机云提供商或运营商。

4.驾驶员、机长和观测员

无人机系统驾驶员是指由运营人指派对无人机的运行负有必不可少责任并在飞行期间适时操纵无人机的人。

无人机系统的机长是指在系统运行时间内负责整个无人机系统运行和安全的驾驶员。

无人机观测员是指由运营人指定的训练有素的人员,通过目视观测无人机,协助无人机驾驶员实施安全飞行。

5.空域保持能力

空域保持能力是指具有高度与水平范围的控制能力。

6.分布式操作

分布式操作是指把无人机系统操作分解为多个子业务,部署在多个站点或者终端进行协同操作的模式,不要求个人具备对无人机系统的完全操作能力。

7.混合飞行

混合飞行是指无人机与有人驾驶航空器在同一空域内的飞行。

二、无人机相关主要规定

(一)《轻小无人机运行规定》

2015年12月29日,中国民航局飞行标准司出台了咨询通告《轻小无人机运行规定(试行)》(本小节以下简称《运行规定》),以大数据和"互联网＋"为依托,首次提出了"无人机云系统"的概念,对低、慢、小型无人机运行实施放管结合的细化分类管理,以进一步维护轻小型无人机的飞行秩序,确保运行安全。

《运行规定》全文共18章,明确了民用无人机的定义和分类,引入了无人机云的数据化管理,并分别在无人机驾驶员的操作资质、无人机的飞行空域等方面提出了运行管理要求。根据《运行规定》,空机质量小于等于116 kg、起飞全重不大于150 kg的无人机,起飞全重不超过5 700 kg、距受药面高度不超过15 m的植保类无人机,充气体积在4 600 m³以下的无人飞艇,使用了自动驾驶仪、指令与控制数据链路或自主飞行设备的航空模型全部纳入民航监管范围。

为进一步规范轻小无人机运行,固化前期无人机云系统试运行的成功经验,确保管理理念和政策与无人机技术发展相适应,结合CCAR-61部修改决定中关于无人机驾驶员执照和等级的要求,2019年1月3日中国民航局飞行标准司发布了《关于对＜轻小无人机运行规定＞咨询通告征求意见的通知》,修订的主要内容包括调整无人机运行管理分类,明确无人机云交换系统定义及功能定位,增加无人机云系统应具备的功能要求,细化提供飞行经历记录服务的条件,更新取消无人机云提供商试运行资质的政策。截至2020年6月,未正式发布,默认于2019年2月1日起实施。

1.人员职责

《运行规定》明确了民用无人机驾驶员必须具备相应民用无人机等级的驾驶执照/合格证,不得酒驾,不得在受到任何药物影响及其工作能力对飞行安全造成影响的情况下驾驶无人机。民用无人机机长对无人机的运行直接负责,应做好飞行前准备工作,避免无人机运行时进入限制区域,并具有最终决定权。《运行规定》强调,无论在视距内运行,还是在视距外运行,各类民用无人机必须将航路优先权让与其他民用航空器,不能危害到空域的其他使用者、地面上人身财产安全。

民用无人机机长对民用无人机的运行直接负责,并具有最终决定权。在飞行中遇有紧急情况时,机长必须采取适合当时情况的应急措施。在飞行中遇到需要立即处置的紧急情况时,机长可以在保证地面人员安全所需要的范围内偏离《运行规定》的任何规定。

如果在危及地面人员安全的紧急情况下必须采取违反当地规章或程序的措施时,机长必须毫不迟疑地通知有关地方当局。

机长必须负责以可用的、最迅速的方法将导致人员严重受伤或死亡、地面财产重大损失的任何航空器事故通知最近的民航局及相关部门。

2.运行要求

《运行规定》将民用无人机划分为 7 类:空机质量和起飞全重小于 1.5 kg 的为Ⅰ类无人机;空机质量介于 1.5～4 kg、起飞全重介于 1.5～7 kg 的为Ⅱ类无人机;空机质量介于 4～15 kg、起飞全重介于 7～25 kg 为Ⅲ类无人机;空机质量介于 15～116 kg、起飞全重介于 25～150 kg 的为Ⅳ类无人机;植保类无人机为Ⅴ类无人机;无人飞艇为Ⅵ类无人机;可 100 m 之外超视距运行的Ⅰ、Ⅱ类无人机为Ⅶ类无人机。其中,Ⅰ类无人机只需使用人确保安全,可不受《运行规定》约束(见表 4-1)。

表 4-1 无人机运行管理分类

分 类	空机重量/kg	起飞全重/kg
Ⅰ	$0<W\leq1.5$	
Ⅱ	$1.5<W\leq4$	$1.5<W\leq7$
Ⅲ	$4<W\leq15$	$7<W\leq25$
Ⅳ	$15<W\leq116$	$25<W\leq150$
Ⅴ	植保类无人机	
Ⅵ	无人飞艇	
Ⅶ	可 100 m 之外超视距运行的Ⅰ、Ⅱ类无人机	

为避免民用无人机误闯误入,对民用无人机进行数据化管理。《运行规定》要求,Ⅲ,Ⅳ,Ⅵ和Ⅶ类无人机及在重点地区和机场净空区以下运行Ⅱ类和Ⅴ类无人机应安装并使用电子围栏,接入无人机云,定时给无人机云反馈行为信息。其中,Ⅲ,Ⅳ,Ⅵ和Ⅶ类的民用无人机在人口稠密区和非人口稠密区的报告频率分别为最少每秒一次、最少每 30 s 一次;对于重点地区和机场净空区以下使用的Ⅱ类和Ⅴ类的民用无人机,报告频率为最少每分钟一次。同时,无人机云提供商必须每 6 个月向民航行政管理部门提交无人机发展与安全情况报告。

为进一步规范轻小无人机运行,固化前期无人机云系统试运行的成功经验,确保管理理念和政策与无人机技术发展相适应,结合 CCAR-61 部修改决定中关于无人机驾驶员执照和等级的要求,2019 年 1 月飞行标准司修订了咨询通告《轻小无人机运行规定》(征求意见稿)。

修订的主要内容包括调整无人机运行管理分类,明确无人机云交换系统定义及功能定位,增加无人机云系统应具备的功能要求,细化提供飞行经历记录服务的条件,更新取消无人机云提供商试运行资质的政策。

(二)《民用无人驾驶航空器系统空中交通管理办法》

2009 年 6 月,中国民用航空局空中交通管理局与空管行业管理办公室联合出台了《民用无人机空中交通管理办法》(MD - TM - 2009 - 002)。随着无人机应用领域和数量的增加,2016年9月空管行业管理办公室对原办法进行了修订,重新颁发了《民用无人驾驶航空器系统空中交通管理办法》(MD - TM - 2016 - 004)。该办法对民用无人机飞行活动进行了管理,规范了空中交通管理的办法,保证民用航空活动的安全,制定了民用无人机空中交通管理的有关规定。该文件作为我国现阶段民用无人机空中交通管理办法,对无人机的空域管理、空中交通管理、无线电频率和设备的使用等方面给出了明确的要求,将在第六章"空中交通规则"重点介绍。

(三)《民用无人机驾驶员管理规定》

为进一步规范无人机驾驶员执照管理,在总结前期授权符合资质的行业协会对部分无人机驾驶员证照实施管理的创新监管模式经验的基础上,2019年4月飞行标准司修订了咨询通告《民用无人机驾驶员管理规定》(征求意见稿)。新规定强调分级分类管理,针对起飞全重7kg以上的无人机的不同类别和等级,设定了相应的训练和考试要求,达到相关标准后方可获取民用无人驾驶航空器驾驶员执照。基于7 kg以下的无人机多以娱乐为主,且飞行速度小,高度较低,对空中交通和公共安全危害较小,在通过无人机云系统进行管控的基础上,不再对该类无人机的驾驶员颁发执照,而采取自学法规知识及通过网上考试的方式规范其运行。

为进一步规范无人机驾驶员执照管理,在总结前期授权符合资质的行业协会对部分无人机驾驶员证照实施管理的创新监管模式经验的基础上,2019年4月飞行标准司修订了咨询通告《民用无人机驾驶员管理规定》(征求意见稿)。新规定强调分级分类管理,针对起飞全重7kg以上的无人机的不同类别和等级,设定了相应的训练和考试要求,达到相关标准后方可获取民用无人驾驶航空器驾驶员执照。基于7 kg以下的无人机多以娱乐为主,且飞行速度慢,高度较低,对空中交通和公共安全危害较小,在通过无人机云系统进行管控的基础上,不再对该类无人机的驾驶员颁发执照,而采取自学法规知识及通过网上考试的方式规范其运行。

1.无人机驾驶员的分类管理

无人机系统分类较多,所适用空域远比有人驾驶航空器广阔,因此有必要对无人机系统驾驶员实施分类管理。

(1)下列情况,无人机系统驾驶员自行负责,无须证照管理:

1)在室内运行的无人机;

2)Ⅰ,Ⅱ类无人机(如运行需要,驾驶员可在无人机云系统进行备案,备案内容应包括驾驶员真实身份信息、所使用的无人机型号,并通过在线法规测试);

3)在人烟稀少、空旷的非人口稠密区进行试验的无人机。

(2)下列情况,无人机驾驶员由行业协会实施管理,民航局飞行标准部门可以实施监督:

1)在隔离空域内运行的除Ⅰ,Ⅱ类以外的无人机;

2)在融合空域内运行的Ⅲ,Ⅳ,Ⅴ,Ⅵ,Ⅶ类无人机。

(3)在融合空域运行的Ⅺ,Ⅻ类无人机,其驾驶员由民航局实施管理。

2.行业协会对无人机系统驾驶员的管理

(1)实施无人机系统驾驶员管理的行业协会须具备以下条件:

1)正式注册5年以上的全国性行业协会,并具有行业相关性;

2)设立了专门的无人机管理机构;

3)建立了可发展完善的理论知识评估方法,可以测评人员的理论水平;

4)建立了可发展完善的安全操作技能评估方法,可以评估人员的操控、指挥和管理技能;

5)建立了驾驶员考试体系和标准化考试流程,可实现驾驶员训练、考试全流程电子化实时监测;

6)建立了驾驶员管理体系,可以统计和管理驾驶员在持证期间的运行和培训的飞行经历、违章处罚等记录;

7)已经在民航局备案。

(2)行业协会对申请人实施考核后签发训练合格证,在《运行规定》第5条第(2)款所述情况下运行的无人机系统中担任驾驶员,必须持有该合格证。

(3)训练合格证应定期更新,更新时应对新的法规要求、新的知识和驾驶技术等内容实施必要的培训,如需要,应进行考核。

(4)行业协会每6个月向民航局提交报告,内容包括训练情况、技术进步情况、遇到的困难和问题、事故和事故征候、训练合格证统计信息等。

3.民航局对无人机系统驾驶员的管理

(1)执照要求:

1)在融合空域3 000 m以下运行的Ⅺ类无人机驾驶员,应至少持有运动或私用驾驶员执照,并带有相似的类别等级(如适用);

2)在融合空域3 000 m以上运行的Ⅺ类无人机驾驶员,应至少持有带有飞机或直升机等级的商用驾驶员执照;

3)在融合空域运行的Ⅻ类无人机驾驶员,应至少持有带有飞机或直升机等级的商用驾驶员执照和仪表等级;

4)在融合空域运行的Ⅻ类无人机机长,应至少持有航线运输驾驶员执照。

(2)对于完成训练并考试合格人员,在其驾驶员执照上签注如下信息:

1)无人机型号;

2)无人机类型;

3)职位,包括机长、副驾驶。

(3)熟练检查驾驶员应对每个签注的无人机类型接受熟练检查,该检查每12个月进行一次。检查由民航局可接受的人员实施。

(4)体检合格证。持有驾驶员执照的无人机驾驶员必须持有按《民用航空人员体检合格证管理规则》(CCAR-67FS)颁发的有效体检合格证,并且在行使驾驶员执照权利时随身携带该合格证。

(5)航空知识要求。申请人必须接受并记录培训机构工作人员提供的地面训练,完成下列与所申请无人机系统等级相应的地面训练课程并通过理论考试。具体知识包括以下几类:

1)航空法规以及机场周边飞行、防撞、无线电通信、夜间运行、高空运行等知识;

2)气象学,包括识别临界天气状况,获得气象资料的程序以及航空天气报告和预报的使用；

　　3)航空器空气动力学基础和飞行原理；

　　4)无人机主要系统,导航、飞控、动力、链路、电气等知识；

　　5)无人机系统通用应急操作程序；

　　6)所使用的无人机系统特性知识,见表4-2。

表 4-2　航空知识

序　号	内　容		
1	起飞和着陆要求		
2	性能	飞行速度	
		典型和最大爬升率	
		典型和最大下降率	
		典型和最大转弯率	
		其他有关性能数据(例如风、结冰、降水限制)	
		航空器最大续航能力	
3	通信、导航和监视功能	航空安全通信频率和设备	空中交通管制通信,包括任何备用的通信手段
			指令与控制数据链路(C2),包括性能参数和指定的工作覆盖范围
			无人机驾驶员和无人机观测员之间的通信
		导航设备	
		监视设备	
		发现与避让能力	
		通信紧急程序	ATC 通信故障
			指令与控制数据链路故障
			无人机驾驶员/无人机观测员通信故障,如适用
		控制站的数量和位置以及控制站之间的交接程序	

(四)《民用无人驾驶航空器实名制登记管理规定》

　　为加强民用无人驾驶航空器(简称"民用无人机")的管理,民航局下发《民用无人驾驶航空器实名制登记管理规定》(以下简称《登记管理规定》),要求自 2017 年 6 月 1 日起,民用无人机的拥有者必须进行实名登记。

　　《登记管理规定》适用于在中华人民共和国境内最大起飞重量为 250 g 以上(含 250 g)的民用无人机。民用无人机是指没有机载驾驶员操纵、自备飞行控制系统,并从事非军事、警察和海关飞行任务的航空器,不包括航空模型、无人驾驶自由气球和系留气球。《登记管理规定》

要求,自 2017 年 6 月 1 日起,民用无人机制造商和民用无人机拥有者必须在"中国民用航空局民用无人机实名登记系统"(https://uas.caac.gov.cn)(简称"登记系统")上申请账户,民用无人机制造商在系统中填报其所有产品的信息,民用无人机拥有者在该系统中实名登记其个人及其拥有产品的信息,并将系统给定的登记标志粘贴在无人机上。

民用无人机制造商在登记系统中填报其产品的名称、型号、最大起飞质量、空机质量、产品类型、无人机购买者姓名和移动电话等信息;产品外包装明显位置和产品说明书中,提醒拥有者在登记系统中进行实名登记,警示不实名登记擅自飞行的危害;随产品提供不干胶打印纸,供拥有者打印"无人机登记标志"。个人或单位民用无人机拥有者须在登记系统内登记姓名(公司名称)、有效身份证件号码(组织机构代码)、移动电话号码和电子邮箱、产品型号和序号、使用目的;完成信息填报后,系统将自动给出包含登记号和二维码的登记标志图片,民用无人机拥有者须将该图片打印为至少 2 cm×2 cm 的不干胶粘贴牌,并将其粘于无人机不易损伤的地方,保持清晰可辨。

任何单位或者个人设计民用航空器,应当持航空工业部门对该设计项目的审核批准文件,向民航局申请型号合格证。民航局接受型号合格证申请后,应当按照规定进行型号合格审定;审定合格的,颁发型号合格证。任何单位或者个人生产民用航空器,应当具有必要的生产能力,并应当持《适航条例》第 6 条规定的型号合格证,经航空工业部门同意后,向民航局申请生产许可证。民航局接受生产许可证申请后,应当按照规定进行生产许可审定;审定合格的,颁发生产许可证,并按照规定颁发适航证。任何单位或者个人未按照上述规定取得生产许可证的,均不得生产民用航空器(任何单位或者个人未取得生产许可证,但因特殊需要,申请生产民用航空器的,必须经民航局批准)。按此规定生产的民用航空器,须经民航局逐一审查合格后,颁发适航证。民用航空器必须具有民航局颁发的适航证,方可飞行。民航局颁发的适航证应当规定该民用航空器所适用的活动类别、证书的有效期限及安全所需的其他条件和限制。持有民用航空器生产许可证的单位生产的民用航空器,经国务院有关主管部门批准需要出口时,由民航局签发出口适航证。

在中华人民共和国境内飞行的民用航空器必须具有国籍登记证。在中华人民共和国注册登记的民用航空器,具有中华人民共和国国籍,国籍登记证由民航局颁发。民用航空器取得国籍登记证后,必须按照规定在该民用航空器的外表标明国籍登记识别标志。

中华人民共和国的任何单位或者个人进口外国生产的任何型号的民用航空器,如果系首次进口并用于民用航空活动时,进口民用航空器的单位或者个人必须向民航局申请型号审查。民航局接受申请后,应当按照规定对该型号民用航空器进行型号审查;审查合格的,颁发准予进口的型号认可证书。中华人民共和国的任何单位或者个人租用的外国民用航空器,必须经民航局对其原登记国颁发的适航证审查认可或者另行颁发适航证后,方可飞行。

(五)《低空空域使用管理规定(试行)》

2014 年,在空域管理方面,《低空空域使用管理规定(试行)》(征求意见稿)出台,围绕着空域分类划设、空域准入使用、飞行计划审批报备、相关服务保障、行业监管和违法违规飞行查处等方面,以及未来我国真高 1 000 m(含)以下区域的管理进行了详细阐述。在空域分类划设上,该意见稿提出,低空空域将分为管制空域、监视空域、报告空域以及目视飞行航线等四大类。

(1)管制空域是指为飞行活动提供空中交通管制服务、飞行情报服务、航空气象服务、航空情报服务和告警服务的空域。

（2）监视空域是指为飞行活动提供飞行情报服务、航空气象服务、航空情报服务和告警服务的空域。

（3）报告空域是指为飞行活动提供航空气象服务和告警服务，并根据用户需求提供航空情报服务的空域。

（4）目视飞行航线是为确保航空用户能够飞到预定空域，且飞行人员在目视条件下飞行的航线。

该意见稿还就空域的准入条件进行了要求。航空用户使用管制空域必须同时具备以下条件：飞行计划获得许可；航空器配备甚高频通信设备、高精度高度表、二次雷达应答机和广播式自动相关监视设备（ADS-B）；无线电保持持续双向畅通；民用航空器驾驶员实施目视飞行最低应持有私人执照或运动执照、学生执照，实施仪表飞行最低应持有私人执照。

航空用户使用监视空域必须同时具备以下条件：飞行计划已报备；航空器配备甚高频通信设备和广播式自动相关监视设备；无线电保持持续双向畅通；民用航空器驾驶员最低应持有运动执照或学生执照；空域内飞行，航空器空速不大于 450 km/h。

航空用户使用报告空域必须同时具备以下条件：飞行计划已报备，民用航空器驾驶员最低应持有运动执照或学生执照；空域内飞行，航空器空速不大于 450 km/h。

（六）《无人驾驶航空器飞行管理暂行条例（征求意见稿）》

2018 年 1 月 26 日，工信部装备工业司通过网站公布了国务院、中央军委空中交通管制委员会办公室起草的《无人驾驶航空器飞行管理暂行条例（征求意见稿）》（以下简称《飞行管理暂行条例》）。这是我国出台的首部国家级无人机飞行管理专项法规。

《飞行管理暂行条例》共 7 章 59 条，分为总则、无人机系统、无人机驾驶员、飞行空域、飞行运行、法律责任和附则。总则中对无人驾驶航空器和无人机进行简单定义。无人驾驶航空器是指机上没有驾驶员进行操作的航空器，包括遥控驾驶航空器、自主航空器、模型航空器等。而遥控驾驶航空器和自主航空器统称为无人机。无人驾驶航空器分为两级三类五型，如图 4-2 所示，无人机分类见表 4-3。

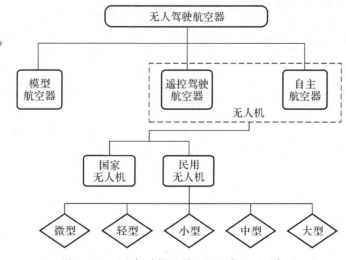

图 4-2　无人驾驶航空器两级三类五型示意图

表 4 - 3   无人机分类表

无人机类型	微 型	轻 型	小 型	中 型	大 型
空机质量	≤0.25 kg	≤4 kg	≤15 kg	超过 15 kg	无规定
起飞质量	无规定	≤7 kg	≤25 kg	≥25 kg,≤150 kg	≥150 kg
高度	50 m 以下	120 m 以下	飞行计划批准	飞行计划批准	飞行计划批准
公安机关备案	——	√	√	√	√
第三者责任险	——	商业活动√	√	√	√
驾驶员	——	年满 14 周岁,未满 14 周岁需成人监护	年满 16 周岁	年满 18 周岁	年满 18 周岁
合格证/驾照	——	超出适飞空域,需合格证	安全操作执照	安全操作执照	安全操作执照
飞行计划	——	——	√	√	√
飞行动态监视	——	√	√	√	√
认证	产品认证	产品认证	产品认证	适航审定	适航审定

为促进无人机产业健康发展,提升无人机运行管理与服务质量,固化深圳试点成功经验,为广大无人机用户提供更加优质的飞行环境与飞行体验,民航局空管行业管理办公室于 2019 年 1 月发布民航局规范性文件(咨询通告)《轻小型民用无人机飞行数据报送及管理规定(征求意见稿)》。

思 考 题

1.简述《民用航空法》的定义。

2.简述《民用航空法》的特点。

3.简述《民用航空法》的调整对象。

4.《飞行基本规则》主要包括哪些方面的内容?

5.我国通航法规的现状如何?

6.什么是隔离空域和非隔离空域?

7.什么是电子围栏?

8.什么是无人机云系统?

9.目前,我国与无人机有关的规定有哪些?

第五章　航空气象与飞行环境

内容提示

航空器在大气层中飞行,气象条件对航空器的活动影响重大。航空气象是航空从业者必备的知识,只有在了解气象理论知识的前提下,识别临界天气状况,掌握天气观测和判断的方法以及航空天气报告和预报的使用,能够利用资料分析天气状况和天气变化过程,才能保证飞行活动在安全有序的条件下进行。本章主要介绍涉及飞行有关能见度、风速等基本内容,以及涉及天气预报、报文等专业内容。

教学要求

(1)了解航空气象有关内容;
(2)了解大气有关内容;
(3)掌握航空气象与飞行之间的关系。

内容框架

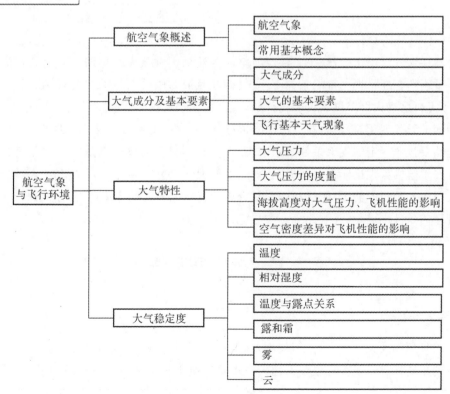

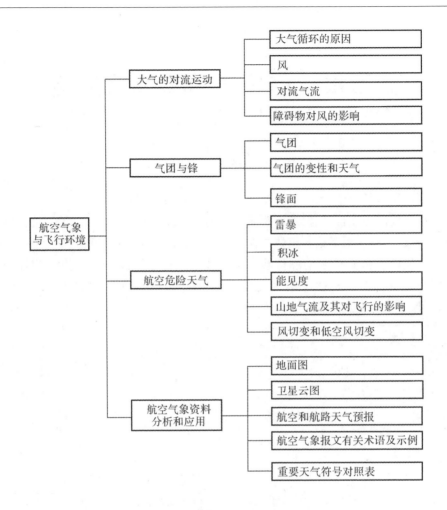

    航空器在大气层中飞行,气象条件对航空器的活动影响重大。早期飞机的飞行受到气象条件的严重制约。在目视飞行的条件下,天气标准就成为限制飞行的主要规则。随着航空技术的进步,飞机已进入可以仅靠仪表飞行的阶段,这在很大程度上摆脱了气象条件的约束。但是很多剧烈的天气变化,特别是在7 000 m以下飞行、飞机的起飞和降落,即使依靠仪表飞行的飞机仍然要按照一定的气象条件规定来飞行。因此,航空气象知识是航空从业者必备的知识。只有在了解气象理论知识的前提下,识别临界天气状况,掌握天气观测和判断的方法以及航空天气报告和预报的使用,能够利用资料分析天气状况和天气变化过程,才能保证飞行活动在安全有序的条件下进行。

第一节　航空气象概述

一、航空气象

    航空与气象的关系非常密切,不仅许多航空事故与气象有关,而且气象还直接影响飞行。航空气象的主要任务是研究气象要素和天气现象对航空技术装备和飞行活动的影响,组织以预报为主的有效的气象保障,保证飞行安全和顺利完成飞行任务。航空气象还包括航空气候统计和区划,航空气象资料的整理编制、存储和检索等内容。

航空气象包括航空气象学和航空气象勤务两方面。

航空气象学是为航空服务的一门应用气象学科。它针对航空中所提出的关于气象方面的要求进行研究。

航空气象勤务则是将航空气象学的研究成果有效地运用于航空气象保障中。

(一)发展简况

20世纪20年代,为了满足飞行器设计的需要,美国首次编制了"标准大气"。30年代,同温层飞行成功,促进了航空气象的发展,许多气象探空站和探空火箭站建立起来。高速飞机的出现、远程乃至全球飞行(经空中加油)的成功,对航空天气预报的时效提出更高要求,要求获取全球范围气象情报。航空气象开始采用先进技术,建立地面气象雷达站,并通过气象卫星开展全球数值天气预报业务。60年代以来,航空运输量急剧增加,航空气象保障又进一步向自动化和系统化方向发展。有的机场已改用电视信道连续不断地提供气象情报。但是,晴空湍流、低空风切变、中小尺度天气、恶劣能见度等仍威胁着飞行的安全,成为现代航空气象亟待解决的课题。

(二)航空气象服务机构

航空气象勤务通常由航空气象观测哨、机场气象台(站)、区域航空管制中心气象室和国家范围的航空气象中心等组成。根据民用和军用的不同需要,各国一般都有民航和空军两套航空气象服务机构。世界性的航空气象服务机构有国际民用航空组织的区域气象中心(如欧洲区、亚洲区等)。我国民航气象服务机构如图5-1所示。

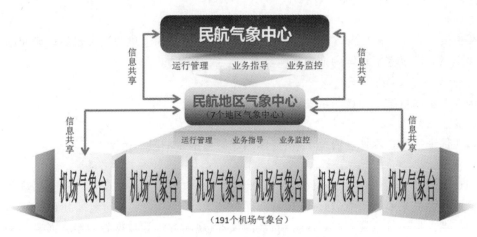

图5-1　我国民航气象服务机构

(三)航空气象技术装备

航空气象技术装备主要包括航空气象观(探)测设备、气象情报传递和终端设备、各类计算机以及一些特殊装备。气象卫星和气象雷达是现代重要的航空气象设备。气象卫星能提供可见光云图、红外云图、空中风场、高空急流位置和强度、气温和水汽的垂直分布等。通过对卫星资料的分析,可获得准确的国际航线大气风的预报,从而使远程航行的意外事故大为减少。气象雷达包括测风、测云、测雨等多种类型,其中测雨雷达是掌握对飞行安全威胁严重的强对流天气的有效工具。

(四)航空气象情报

航空气象情报主要有各种观(探)测资料,包括空气温度、湿度、大气压力、风向、风速、云和能见度等实测数据,以及气象卫星资料和气象雷达图等。此外,还有各种天气报告和航空天气预报、各种航空危险天气警报和通报等。这些情报是实施气象保障的基本依据,其中航空天气预报是直接提供给空勤人员和航空管制部门的重要气象情报。现代航空天气预报正向客观化、定量化和短时化方向发展。

(五)最低天气标准

气象对无人机飞行有着重要的影响,恶劣的气象条件甚至直接危及飞行安全。无人机飞行的最低天气标准是确定航空器在某一特定气象条件下是否适合飞行的标准。

因此,为了保证航空器在起飞、降落和航线飞行的安全,根据机场(起降点)、航线地形、航空器的飞行性能和设备、驾驶员的技术水平等因素,规定了机场、航线、航空器和驾驶员的最低天气标准,以及航空器起飞、降落的侧风标准。

二、常用基本概念

在讲述航空气象的有关内容前,我们先了解一些基本概念,以便于后文的理解。

1. 代表性

观测记录不仅要反映测点的气象状况,而且要反映测点周围一定范围内的平均气象状况。地面气象观测在选择站址和仪器性能、确定仪器安装位置时,要充分满足记录的代表性要求。观测用途不同,代表性要求也不一样。

2. 准确性

观测记录要真实反映实际气象状况。地面气象观测使用的气象观测仪器的性能和制定的观测方法要充分满足标准规定的准确度性要求。

3. 准确度

准确度表示测量结果与被测量真值的一致性程度。

4. 测量范围

其指在保证主要技术性能情况下,仪器能测定的被测量的量值范围。

5. 比较性

不同地方的地面气象观测站在同一时间观测的同一气象要素值,或同一个气象站在不同时间观测的同一气象要素值能进行比较,从而能分别表示出气象要素的地区分布特征和随时间变化的特点。地面气象观测在观测时间、观测仪器、观测方法和数据处理等方面要保持高度统一。

6. 时制

时制是以一定的时间间隔作为时间单位,并以一定的起始瞬时计量时间的系统。常用的有北京时、真太阳时、地方平均太阳时和世界协调时。

7. 日界

日界是地面气象观测中划定一日开始和结束的时间界限。按照气象要素所采用的时制的不同,其日界也不同。

8.天气现象

天气现象是发生在大气中、地面上的一些物理现象。它包括降水现象、地面凝结现象、视程障碍现象、雷电现象和其他现象等。

9.气象要素

气象要素是表征大气状态的基本物理量和基本天气现象。

10.易折性

物体保持其结构的整体性和刚度直至一个要求的最大荷载,而在受到更大荷载冲击时就会破损、扭曲、弯曲,使对飞机的危害减至最小的特性。

第二节　大气成分及基本要素

一、大气成分

飞行所处的大气是环绕地球并贴近其表面的一层空气薄层。它是地球相当重要的一个组成部分,就像海洋或者陆地一样。然而,空气不同于陆地和水,因为它是多种气体的混合物。

二、大气的基本要素

表示大气状态的物理量和物理现象通称为气象要素。气温、气压、湿度等物理量是气象要素,风、云、降水等天气现象也是气象要素,它们都能在一定程度上反映当时的大气状况。其中气温、气压和空气湿度称为三大气象要素。

(一)气温

气温是表示空气冷热程度的物理量,它实质上是空气分子平均动能大小的宏观表现。一般情况下,我们可将空气看作理想气体,这样空气分子的平均动能就是空气内能。因此气温的升高或降低,也就是空气内能的增加或减少。在实际大气中,气温变化的基本方式有非绝热变化和绝热变化两种。而对某一地点的气温(又称局地气温)来说,其变化除了与那里的气块温度的绝热和非绝热变化有关外,还与不同温度气块的移动有关。

(二)气压

气压即大气压强,是指与大气相接触的面上,空气分子作用在每单位面积上的力。这个力是由空气分子对接触面的碰撞而引起的,也是空气分子运动所产生的压力。常用的量度单位有百帕(hPa)和毫米汞柱(mmHg),其换算关系为 $1 \text{ hPa} = 100 \text{ N/m}^2 = 0.75 \text{ mmHg}$。

1.气压随高度的变化

在大气处于静止状态时,某一高度上的气压值等于其单位水平面积上所承受的上部大气柱的重力。随着高度增加,其上部大气柱越来越短,且气柱中空气密度越来越小,气柱重力也就越来越小。

2.航空上常用的气压

(1)本站气压。本站气压是指气象台气压表直接测得的气压。由于各测站所处地理位置及海拔高度不同,本站气压常有较大差异。

(2)修正海平面气压。修正海平面气压是由本站气压推算到同一地点海平面高度上的气压值。运用修正海平面气压便于分析和研究气压水平分布情况。海拔高度大于 1 500 m 的测站不推算修正海平面气压,因为推算出的海平面气压误差可能过大,失去意义。

(3)场面气压。场面气压是指陆区(跑道入口端)最高点的气压。场面气压也是由本站气压推算出来的。飞机起降时为了准确掌握其相对跑道的高度,就需要知道场面气压。场面气压也可由机场标高点处的气压代替。

(4)标准海平面气压。大气处于标准状态下的海平面气压称为标准海平面气压,其值为 1 013.25 hPa或 760 mmHg。海平面气压是经常变化的,而标准海平面气压是一个常数。

3.气压与高度

飞机飞行时,测量高度多采用无线电高度表和气压式高度表。无线电高度表所测量的是飞机相对于所飞越地区地表的垂直距离。无线电高度表能不断地指示飞机相对于所飞越地表的高度,并对地形的任何变化都很"敏感"。

气压式高度表是主要的航行仪表。它是一个高度灵敏的空盒气压表,但刻度盘上标出的是高度,另外有一个辅助刻度盘可显示气压,高度和气压都可通过旋钮调定。高度表刻度盘是在标准大气条件下按气压随高度的变化规律而确定的,即气压式高度表所测量的是气压,根据标准大气中气压与高度的关系,就可以表示高度。

飞行中常用的气压高度有以下几种:

(1)场面气压高度(QFE)。它是飞机相对于起飞或着陆机场跑道的高度。为使气压式高度表指示场面气压高度,飞行员需按场压来拨正气压式高度表,将气压式高度表的气压刻度拨正到场压值上。

(2)标准海平面气压高度(QNE)。它是指相对于标准海平面(气压为 760 mmHg 或 1 013.25hPa)的高度。飞机在航线上飞行时,都要按标准海平面气压调整高度表,目的是使所有在航线上飞行的飞机都有相同的"零点"高度,并按此保持规定的航线仪表高度飞行,以避免飞机在空中相撞。

(3)修正海平面气压高度(QNH)。如果按修正海平面气压拨正气压式高度表,则高度表将显示出修正海平面气压高度。在飞机着陆时,将高度表指示高度减去机场标高就等于飞机距机场跑道面的高度。

各种气压高度,如图 5-2 所示。

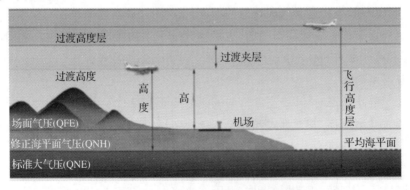

图 5-2　各种气压高度示意图

(三)空气湿度

我们已经知道,大气中含有水汽,大气中的水汽含量是随时间、地点、高度、天气条件而不断变化的。空气湿度就是用来量度空气中的水汽含量或者空气潮湿程度的物理量。

三、飞行基本天气现象

国内外多年来的飞行事故统计资料分析表明,气象因素造成的飞行事故占总事故的30%~40%。按飞行各阶段划分,巡航阶段的飞行事故较少,其中约有一半与气象因素直接有关,主要是巡航途中遭遇恶劣天气;起飞和着陆阶段出现的事故最多,尤其是着陆阶段,发生在机场周围的飞行事故约占总事故的90%。

在飞行各个阶段,影响飞行的主要气象因素不完全一样,可大致分为以下3种:

(1)起飞、着陆阶段:侧风、阵风、下沉气流,风的垂直切变,下冲气流,视程障碍、雾、烟幕、雾霾、降雪、吹雪、沙尘暴、扬沙、低云、大雨,跑道积水、积冰、积雪、积霜。

(2)爬升、巡航、下滑阶段:云中湍流、晴空湍流、局部环流、地形波、低空急流、急流、雷暴、台风、积冰、沙尘暴、扬沙、浮尘。

(3)停场未入库阶段:雷暴、冰雹、龙卷风、阵风、山区下坡风、台风。

其他如航站站址的选择与建设,备降机场的配置、航线确定,以及机场、航线的适航率和社会经济效益分析等,也与天气条件密切相关。这些一般属于航空气候的范围。

第三节　大气特性

一、大气压力

地球表面有一层厚厚的大气层,由于地球引力的作用,大气被"吸"向地球,虽然空气很轻,但仍有质量,有了质量就产生了力,它作用于物体的效果就是压力。著名的马德堡半球实验就证明了大气压的存在。可以说,大气压力是地球引力作用的结果。

二、大气压力的度量

大气压力通常以水银气压计的毫米汞柱(mmHg)来度量。如图5-3所示,水银气压计通过测量玻璃管内水银柱的高度来度量大气压。一部分水银暴露在大气压下,大气对水银施加一个力。压力增加迫使管子里的水银上升;压力下降时,水银柱的高度降低。此类气压计通常在实验室或者天气观测站使用,其缺点是不易运输,读数困难。

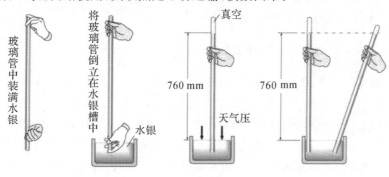

图5-3　大气压力

还有一种无液气压计。无液气压计有一个密封的容器，称为真空膜盒，它可以随着气压的变化缩短或伸长。真空膜盒用机械式铰链连接到压力指示器，以此来提供压力读数。一架飞机的高度计的压力传感部分本质上就是一个无液气压计。需要注意的是，虽然无液气压计易于运输和读数，但因为它使用了机械式铰链，所以不如水银气压计准确。

实际大气状态是不断变化着的，而飞机的性能和某些仪表（高度表、空速表等）的示度，都与大气状态有关。为了便于比较飞机性能和设计仪表，必须以一定的大气状态为标准。

目前由国际民航组织统一采用的标准海平面大气压力为 29.2 mmHg（1 013.25hPa），海平面温度为 59 F（15℃），海平面空气标准密度为 1.225 kg/m³。

大气测量的基本单位为帕斯卡（Pa），除此还有百帕（hPa）、毫巴（mbar）。其换算关系为 1 mbar＝1 hPa＝100 Pa。因此标准海平面大气压力也为 1 013.25 mbar。典型的毫巴压读数范围为 950～1 040 mbar。恒定压力表和飓风压力报告是使用毫巴来表示的。

国际标准与我国 46°N 地区的大气十分接近，低纬度则有较大偏差。国家标准 GB1920－80 标准大气规定，取其 30 km 以下部分作为国家标准，其特性规定如下：

（1）干洁大气，且成分不随高度改变，平均分子量为 28.964 4；

（2）具有理想气体性质；

（3）标准海平面重力加速度 g＝9.806 65 m/s²；

（4）海平面绝对温度 T＝288.150K＝15℃，海平面空气密度 ρ＝1.225 0 kg/m³；海平面压力 P_0＝1 013.25 hPa＝760 mmHg＝1 个标准大气压；

（5）在海拔 11 000 m 以下，气温直减率为 0.65℃/100 m；在 11 000～20 000 m，气温不变，为－56.5℃；在 20 000～30 000 m，气温直减率为－0.1℃/100 m。

三、海拔高度对大气压力、飞机性能的影响

随着海拔升高，空气变得稀薄，大气压力也随之降低。一般来说，高度每增加 1 000 ft，大气压力就会降低 1 mmHg。分布于全球的气象站，为了提供一个记录和报告的标准，都会按照海拔高度每增加 1 000 m 就近似增加 1 mmHg 的规则将当地大气压转化为海平面压力。使用公共的海平面压力读数可以确保基于当前压力读数的飞机高度计的设定是准确的。

大气压力的降低对飞机性能有显著影响。在较高的高度，伴随着降低的大气压力，起飞和着陆距离会增加，爬升率也会减小。

当一架飞机起飞时，升力必须通过机翼周围的空气流动才能产生。如果空气稀薄，就需要更大的速度来获得足够的起飞升力，因此，地面滑跑距离就会延长。假设一架飞机在海平面 1 000 ft 高度需要 200 m 的滑跑距离，那么在海平面 5 000 ft 以上高度的机场差不多需要两倍也就是约 400 m 的滑跑距离。

四、空气密度差异对飞机性能的影响

气温、气压和空气湿度的变化都会对飞机性能和仪表指示造成一定的影响，这种影响主要通过它们对空气密度的影响而实现。空气密度与气压成正比，与气温成反比。对局部空气而言，气温变化幅度比气压变化幅度要大得多，因此空气密度变化主要由气温变化引起。

飞机的飞行性能主要受大气密度的影响。比如，当实际大气密度大于标准大气密度时，一方面空气作用于飞机上的力要加大，另一方面发动机功率增大，推力增大。这两方面作用的结

果就会使飞机飞行性能变好,即最大平飞速度、最大爬升率和起飞载重量会增大,而飞机起飞、着陆的滑跑距离会缩短。当实际大气密度小于标准大气密度时,情况则相反。

第四节　大气稳定度

大气稳定度指整层空气的稳定程度,以大气的气温垂直加速度运动来判定。大气中某一高度的一团空气,若受到某种外力的作用,产生向上或向下的运动时,可能出现以下 3 种情况:

(1)稳定状态。移动后,逐渐减速,并有返回原来高度的趋势。

(2)不稳定状态。移动后,加速向上、向下运动。

(3)中性平衡状态。比如将它推到某一高度后,既不加速,也不减速,而是停下来。

简而言之,空气受到垂直方向扰动后,大气层结(温度和湿度的垂直分布)使该空气团具有返回或远离原来平衡位置的趋势。

一、温度

气温对飞行直接或间接的影响是多方面的。

(1)气温高低,影响飞机的滑跑距离。气温高时,空气密度小,一方面使发动机推力或螺旋桨拉力减小,飞机增速慢,另一方面飞机升力减小,要求飞机的离地速度增大,飞机起飞的滑跑距离要长一些。反之,气温低时,空气密度大,飞机增速快,飞机升力增大,那么起飞的滑跑距离就短一些。

同样道理,飞机着陆时的滑跑距离也受气温影响。气温高时,空气密度小,阻力小,飞机减速慢,滑跑距离增加;反之,气温低时,则滑跑距离缩短。

(2)气温对飞机平飞的最大速度也有影响。气温低时,空气密度大,飞机发动机的推力增大,空气阻力也增加,但阻力增加数值不及推力增大数值,综合结果还是使平飞最大速度增加;反之,飞机在超声速和低速飞行时,气温升高,平飞最大速度则会减小。

(3)气温高低影响飞机空速表和高度表的示数。飞机上使用的空速表和高度表是根据标准空气密度和标准气压设计的。在纬度 45°处的海平面上,气压为 760 mmHg、气温为 15℃时,所对应的空气密度为 1.225 kg/m³,此密度称为标准密度,此气温称为标准气温。当实际空气密度与标准密度不一致或者实际气温与标准气温不一致时,就会影响空速表和高度表示数的精确程度。

(4)温度的变化常常引起各种天气变化,进而影响到飞行活动。温度变化和由于地标性质不同而引起的温度分布不均,最容易形成小规模的地方性风。这种小规模的地方性风常常引起低空风的突然变化,产生涡旋,这种涡旋将造成飞机颠簸甚至失速。

夜间温度降低,低层常常出现逆温,这是形成雾和烟幕的有利条件。雾和烟幕将降低飞机的能见度。

温度随高度的分布是决定大气稳定度以及形成云、雷雨的重要条件。云和雷雨以及大气不稳定而出现的晴空对流,是影响飞机飞行甚至危及安全的天气现象。

二、相对湿度

相对湿度,指空气中水汽压和饱和水汽压的百分比。湿空气的绝对湿度与相同温度下可能达到的最大绝对湿度之比,也可表示为湿空气中水蒸气分压力与相同温度下水的饱和压力之比。它反映了降雨、有雾的可能性。

三、温度与露点关系

露点是指空气在水汽含量和气压都不改变的条件下,冷却到饱和而凝结成液态水时的温度。形象地说,就是空气中的水蒸气变为露珠时候的温度叫作露点。露点本是个值,可为什么用它来表示湿度呢?这是因为,当空气中的水汽已达到饱和时,气温与露点温度相同;当水汽未达到饱和时,气温一定高于露点。所以露点与气温的差值可以表示空气中的水汽距离饱和的程度。100%的相对湿度时,周围环境的温度就是露点。露点越小于周围环境的温度,结露的可能性就越小,也就意味着空气越干燥。

露点不受温度影响,但受压力影响。当潮湿的不稳定空气上升时,云经常在温度和露点一致的高度形成。当高度升高时,不饱和空气冷却速度为5.4F/1 000ft,而露点降低速度为1F/1 000ft。这就导致了温度的收敛,即露点变化速度为4.4F/1 000ft。在报告的温度和露点数据上应用收敛速度来确定云底的高度。

四、露和霜

飞机外表面的冰、霜等污染物会使飞机的外形发生变化,飞机的质量增加,飞机的外表面变得粗糙,从而增加阻力,减少升力。严重时,会引起飞机失速和瞬间反常上仰,从而使操纵效能降低,起飞离地过程中出现非指令仰角变化与滚转,飞行姿态难以控制。如果处置不当,会严重危及飞行安全。

五、雾

雾是从地表开始50 ft内的云。它通常发生在接近地面的空气温度冷却到空气的露点时。这时,空气中的水蒸气凝结,变成雾这种可见的形式。雾是按照它形成的方式来分类的,且依赖于当前温度和空气中的水蒸气含量。

六、云

云是悬浮在大气中的小水滴、过冷水滴、冰晶或它们的混合物组成的可见聚合体,有时也包含一些较大的雨滴、冰粒和雪晶,其底部不接触地面。云是可见的指示物,而且通常也是未来天气的预示。对于云的形成,必须有足够的水蒸气和凝结核。当空气冷却,到达它的饱和点时,不可见的水蒸气将变为可见的状态。

云的外形特征包括云的尺度,在空间的分布情况、形状、结构,以及它的灰度和透光程度。

云底高度在1 500 m或最高的最低扇区高度(两者取其大)以下的云(包括雨云和浓积云)对飞行有重要影响。机场上空高度较低的云会使飞行员看不清跑道,直接影响飞机的起降。其中,危害最大的云是对流云,飞机一旦进入,易遭到电击,使仪表失灵、油箱爆炸,或者造成强烈颠簸、结冰、操纵失灵,发生飞行事故。

第五节　大气的对流运动

一、大气循环的原因

大气循环是空气围绕地球表面的运动。它是地球表面的不均匀受热,扰乱了大气的平衡,空气运动和大气压力的改变而引起的。由于地球有弯曲的表面,它绕倾斜的轴旋转,同时也绕太阳进行轨道运动,地球靠近赤道的区域比极地区域从太阳接收到更多的热量。太阳向地球传热的总量依赖于一天的时刻、一年的季节和特定地区所在的纬度。所有这些因素会影响太阳照射地球某一地面的时间长度和角度。

在一般的循环理论中,低压区域存在于近赤道地区,高压区域存在于近极地地区,原因是温度的差异。阳光的加热作用导致空气的密度降低,空气在近赤道地区上升。作为结果的低压使得极地的高压空气沿地球表面向赤道区域流动,当暖的空气流向极地时,它会变冷,变得更加稠密,进而下沉回到地面。大气循环示意图如图5-4所示。

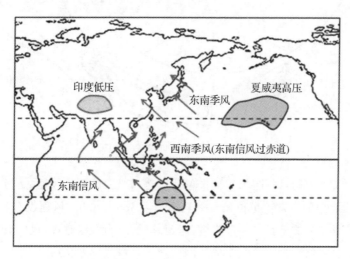

图5-4　大气循环示意图

地球的自转导致每个半球上整体的气流分成三个明显的气流单元。三圈径向环流如图5-5所示。

循环模式由于季节变化、大陆和海洋的表面差异以及其他因素而变得更加复杂。地球表面的地形产生的摩擦力也会改变大气中空气的运动。距地表2 000 ft内,地表和大气之间的摩擦力使流动的空气变慢。因为摩擦力减小了地球自转偏向力,使得风从它的路径转向,这就是为什么在地表的风向稍微不同于地表以上几千英尺高度的风向的原因。

二、风

风是由许多在时空上随机变化的小尺度脉动叠加在大尺度规则气流上的一种三维矢量。地面气象观测中测量的风是两维矢量(水平运动),用风向和风速表示。

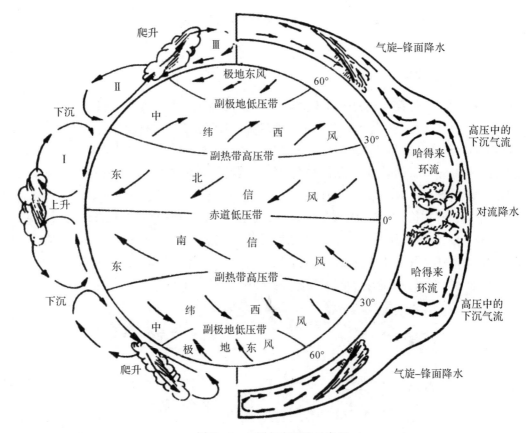

图 5-5　三圈径向环流示意图

　　风既有大小,又有方向,因此,风的预报包括风速和风向两项。风速,是指空气相对于地球某一固定地点的运动速率,常用单位是 m/s,1 m/s＝3.6 km/h。风速没有等级,风力才有等级,风速是风力等级划分的依据。一般来讲,风速越大,风力等级越高,风的破坏性越大。风速是气候学研究的主要参数之一,大气中风的测量对于全球气候变化研究、航天事业以及军事应用等方面都具有重要作用和意义。风速的大小常用风级来表示。风的级别是根据风对地面物体的影响程度而确定的。在气象上,一般按风力大小划分为 17 级。

　　在天气预报中,常听到如"北风 4~5 级"之类的用语,此时所指的风力是平均风力;如听到"阵风 7 级"之类的用语,其阵风是指风速忽大忽小的风,此时的风力是指大时的风力。

　　其实,在自然界,风力有时是会超过 12 级的。像强台风中心的风力,或龙卷风的风力,都可能比 12 级大得多,只是 12 级以上的大风比较少见,一般就不具体规定级数了。11 级以上属于非凡现象,表 5-1 中未列出。

　　最大风速是指在某个时段内出现的最大 10 min 平均风速值。

　　极大风速是指在某个时段内出现的最大瞬时风速值。在自动气象站中,瞬时风速是指 3 s 的平均风速。

　　风对飞机航行会产生以下影响:顺风飞行会增大低速,缩短飞行时间,减少燃油消耗,增加航程;逆风会减小低速,增加飞行时间,缩短航程;侧风会产生偏流,须进行适当修正以保持正确航向。

在大风环境中,无人机无法稳定悬停或飞行,尤其是在逆风返航的情况下,无人机很容易坠毁或发生其他飞行事故。在绝大多数情况下,无人机在 5 级大风中,就已经很难保持稳定飞行,工业级无人机一般在 6 级以下风力飞行,少数无人机抗风等级能达到 7 级或 7 级以上。

表 5 - 1 风级划分表

风力等级	风的名称	风速 m/s	风速 km/h	陆地状况	海面状况
0	无风	0~0.2	<1	静,烟直上	平静无感
1	软风	0.3~1.5	1~5	烟能表示风向,但风向标不能转动	微浪
2	轻风	1.6~3.3	6~11	人面感觉有风,树叶有微响,风向标能转动	小浪
3	微风	3.4~5.4	12~19	树叶及微枝摆动不息,旗帜展开	小浪
4	和风	5.5~7.9	20~28	能吹起地面灰尘和纸张,树的小枝微动	轻浪
5	清劲风	8.0~10.7	29~38	有叶的小树枝摇摆,内陆水面有小波	中浪
6	强风	10.8~13.8	39~49	大树枝摆动,电线呼呼有声,举伞困难	大浪
7	疾风	13.9~17.1	50~61	全树摇动,迎风步行感觉不便	巨浪
8	大风	17.2~20.7	62~74	微枝折毁,人向前行感觉阻力甚大	猛浪
9	烈风	20.8~24.4	75~88	建筑物有损坏(烟囱顶部及屋顶瓦片移动)	狂涛
10	狂风	24.5~28.4	89~102	陆上少见,见时可使树木拔起将建筑物损坏严重	狂涛

三、对流气流

不同的地表辐射热量的程度是不同的。耕地、岩石、沙地、荒地会发出大量的热量,水体、树木和其他植被区域趋于吸收和保留热量。由于空气的不均匀受热而产生称为对流气流的小范围内局部循环。

对流气流导致颠簸,在温暖的天气飞行在较低高度,有时会遇上湍流空气。低高度飞越不同的地表时,上升气流很可能发生在路面和荒地上空,下降气流经常发生在水体或者类似成片树林的广阔植被区域之上。一般来说,这些湍流环境可以通过飞在更高的高度来避免,甚至是飞在积云层之上。

高空飞行可避免飞机颠簸,如图 5 - 6 所示。

对流气流在大陆直接和一大片水体相邻的区域特别明显,例如海洋、大的湖泊或者其他相当水区。白天,陆地比水受热更快,所以陆地之上的空气变得更热,密度更低。它上升且被更冷的来自水面上的稠密空气所取代。这会形成一种朝向海岸的风,称为海风(Sea breeze)。相反,夜晚,陆地比水冷得更快,相应的空气也是这样。这时,水面上温暖的空气上升被更冷的来自陆地的空气取代,产生一种称为陆风(Land breeze)的离岸风。这就颠倒了局部风循环模式。对流气流可以发生在地表受热不均匀的任何地区。海/陆风的形成如图 5 - 7 所示。

图 5 - 6 飞机在高空中飞行

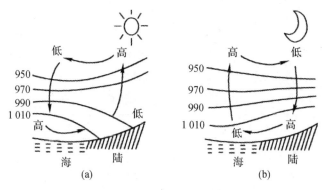

图 5 - 7 海/陆风形成示意图

接近地面的对流气流会影响飞行员控制飞机的能力。例如,在最后进近时,来自全无植被的地形的上升气流有时会产生飘浮效应,导致飞行员飞过预期着陆点。或者,在一大片水体或者稠密植被的区域之上进近时,会趋于产生一个沉效应,导致不警惕的飞行员着陆在预期着陆点之前。接近地面的对流气流对飞行的影响,如图5-8所示。

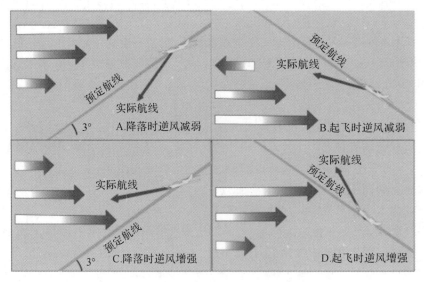

图 5 - 8 接近地面的对流气流对飞行的影响

四、障碍物对风的影响

地面上障碍物对风的影响,也是一个潜在的危险。地面的地形和大的建筑物会分散风的流向,产生会快速改变方向和速度的阵风。地面上障碍物包括人造建筑物,如飞机棚,大的自然障碍物,如山脉、峭壁和峡谷。当飞机飞进或者飞离有大型建筑物或者自然障碍物靠近跑道的飞行场时,驾驶员要特别保持警惕。

和地面建筑物有关的湍流强度依赖于障碍物的大小和风的基本速度。这会影响任何飞机的起飞和着陆性能,也会引发非常严重的危险。在飞行的着陆阶段,飞机可能由于湍流空气而下降,因此飞得太低而不能飞越进近时的障碍物。当飞行在山地区域时,这种相同的情况甚至更加明显。

当风沿着山坡迎风侧平稳地向上流动时,上升的气流会帮助飞机飞越山脉的顶峰,而背风侧的效果则不一样。当空气流在山的背风侧向下时,空气顶着地形的轮廓流动,湍流逐渐增加。这就趋向于把飞机推向山的一侧。风越强烈,向下的压力和湍流就变得越强烈。由于在山谷或者峡谷中地形对风的影响,强烈的向下气流可能相当严重。

第六节 气团与锋

一、气团

气团是指气象要素(主要指温度和湿度)水平分布比较均匀的大范围的空气团。在同一气团中,各地气象要素的重点分布几乎相同,天气现象也大致一样。气团的水平范围可达数千千米,垂直高度可达数千米到十几千米,常常从地面伸展到对流层顶。气团的分类方法主要有三种:第一种是按气团的热力性质不同,划分为冷气团和暖气团;第二种是按气团的湿度特征的差异,划分为干气团和湿气团;第三种是按气团的发源地,常分为北冰洋气团、极地气团、热带气团和赤道气团。

二、气团的变性和天气

大气处在不断的运动中,当气团在广阔的源地上取得与源地大致相同的物理属性后,离开源地移至与源地性质不同的下垫面时,二者间又发生了热量与水分的交换,则气团的物理属性又逐渐发生变化,这个过程称为气团的变性。

对于不同的气团来说,其变性的快慢是不同的。一般来说,冷气团移到暖的地区变性快,而暖气团移到冷的地区变性慢。这是因为,冷气团离开源地后,气团低层要变暖、增温,逐渐趋于不稳定,对流易发展,能很快地把低层的热量和水汽向上输送,所以,气团变性快;相反,当暖气团离开源地后,由于气团低层不断变冷,气团逐渐趋于稳定,对流不易发展,所以,气团变性较慢。气团源地和锋示意如图5-9所示。

三、锋面

锋是冷暖气团之间的狭窄倾斜的过渡地带。不同气团之间的温度和湿度有相当大的差别,而且这种差别可以扩展到整个对流层。当性质不同的两个气团在移动过程中相遇时,它们之间就会出现一个交界面,叫作锋面。锋面与地面相交而成的线,叫作锋线。一般把锋面和锋线统称为锋。所谓锋,也可理解为两种不同性质的气团的交锋,如图 5-10 所示。由于锋两侧的气团性质有很大差异,所以锋附近的空气运动活跃,在锋中有强烈的升降运动,气流极不稳定,常造成剧烈的天气变化。因此,锋是重要的天气系统之一。这个过渡带自地面向高空冷气团一侧倾斜。过渡带在近地面的宽度只有数十千米,到高层为 200~400 km。锋的长度一般可有数百千米到数千千米,垂直方向可伸展十多千米。在这一过渡带里温度变化特别大。

锋面可分为暖锋、冷锋、静止锋和锢囚锋等 4 种类型,它们是根据前进的空气温度相对于被取代的空气温度来命名的。靠近任何类型锋面都意味着天气即将变化。任何对锋面系统的讨论必须承认没有两个锋面是相同的。然而,普遍的天气条件都和帮助识别锋面的具体锋面类型有关。

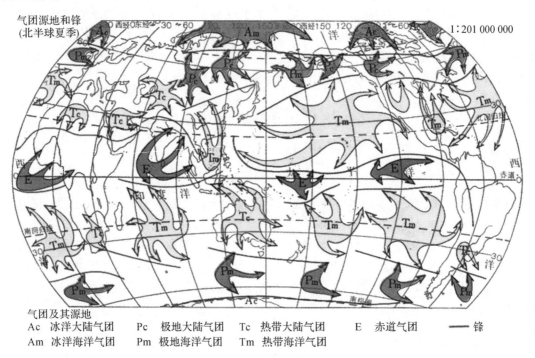

图 5-9 气团源地和锋示意图

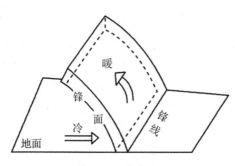

图 5-10 锋示意图

第七节 航空危险天气

一、雷暴

由对流旺盛的积雨云引起的、伴有电闪雷鸣的局地风暴,称为雷暴。

(一)雷暴形成的条件

雷暴是由强烈的积雨云产生的,形成强烈的积雨云需要具备以下 3 个条件:

(1)深厚而明显的不稳定气层;

(2)充沛的水汽;

(3)足够的冲击力。

雷暴产生之前,当地一般被暖湿空气所盘踞,所以人们常会感到闷热;雷暴发生时,积雨云中下沉的冷空气代替了原来的暖湿空气,所以温度骤然降低。夏季,一次强的雷暴过程常可使气温下降 10℃以上。随着雷暴远离当地,降水结束,气温又开始慢慢回升。

雷暴处于发展阶段时,地面气压持续下降,因为积雨云中上升气温使高层辐散大于低层负荷,云中水汽凝结释放的潜热使空气增温、气柱膨胀;到成熟阶段,由于下降冷空气的出现,气压变为突然上升,且在积雨云的正下方达到最大,几乎和气温的下降同时出现;随着雷暴的远离,气压又开始恢复正常。

雷暴发生前,地面相对湿度通常是减小的。这是由于气温升高、气压下降、负荷上升,气流将一部分水汽带走的缘故。随着降水开始,相对湿度迅速上升到接近饱和状态,但在降水达到最大时,因为云底较干冷的空气被云中下沉气流卷挟到地面,而降落的雨滴又未来得及蒸发,相对湿度反而下降。当雷暴离去或趋于消亡时,相对湿度又可回升到饱和状态。

当雷暴处于发展阶段时,地面风很小;雷暴到达成熟阶段以后,随着积雨云中迅速下沉的冷空气到达地面后,风向突转,风力迅速增大,阵风风速常在 20 m/s,强烈时可以达到 25 m/s 或以上,这种现象常常是雷雨即将来临的先兆;随着雷暴的远离,当地风力迅速减小。

雷暴所产生的降水是积雨云发展成熟的标志,大都是强度很大的阵性降水。降水的持续时间取决于通过当地的雷暴单体的数目、大小、速度和部位。

(二)一般雷暴的发展阶段

一般雷暴单体的周期根据垂直气流状况可分成三个阶段:积云阶段、成熟阶段和消散阶段。①积云阶段:内部都是上升气流,并随高度的增加而增强,因为大量水汽在云中凝结并释放潜热,所以云中温度高于同高度上四周空气的温度。②成熟阶段:云中除上升气流外,局部出现系统的下降气流和降水,产生并发展了强烈的湍流、积冰、闪电、阵雨和大风。③消散阶段:下降气流遍布云中,温度低于周围空气。一般雷暴单体的水平尺度为 5～10 km,高度可达 12 km,生命期大约 1 h。

(三)雷暴与飞行

据科学家统计,在全国范围内差不多每秒钟就有近 100 次雷电奔驰落地,每小时约有 1 800 场雷雨,雷声隆隆,电光闪闪。它们往往与狂风呼啸、暴雨滂沱交相呼应,显示出大自然无比强大的威力,构成了一幅蔚为壮观的画面。

雷暴是一种极具危险性的天气现象,尽管现代科学技术已经创造了相当成熟的避雷装置和雷击防护措施,然而全球每年仍然因雷暴造成大量的灾祸。如影响飞机、舰船、电气机车等航行(行驶),酿成空难、海难、车祸等交通事故;击毁建筑物、输电和通信线路等设施,造成各种事故;直接击伤、击毙人畜。此外,还可能引起次生火灾等。在这些灾祸中,航行于雷暴天气里的飞机、船舶遭到雷电袭击是最易发生的。

雷暴能产生对飞机危害很大的电闪雷击、冰雹袭击、风切变和湍流,使飞机颠簸、性能降低,强降雨使飞机气动性能变差,发动机熄火。虽然现在飞机性能、机载设备、地面导航设施都越来越先进,但这只是为尽早发现雷暴,顺利避开雷暴提供了更有利的条件。到目前为止,要完全消除雷暴对飞行的影响还是不可能的。

多个雷暴单体共同形成的强对流气象——飑线,如图 5-11 所示。在气象上,飑线是指范围小、生命史短、气压和风发生突变的狭窄强对流天气带。它来临时会出现风向突变、风力急增、气压猛升、气温骤降等强天气现象。从天气雷达图上看,飑线就像糖葫芦一样,穿起一串雷暴或积雨云。在飑线附近,除了风、气压、气温的猛烈变化外,通常还可能伴有雷电、暴雨、冰雹和龙卷风等剧烈的天气过程。

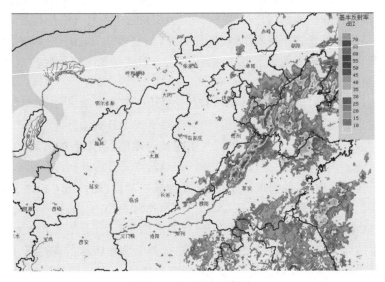

图 5-11　飑线示意图

二、积冰

飞机积冰是指飞机机体表面某些部位聚集冰层的现象。它主要由云中过冷水滴或降水中的过冷雨碰到飞机机体后结冰形成,也可由水汽直接在机体表面凝结而成。飞机在云中飞行时间过长易导致积冰。在寒冷季节,地面露天停放的飞机也会形成积冰。

(一)结冰条件

(1)冻雨、毛毛雨。外界温度在 0℃ 以下时,过冷状态的雨滴一旦与地面物体接触便容易结冰。

(2)冻结的降水,如雪、雨夹雪或冰雹。雪的种类(湿雪/干雪)与温度、露点有关。湿雪时,温度和露点相互之差通常在 1℃ 以内,外界温度为 -4～1℃。干雪出现的条件是温度和露点相差 5℃ 以上,外界温度在 -8℃ 以下。

(3)过冷的地面雾的冷低云。在寒冷天气条件下,带有过冷水滴的云会在物体表面结冰。

(4)在温度在冰点或以下、相对湿度很高的情况下,飞机表面会形成霜。飞机停场过夜时以及飞机从巡航高度下降着陆后,飞机表面、燃油温度仍保持在冰点以下时,霜的积聚是很常见的。

(二)冰的类型

飞机积冰主要分为 3 种:冰、雾凇和霜。

1.冰

冰可分为明冰、毛冰(半透明混合体)和白冰(颗粒状冰)。

(1)明冰。这种冰通常是飞机在温度为 -10~0℃、含有大的过冷水滴的云中或过冷的雨区中飞行时形成的。明冰呈透明玻璃状,平滑而坚固,主要出现在飞机尾翼前缘、飞机机头整流罩和发动机的进气口。

(2)毛冰。这种冰通常是飞机在温度为 -10~-6℃ 的大量过冷水滴、冰晶和雪花组成的混合云中飞行时产生的,其表面粗糙而不透明,色泽如白瓷,冻结得坚固而不透明,是最危险和最严重的一种积冰。

(3)白冰。这种冰是飞机在温度为 -10℃ 以下、含有比较均匀的小水滴组成的云中飞行时产生的,呈白色,比较疏松,附在飞机表面,不太牢固。如果飞行时间长,以及冰层厚度增大,也能造成严重威胁。

2.雾凇

飞机在温度低于 -10℃ 的云中飞行时形成的一种白色大颗粒冰晶层,称为雾凇。其表面粗糙不平,附在飞机表面,不牢固,容易被气流吹走。

3.霜

霜是由于水汽凝结产生的白色小冰晶层,振动时容易从飞机表面脱落。霜对机翼空气动力性能有显著影响。当霜出现在座舱风挡玻璃上时,影响视野,使飞机操纵发生困难。

(三)积冰的形状和程度

积冰的形状主要取决于冰的种类、飞行速度和气流绕过飞行器的不同部位的情况。积冰的形状一般分为槽状冰、楔形冰和混合冰。根据空勤人员获得的喷气式飞机积冰统计数据可知,槽状冰约占 30%,楔形冰约占 15%,而混合冰约占 55%。

积冰的严重程度可分为以下三种:

(1)轻度积冰:在这种条件下长时间飞行(超过 1 h),可能会影响飞行。如果间断使用除冰/防冰设备除掉/防止冰的积聚,则不会影响飞行。

(2)中度积冰:积聚率很快,甚至短时间内就会构成危险,因此需要使用除冰/防冰设备或改航。

(3)严重积冰:积聚率非常快,除冰/防冰设备也不能减少或控制危险,必须立即改航。这种情况需要向 ATC 报告。

(四)空中积冰天气

云是积冰的主要天气现象。

1. 积云(CU,CU＋)和积雨云(CB)

积云是由从近地面层向上抬升的垂直气流形成的,上行前的气温和湿度比较高,垂直的绝热变化,使未达到饱和的空气达到饱和,形成云,云中水气和水滴都比较大,会发生强烈积冰。同时,由于云中各部位的含水量和水滴大小的分布不同,中、上部是最强的积冰区域。夏季,由于0℃等温线较高,在积云中飞行时,一般不会发生积冰,只有在积雨云(CB)和浓积云(CU＋)的中、上部才有积冰。在纬度比较低的地区,0℃等温线的高度更高,厚度较小的浓积云也不会积冰。春秋季,在北方的积云中,通常在云的下部也可能积冰,而在南方,开始积冰的高度通常在云的中部。冬季,由于积云和积雨云出现的机会较少,所以由它们引起的积冰机会也不多。积雨云示意图如图5-12所示。

图5-12 积雨云

2. 层云(ST)和层积云(SC)

层云的水汽含量一般都较少,有时在较厚层云的云顶附近多一些,因此,积冰强度为轻度或中度。层云和层积云是我国冬季常见的降雨云系,飞行中遇到的机会较多,积冰的机会也随之增多。如果整个云层有过冷却的降水,则云中都可能有中度以上的积冰。

3. 高积云(AC)

由于高积云的高度高、温度低、厚度薄、水量少,因此积冰往往是轻度积冰。

4. 雨层云(NS)和高层云(AS)

这两种云只会形成轻度的积冰,但雨层云和高层云多在锋线上形成,范围广、厚度大,沿锋面伸展长度超过1 000 km,垂直锋面伸展也有200～400 km,其厚度可有1.5 km以上,因此,飞机穿过它们所需时间较长,有积厚冰层的危险。由于这两种云的含水量和水滴分布是随高度的增加而减少的,所以积冰强度也随高度增加而逐渐减弱。在夏、秋季节,云中的积冰均在上部,而冬、春季节,云的各个部位都可能出现积冰。

(五)积冰概率的影响因素

飞机积冰的概率取决于很多因素,主要是天气条件、飞行高度上云的概率、云的含水量、气温、云中水滴和冰晶的大小及它们在单位时间内落在单位面积上的数量、水滴的冰结速度、气流绕过飞机各部位的特点(飞机的空气动力特性)以及飞行速度。过冷水滴组成的浓密云中积冰概率最大。

飞行实践表明,在锋面云中,当飞行高度上温度适宜时,积冰概率比较大。而锋面中度积冰的概率比均匀气团中高1倍,而强烈积冰的概率则高8倍。

云层温度是影响飞机积冰的主要参数之一。据有关报道,飞行在温度为$-40\sim0℃$甚至更低的云温条件下,都有积冰可能。不过综合英国、美国、日本及俄罗斯的有关积冰发生率统计报告,可以得出下述结论:飞机积冰一般发生在$-20\sim0℃$的温度范围内,尤其在$-10\sim-2℃$范围内遭遇积冰的次数最多,而强烈的积冰主要发生在$-8\sim20℃$的温度范围内。就季节而言,不同季节飞机积冰概率不同,在冬、秋两季积冰概率比较高。

飞行高度不同,飞机积冰概率也不同。根据有关记载分析:冬季,在3 000 m以下(含3 000 m)各高度上飞行时,积冰概率为56%,在6 000 m以上高度上飞行时,积冰概率为21%,而夏季在3 000 m以下高度上飞行时,积冰现象减少,几乎没有,在6 000 m以上高度飞行时,积冰概率为62%。

(六)积冰对飞机性能的影响

1.升力面积冰对飞机性能的影响

当机翼和尾翼积冰时,飞机的空气动力特性和飞行特性显著变坏。由于积冰,流线形部位的形状发生变化,翼型失真(变形),摩擦阻力和压差阻力都将增大。积冰使翼状变形,破坏空气绕过翼面的平滑流动,使升力明显减少,失速加快,临界迎角减小;同时会使飞机的质量增加,阻力增加,耗油率增加。根据有关方面的飞行试验,机翼、尾翼积冰时,其阻力增加占飞机因积冰引起总阻力增加的70%~80%,若在大迎角下飞行时,则更为突出。如果积冰层较厚,还会使飞机的重心位置改变,从而影响飞机的安定性,使升力中心位移,操纵品质变差。当机翼前缘有1.3 cm厚的积冰时,飞机升力就会减小50%,阻力增加50%。由此可见,积冰严重影响飞行安全。

2.天线积冰对飞机性能的影响

天线积冰可能会使无线电通信失效,联络中断。强烈积冰能使天线同机体相接,发生短路,造成无线电导航设备失灵。

三、能见度

(一)能见度的概念和种类

能见度,是反映大气透明度的一个指标,航空界定义为具有正常视力的人在当时的天气条件下能够看清楚目标轮廓的最大距离。能见度和当时的天气情况密切相关。当出现降雨、雾、霾、沙尘暴等天气时,大气透明度较低,因此能见度较差。测量大气能见度一般可用目测的方法,也可以使用大气透射仪、激光能见度自动测量仪等测量仪器测量。

气象学中,能见度用气象光学视程表示。气象光学视程是指白炽灯发出色温为2 700 K的平行光束的光通量在大气中削弱至初始值的5%所通过的路径长度。

白天能见度指视力正常(对比阈值为0.05)的人,在当时天气条件下,能够从天空背景中看到和辨认目标物(黑色、大小适度)的最大距离。

夜间能见度按以下两种方式定义:

(1)假定总体照明增加到正常白天水平,适当大小的黑色目标物能被看到和辨认出的最大距离。

（2）中等强度的发光体能被看到和识别的最大水平距离。

所谓"能见"，在白天是指能看到和辨认出目标物的轮廓和形体，在夜间是指能清楚看到目标灯的发光点。凡是看不清目标物的轮廓，认不清其形体，或者所见目标灯的发光点模糊、灯光散乱，都不能算"能见"。

在航空学中，能见度的定义为：以暗色为背景，1 000 cd（坎德拉）[①]能够被识别的最远距离。

常用的能见度分为以下 6 类：

（1）航空能见度，分为地面能见度和空中能见度。地面能见度是与高空能见度相对应的用语，简称能见度。观测方法通常为：一个视力正常的人，在地面向水平方向能看清的最远目标物轮廓的距离，记为地面能见度，单位为米或千米。在航空上，能见度是航空气象报告中统一使用的参数。特指昼夜以靠近地平面的天空为背景、视角大于 20°的地面灰暗目标物的能见度。它是确定飞行气象条件和机场开放或关闭的重要依据之一。例如，一个宽度为 58 m、距离眼点 10 km 的物体，其视角为 20°，正常视力的人用肉眼刚好能够看得见，则能见度为 10 km。

空中能见度是指在空中飞行时，透过座舱玻璃观测地面或空中目标的能见度。

（2）有效能见度，指观测点四周一半以上的视野内都能达到的最大水平距离。中国民航观测和报告使用有效能见度。

（3）主导能见度，指观测点四周一半或一半以上的视野内能达到的最大水平距离。

（4）跑道能见度，指从跑道的一端沿跑道方向可以辨认跑道本身或接近跑道的目标物（夜间为指定的跑道边灯）的最大距离。

（5）垂直能见度，指垂直向上（或向下）能识别黑色目标物的最大距离。

（6）倾斜能见度，指从飞行中的飞机驾驶舱观察未被云层遮蔽的地面上的明显目标物（夜间为规定的灯光）时，能够辨认出来的最大距离。从地面向斜上方观察时，能见度也称为倾斜能见度。

（7）最小能见度，指能见度因方向而异时，其中最小的能见距离。

（二）能见度的影响因素

在空气特别干净的北极或是山区，能见度有 70～100 km。能见度通常由于大气污染以及湿气而有所降低。烟雾可将能见度降低至零，能见度不足 100 m 通常被认为是零，这对于开车、开船来说是非常危险的。同样，在沙尘暴发生的沙漠地区以及有森林大火的地方驾车都是十分危险的。雷雨天气的暴雨不仅使能见度降低，同时由于地面湿滑而不能紧急制动。暴风雪天气也属于低能见度的范畴内。

国际上对烟雾的能见度定义为不足 1 km，薄雾的能见度为 1～2 km，霾的能见度为 2～5 km。烟雾和薄雾通常被认为是水滴的重要组成部分，霾和烟的粒径相对要小一些，这表明

---

① 坎德拉（candela）是发光强度的单位，简称"坎"，符号 cd。

一些探测器如热影像仪利用远红外能更好地穿透霾和一些烟雾,因为其波长为 10 μm 左右,要大于霾和烟的粒径,所以,红外辐射既没有被明显地改变方向,也没有被颗粒物完全吸收。

(三)视程

1. 跑道视程

跑道视程(Runway Visual Range,RVR)指在跑道中线,航空器上的飞行员能看到跑道面上的标志或跑道边界灯或中线灯的距离。这里所说的航空器上的飞行员所处的高度可以认为大约为 5 m,所谓标志是指为了表示跑道中心线或接地线,用白漆在跑道表面画出的标志。

一般来说,RVR 是指从飞机的接地地点看到的能见距离。但实际上是不可能到跑道中间去观测的,这就必须取一个能代替接地地点的位置,使测量出的能见距离尽可能和接地地点的测量值一致。国际民航组织建议这个位置"应是在离跑道中线一侧不超过 120 m 处"。代表接地地带的观测,其观测位置应沿跑道,离入口处约 300 m;代表跑道中间地段和较远地段的观测位置,应位于离跑道入口 1 000~1 500 m 处,但要离跑道另一端 300 m。决定这些点和必要增加的点的确切位置时,应在考虑航空的、气象的和气候的因素后,例如长跑道、沼泽地和其他有利于雾形成的区域,再予决定。

2. 视程障碍

视程障碍,即视程障碍天气现象,是指空气中因存在水汽凝结物、干质悬浮物等而使空气变得混浊,并造成能见度下降的一类天气现象。这些天气现象包括雾、轻雾、雪暴、吹雪、沙尘暴、扬沙、浮尘、烟幕和霾。

四、山地气流及其对飞行的影响

1. 山地气流的概念

我国有很多地方是起伏不平的山地和丘陵,这些地方除受纬度和海陆的影响以外,还因山的高度、大小、坡度、坡向等种种因素的影响而具有独特的气候状态,称为山地气候。

山地对风的影响有两方面:①山体本身的障碍影响,使气流被迫改变运行方向,一般山顶和峡谷风口的风速增大。例如,我国新疆西部的阿拉山口每年平均有 8 级以上大风的天数为164 天,最大风速超过气象站测风仪的最大刻度(40 m/s)。由于山体的影响还可以产生布拉风、焚风(干热风)等。②山地还会因热力影响形成山谷风。

2. 山地气流对飞行的影响

山地飞行的关键在于一定要在安全高度以上飞行。飞机飞过山脊后不应立即下降高度,以免坠入滚轴湍流中。在山谷飞行时,常常近迎风坡飞行,飞出山口也不要过早地转弯,以免误入立轴湍流中。当飞机遭遇下沉气流,并超过其爬升能力而引起碰撞山体时,飞机往往不能区分地形,也不能完全扭转当时的危险。在上升/下沉气流区,遭遇颠簸的严重性是飞机地速的函数,因为这种波动是驻波,当在下风位置飞行时,要比上风飞行遭遇中等至强烈湍流的机会更多。当在上风位置飞行时,可能有较长时间暴露于湍流之中,并遭遇分片性波动湍流。这种波动湍流,当它们移向下风区时,将进一步发展然后衰减。

五、风切变和低空风切变

风切变指风矢量(风向、风速)在空中水平和(或)垂直距离上的变化,可分为以下 3 种:

（1）风的水平切变（又称水平风切变）是风向和（或）风速在水平距离上的变化。

（2）风的垂直切变（又称垂直风切变）是风向和（或）风速在垂直距离上的变化。

（3）垂直风的切变是垂直风（即升降气流）在水平或航迹方向上的变化。下冲气流是垂直风的切变的一种形式，呈现为一股强烈的下降气流。范围小而强度很大的下冲气流称为微下冲气流。

风切变主要由锋面（冷暖空气的交界面）、逆温层、雷暴、复杂地形地物和地面摩擦效应等因素引起。

将发生在低层（距地面 500 m）的风切变称为低空风切变。对飞机起飞和着陆安全威胁最大的就是低空风切变。它不仅能使飞机航迹偏离，而且可能使飞机失去稳定。如果驾驶员判断失误和处置不当，则会产生严重后果。世界上增因此发生多起机毁人亡的事故。

第八节　航空气象资料分析和应用

一、地面图

地面图是天气分析和预报业务中最基本的天气图。图上除了填有地面的气温、露点、风向、风速、水平能见度和海平面气压等观测记录外，还填有一部分高空气象要素的观测记录，如云和现在的天气现象等。此外，还填有一些反映最近一段时间内气象要素变化趋势的记录，如 3 h 变压、最近 6 h 内出现过的天气现象等。地面图的作用在于分析地面天气系统的分布和历史演变，进而推断未来的天气变化。

地面图上的各种资料是按照国际规定的格式填写的。地面图上的填图格式有两类：一类是陆地测站的填图格式，另一类是船舶测站的填图格式。

在不同的国家，陆地测站的填图格式稍有不同。这里以我国为例加以介绍。我国的陆地测站填图格式如图 5-13 所示。

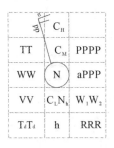

图 5-13　我国的陆地测站填图格式

图 5-13 中：

○——表示空白底图上相应的测站，称为站圈。

N——总云量；

N_h——低云量；

h——低云高，用数字表示，单位为 m。在有些国家，低云高以 100 ft 为单位，如美国。

VV——能见度；

WW——现在天气现象；

W_1W_2——过去天气现象；

TT——气湿；

T_dT_d——露点温度；

a——3 h气压倾向；

PPP——3 h气压度量；

RRR——过去6 h的降水量；

C_H,C_M,C_L——高、中、低云云状；

PPPP——本站气压。

二、卫星云图

(一)卫星云图的种类

卫星云图,由气象卫星自上而下观测到的地球上的云层覆盖和地表面特征的图像。利用卫星云图可以识别不同的天气系统,确定它们的位置,估计其强度和发展趋势,为天气分析和天气预报提供依据。在海洋、沙漠、高原等缺少气象观测台站的地区,卫星云图所提供的资料,弥补了常规探测资料的不足,对提高预报准确率起到重要的作用。

卫星云图可分为红外线卫星云图(简称"红外云图")和可见光卫星云图(简称"可见光云图")两类。

1.红外云图

红外云图的生成原理,是利用卫星上的红外线仪器,来测量云层的温度。其中,温度低的云层会以亮白色来显示,也就是此处的云层较高,而暗灰色的部分则代表云层高度较低,因为越接近地面的云层温度越高。简单而言,即以云顶的温度来判断云层的高度。

红外云图,是气象卫星上的扫描辐射计利用红外辐射通道感测并向地面站发送的云图,其亮度大致反映了云顶的温度,因而也反映了云顶的高度。一般温度越低,高度越高的云层,图上的色调越白,反之色调越暗。红外遥感可以昼夜感测并向地面站发送云图,并分析高云和云顶温度,提供了可见光云图不能提供的大量信息,但红外云图的分辨率低于可见光云图。实际上,两者一般结合起来使用,互相取长补短。红外云图如图5-14所示。

色调强化卫星云图亦是红外云图的一种,专门为对流云所设计,主要目的为突显对流现象。对流越强,云顶发展越高,云顶温度越冷。

2.可见光云图

可见光云图利用云顶反射太阳光的原理制成,故仅用于白昼。可见光云图可显示云层覆盖的面积和厚度,比较厚的云层反射能力强,在可见光云图上,会显示出亮白色,云层较薄则显示暗灰色。还可与红外云图结合起来,做出更准确的分析。

图5-14　红外云图示意

可见光云图,是气象卫星上的扫描辐射计(早期用的是摄像机)用可见光通道感测并向地面站发送的卫星云图,图上亮度明暗反映了云的反照率的强弱。可见光云图在研究云团、云系等的移动和发展方面,在监测台风和其他天气系统的发生、发展及移动方面,均获得广泛应用,并取得较好成效。但由于可见光云图是利用可见光波段所拍,其亮度和色调取决于云的性质和太阳高度角,夜间无法拍摄,故受到一定的使用限制。

可见光云图和红外云图还同时提供了大量无云覆盖区的地面信息。可见光云图可反映地表裸地、岩石、森林、作物、草场、湖泊等不同覆盖物的反照率特性,而红外云图则可反映地表和海洋表面的热力学温度。因此这两种云图也被广泛应用于社会经济活动的许多方面,如作物产量预报、森林火灾监测、海洋渔区的确定等。可见光云图如图5-15所示。

图5-15 可见光云图示意

(二)卫星云图上云的识别

1.卷云

(1)在可见光云图上,卷云的反照率低,呈灰—深灰色;若可见光云图上卷云呈现白色,则其云层很厚,或与其他云相重叠。

(2)在红外云图上,卷云顶温度很低,呈白色。卷云在红外云图上呈现得最清楚,最易辨认。

(3)无论是可见光卫星云图还是红外线云图,卷云都有纤维结构。

2.中云(高层云和高积云)

(1)在卫星云图上,中云与天气系统相连,表现为大范围的带状、涡旋状、逗点状。

(2)在可见光云图上,中云呈灰白色到白色,从色调的差异可判定云的厚度。

(3)在红外云图上,中云呈中等程度灰色,色调介于高、低云之间。

3.积雨云

(1)在卫星图像上的积雨云常是几个雷暴单体的集合。

(2)无论是可见光云图还是红外云图,积雨云的色调最白。

(3)积雨云顶比较光滑,只有当出现穿透性强对流云时,才在可见光图像上显示不均匀的纹理。

(4)当高空风小时,积雨云呈圆形;高空风大时,顶部常有卷云砧,表现为椭圆形。

(5)在可见光云图上,积雨云常有暗影。

(6)积雨云的尺度相差很大。一般,初生的积雨云较小,成熟的积雨云较大。

4.积云、浓积云

(1)卫星云图上的积云、浓积云实际上是积云群,这些积云群在地面观测中是不容易看到的,常表现为云带、积云线和开口细胞状结构。纹理为多皱纹、多起伏和不均匀。

(2)在可见光云图上,积云、浓积云的色调很白,但它们高度不一,纹理不均匀。

(3)在红外云图上,积云、浓积云的色调可以从灰白到白色不等,边界不整齐,纹理不均匀(由云区内对流云顶温度不一致引起)。

5.层云(雾)

(1)在可见光云图上,层云(雾)表现为光滑均匀的云区;色调从白到灰白,若层云厚度超过300 m,其色调很白;层云(雾)边界整齐、清楚,与山脉、河流、海岸线走向相一致。

(2)在红外云图上,层云色调较暗,与地面色调相近。

(三)重要天气系统

天气系统通常指引起天气变化和分布的高压/低压、高压脊/低压槽等具有典型特征的大气运动系统。气象卫星观测资料表明,大大小小的天气系统相互交织、相互作用,在大气运动过程中演变着。另外天气系统除了前面讲述的气团和锋以外,还有气旋与反气旋。

气旋的中心是气压低于四周的水平空气旋涡,在北半球空气从四周以逆时针方向向中心旋转,在南半球则相反。

反气旋的中心是气压高于四周的大型空气旋涡,在北半球空气以顺时针从中心向四周辐散,在南半球则相反。以最后一条闭合等压线为界,气旋的直径为 $10^2 \sim 10^3$ km 数量级。反气旋比气旋大得多,大的占据最大的大陆或海洋,小的则可能有数百千米。气旋的强度用地面最大风速来度量。风速与水平气压梯度力成正比,中心气压值越低,气旋越强,反气旋越弱;中心气压值越高,反气旋越强,气旋越弱。

三、航空和航路天气预报

(一)日常航空天气预报

服务于飞行活动的专业气象预报,称为航空天气预报。它比一般为公共服务的公益性天气预报在项目、时效和定量化等方面要求更高。通常包括云量、云状、能见度、风、天气现象出现的时间及其变化,与飞行有关的飞机积冰、飞机颠簸、飞机尾迹等内容,特别注重分析预报中、小尺度天气系统,以及地形、下垫面特征对局地天气的影响。

及时、准确的航空天气预报是顺利完成飞行任务,保障飞行安全的重要条件。无人机机组在起飞前也有必要了解和研究天气实况和天气预报,并据此制订飞行计划。只有这样才能在飞行过程中,针对可能遭遇的复杂天气情况进行及时、正确的处置,圆满完成飞行任务。

超短时、短时和短期天气预报的内容是根据飞行活动的要求而确定的。主要包括以下几方面的内容:

(1)云:云量、云状、云高,必要时还应预报云顶高、云厚、云的层次等。

(2)能见度:有效气象能见度和空中能见度。

(3)风:地面、飞行高度上及航线上的风向、风速,急流与垂直风切变的高度、位置和强度。

(4)天气现象:地面或空中的各种天气现象,如雷暴、降水、雾、沙尘暴等。

(5)气温:地面(跑道)气温、最高气温和最低气温,飞行高度上的气温及 0℃ 层的高度。

此外,还包括对流层顶高度、飞机颠簸、飞机积冰、飞机尾迹等。

(二)航路天气预报

航路天气预报是指自起飞机场到降落机场或目标区的整个航路地段的天气预报。它提供飞机在沿航线飞行过程中将会遭遇的天气以及降落站的天气。为了适应国际交换的需要,把航路适当分为几个区域,预报高、中、低 3 层高度上的风向、风速、气温、云量、云状、云底和云顶高度、地面有效能见度、0℃层高度,以及湍流和飞机积冰强度与其上下限、厚度,有必要时应包括云的层次、空中能见度情况,对流层顶高度和气温,急流的位置、高度、强度、走向等。

航路天气预报与机场预报不同,必须考虑飞机与天气系统或移动性天气现象的相对运动,并做出天气系统与飞机相遇的时间和地点的预报。

航路天气预报一般采用航路天气预报表的形式发布。但当天气变化复杂时,还应附上航路天气剖面图。当航路很长时,需分段填报(除按任务要求分段外,主要依据航线上不同天气表现来确定)。

航路天气预报通常在起飞前1 h由飞航站气象台向机组提供。有效时限根据航路飞行所需时间来确定。考虑到飞机可能因某种原因提前或推迟降落,故对降落航站的天气预报的有效时限提前或延后各1 h。

四、航空气象报文有关术语及示例

1.气象公报
冠以适当报头的气象情报文本。

2.气象情报
有关现在的或预期的气象情况的气象报告、分析、预报和任何其他说明。

3.机场气候概要
根据统计资料,对某一机场上规定的气象要素的简明概述。

4.机场气候表
某一机场上观测的一个或几个气象要素的统计资料表。

5.低空气象情报
气象监视台发布的可能影响低空航空器飞行安全的特定航路天气现象的发生或预期发生的情报,该情报中的天气现象未包含在为有关的飞行情报区(或其分区)的低空飞行发布的预报中。

6.重要气象情报
气象监视台发布的可能影响航空器飞行安全的特定航路天气现象的出现或预期出现的情报。

7.气象报告
对某一特定时间和地点观测到的气象情况的报告。

8.世界区域预报中心
世界区域预报中心是指定编制和发布全球数字式重要天气预报和高空预报的气象中心。它通过航空固定电信服务的手段将全球数字式重要天气预报和高空预报提供给缔约国。

9.世界区域预报系统
各世界区域预报中心使用统一标准,提供世界范围的航路预报的系统。

10.对空气象广播
供飞行中的航空器使用的气象情报。

11.航空气象服务
航空气象服务是为正在飞行的机组提供特定情报区的气象信息服务,主要有机场例行天气报告（METAR）和机场特殊天气报告（SPECI）、机场预报（TAF）、重要气象情报（SIG-MET）、没有包含在重要气象情报中的特殊空中报告和可得到的 AIRMET。常用航空气象报文示例见表 5－2。

表 5－2　常用航空气象报文示例表

类　型	报文原文	译　文
METAR	METAR　ZUXC 110500Z　35002MPS 220V040 3500 BR NSC 12/10　　　Q1020 NOSIG=	11 日 0500 世界时，西昌机场的例行天气报告：地面风向 350°，风速 2 m/s；风向在 220°～40°范围内变化；能见度 3 500 m；轻雾；无对飞行有重要影响的云；气温 12℃，露点温度 10℃；修正海平面气压 1 020 mPa；未来 2 h 发展趋势：无重要变化
SPECI	SPECI　ZBAA 120640Z　330011MPS CAVOK　　　04/M13 Q1027 NOSIG=	12 日 0640 世界协调时，北京机场的特殊天气报告：地面风向 330°，风速 11 m/s；能见度大于或等于 10 km；1 500 m 或最高的最低飞行扇区（两者取其大）以下无云，且天空中无积雨云；无重要天气现象；气温 4℃，露点温度－13℃；修正海平面气压 1 027 mPa；未来 2h 发展趋势：无重要变化
TAF	TAF ZLXY 260735Z 260918　　24003MPS 1500 FU NSC TEMPO 1418 0700 FU=	26 日 0735 世界时西安机场发布的 TAF 报，有效时间从某月 26 日 0900 世界时至 1800 世界时；地面风向 240°，风速 3 m/s；能见度 1 500 m；烟；无对飞行有重要影响的云；1400 世界时至 1800 世界时短时能见度 700 m；烟

五、重要天气符号对照表

1. 重要天气现象和符号
重要天气现象和符号对照表见表 5－3。

表 5－3　重要天气现象和符号表

天气现象	符号	天气现象	符号
雷　暴	R	毛毛雨	●
严重飑线	-W-	雨	/////
热带气旋	6	雪	✳
中度颠簸	∧	大片吹雪	✛
严重颠簸	∧	严重沙或尘霾	S
山地波	⬭	大片沙（尘暴）	S
轻度飞机积冰	⊥	大片霾	∞
中度飞机积冰	⊥	大片烟	⌇
严重飞机积冰	⊥	冻雨	~
火山喷发	⛽	大片轻雾	═
大气中的放射性物质	☢	阵雨	▽
火山灰云	■	雹	△

2.重要天气系统和符号

重要天气系统的符号对照表见表 5-4。

表 5-4　重要天气系统和符号表

天气现象	符号	天气现象	符号
地面冷锋	▲▲	最大风的位置、速度和高度层	⊢↟↟ FL 270
地面暖锋	●●	辐合线	↟↟↟↟
地面锢囚锋	▲▲●	零度等温层高度	0:100
地面准静止锋	▲●▲●	热带辐合带	⫿⫿⫿
对流层顶高点	H 400	海面状况	10
对流层顶低点	270 L	海面温度	10
对流层顶高度	380		

FL 270　　FL 300

　　风羽表示急流上的最大风以及其出现的飞行高度层。两短划表示重要的变化〔风速≥20n mile/h、飞行高度层(如可行的话)<3 000ft〕。在此例中,两短划处风速是 225 km/h(120n mile/h)。粗线描绘预报风速为 150 km/h(80n mile/h)的急流轴的起始/终止点

3.云族及云种的符号

云族及云种的符号见表 5-5。

表 5-5　云族及云种的符号表

云　族	云　种	简写符号	填图符号
高云 6 000 m 以上	卷云	Ci	⌐
	卷层云	Cs	2
	卷积云	Cc	⌣⌣
中云 2 000～6 000 m	高积云	Ac	⌣
	高层云	As	⌐_
低云 低于 2 000 m	淡积云	Cu	⌒
	浓积云	TCu	⌒
	积雨云	Cb	⌒
	层积云	Sc	⌒
	层云	St	—
	雨层云	Ns	⫽
	碎层云	Fs	– – –
	碎积云	Fc	– – –
	碎雨云	Fn	– – – –

4.重要天气预报常用简语

重要天气预报常用简语见表 5-6。

表 5-6　重要天气预报常用简语表

简　语	含　义	简　语	含　义	简　语	含　义
CLD	云	FRQ	频繁的	BKN	多云
OCNL	有时	SCT	疏散的	LAN	内陆
GRADU	逐渐地	LYR	呈层状	COT	在海岸
STNL	停滞	SLW	慢	MAR	在海上
ISOL	独立	INC	在云内	VAL	在山谷地区
EMBD	隐藏	LOC	局地	CIT	邻近或在
ISLTD	有些地方	OVC	阴天	MON	在高地或

思　考　题

1.简述航空气象与飞行之间的关系。

2.航空气象的服务机构有哪些?

3.无人机飞行的最低安全标准是怎么设定的?

4.当前常用的气象信息从哪些途径获取?

第六章　空中交通规则

内容提示

无人机在天上飞行必须要遵守空中的交通规则，也要受到专门机构的指挥与调度，这就是空中交通管制。本章主要介绍涉及空中交通管制概念、运行基础、飞行基本规则等内容，以及无人机空中交通管理办法。

教学要求

(1)了解空中交通管制概念、方法和我国现行空中交通管制体制；

(2)了解空中交通管制运行基础与要求；

(3)了解飞行基本规则；

(4)掌握民用无人机空中交通管理办法。

内容框架

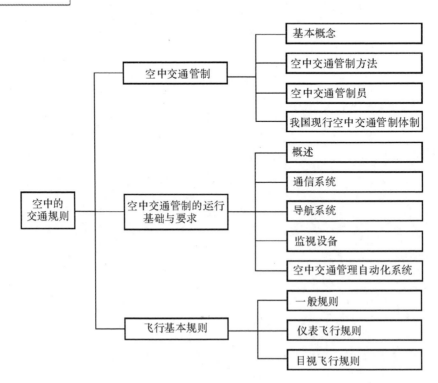

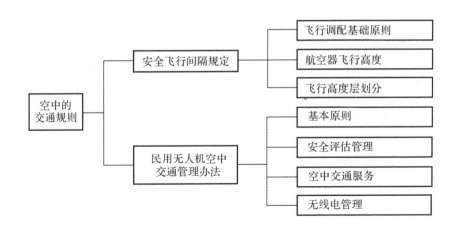

在浩瀚无垠的天空,航空器似乎可以"天高任鸟飞"般不受约束地随意飞行。其实并不如此,就像车辆在地面行驶必须遵守交通规则、接受交通警察和红绿灯的指挥一样,航空器也必须遵守空中的交通规则,也要受到专门机构的指挥与调度,这就是空中交通管制。

无人机的民用途径增多,直接造成无人机在空中领域形成交通。无人机属于通用航空的一部分,同样需要遵守空中的交通规则。随着无人机的数量越来越多,无人机的飞行规则显得尤为重要。

第一节　空中交通管制

一、基本概念

空中交通管制(Air Traffic Control,ATC)是国家对其领空内的航空器飞行活动实施的强制性的统一监督、管理和控制,又称航空管制、飞行管制,是有关部门根据国家颁布的飞行规则,对空中飞行的航空器实施的监督控制和强制性管理的统称。它是指利用技术手段和设备对航空器在空中飞行的情况进行监视和管理,以保证其飞行安全和飞行效率,主要目的是维持飞行秩序,防止航空器互撞和航空器与地面障碍物相撞。

(一)目的和任务

空中交通管制工作在民用航空运输中发挥着重要作用。根据国际民航组织的规定,空中交通管制的目的和任务是,监督和控制国家领空内一切飞行活动,协调各部门对空域的使用,为国土防空识别空中目标提供飞行计划内的情报,防止航空器与航空器、航空器与地面障碍物或其他飞行体相撞(俗称"防相撞"),维持飞行秩序,保证飞行安全,保证空中交通无阻和有序飞行。空中交通管制机构通常是防空体系的组成部分。

为了保证飞行安全,每个国家都有严格的空中交通管理法规、健全的管制机构和相应的设备设施。除了保障空中交通安全以外,空中交通管制部门还担负着协调各部门对空域的使用、为国土防空系统提供空中目标识别情报、预报外来航空器入侵和本国航空器擅自飞入禁区或非法飞越国界等多项任务;保证一切航空器的飞行活动,随时受地面指挥调度的管理,严格按计划(高度和航线)飞行;有效利用空间,保证空中交通有秩序进行;保证准确与安全的导航勤务,防止航空器在空中相撞或与地面障碍物相撞;提供有助于保障飞行安全的有效信息和情报,识别进入航管区域航空器的有关数据和代号,以便采取必要措施;必要时提供有关迷航、遇险航空器的情报。

(二)工作要求

为使航空器按计划飞行,维护飞行秩序,保证飞行安全,空中交通管制工作要求做到以下几点:

(1)周密计划,充分准备,做好飞行的组织和保障工作。根据有关单位和个人提出的飞行申请,拟订飞行预报和飞行计划,申请和批复飞行预报和计划,下达或布置飞行任务,报告或通报飞行动态。

(2)主动、准确、及时和不间断地进行管制服务。及时准确掌握和通报各种与飞行和管制有关的情况;预见可能发生的问题;灵活机动地处置飞行情况的各种变化,使空中交通始终处于安全、合理、严格的管制之中。

(3)主动配合,密切协作,合理地控制空中交通流量。对空中交通流量进行合理控制是保证飞行安全的重要手段,必须主动配合、密切协作,合理控制和有效提高空中交通流量。

(4)掌握熟练的业务技能,为飞行提供保障安全的情报、措施和建议。空中交通管制人员必须熟练掌握有关飞行和空中交通管制工作的各项规章制度,熟悉机场的地理环境、天气特点、航路情况以及各种机型的性能特点,较熟练地了解各部门(如机务、通信、气象、运输、场务、油料等)的工作程序和工作内容。

(5)保证及时提供导航设备,提供遇险飞机的情况。空中交通管制员要根据飞行的需要,及时提供导航设备。当其工作不正常时,应立即通知检查。当其处于工作状态时,未经值班管制人员的许可,不得关机。在相邻管制区内,管制人员要保证飞机有不间断的导航和管制服务。

当航空器在飞行过程中发生遇险、失事等紧急情况,空中交通管制部门应立即将掌握的资料和情况,提供给组织搜寻和援救的单位和部门。

(三)基本工作原理

为满足飞行安全需求,适应航空运输发展,提高空间利用率,空中交通管制运行的基本原理如下:

(1)利用通信、导航技术和监控等专业手段对航空器飞行活动进行监视、控制与指挥,从而保证航空器飞行安全,使航空器按照一定线路和秩序飞行。

(2)在飞行航线的空域划分为不同的管理空域,包括航路、飞行情报管理区、进近管理区、塔台管理区、等待空域管理区等,并按管理区的范围与情况选择使用不同的雷达设备对航空器进行管制。

(3)在管理空域内进行间隔划分,航空器间的水平和垂直方向间隔构成空中交通管理的基础。

(4)由导航设备、雷达系统、二次雷达、通信设备、地面控制中心组成空中交通管理系统,完成监视、识别、引导覆盖区域内的航空器,保证其正常安全地飞行。

(四)空中交通管制工作分类

为了维持飞行秩序,保证飞行安全,空中交通管制部门要划定航线、制定规则,防止各类航空器在空中相撞或与地面障碍物(如山头、高层建筑物等)相撞等事故发生。航空器从起飞到降落,一直处在空中交通管制之下,严格按预定时间、航线、高度、速度飞行,受机场空域管制中心、沿途航路管制中心和终点机场空域管制中心的指挥与调度。空中交通管制工作分为静态管理和动态控制。

1.静态管理

静态管理包括:根据国家颁布的航空法规,制定全国性的、地区性的和临时性的空中交通管制规定,划定空中交通管制区和空中交通管制分区,为航空运输划定航路,为飞行训练划定各种飞行空域,在重要地区或海域上空划定禁止或限制航空器飞行的空中禁区、限制区和危险区,在飞行密集地区和国界线附近划定供航空器进出的空中走廊;规划和设置通信导航和雷达设施。

2.动态控制

动态控制包括:审查批准空中交通管制区内的、空中交通管制区间的和国际的飞行申请,实施飞行调配,监督飞行计划的执行情况,按照空中交通管制规定指挥飞行活动,提供有关的飞行资料和情报,向防空部队通报本国和外国航空器的飞行动态,提供需要搜索救援的遇险航空器的情报,对军事演习地域内的飞行、专机飞行和科学试验飞行实施特殊的控制。不少国家为改善空中交通管制手段,建立了空中交通管制自动化系统。有些国家还发展军事飞行和民用飞行共用的空中交通管制自动化设备,并使其成为防空作战组织指挥的辅助系统。

空中交通管制也可分为一般空中交通管制、临时空中交通管制和地方空中交通管制3种:①一般空中交通管制,适用于整个国土上空;特别是空中交通管制,适合于边境地区、通过国界的空中走廊和某些特殊地区上空。②临时空中交通管制,适合于演习、飞行检阅和航天器发射场区上空。③地方空中交通管制,适合于某些地方航线和经过该地区航线的管制。

(五)空中交通管制调配方法

实施飞行调配的基本方法:用规定垂直、纵向、横向间隔的方法对飞行中的航空器实行分离,保持安全间隔,防止相撞。

垂直间隔是指航空器之间保持的规定的高度差。纵向间隔是指在同一航线、同一高度上飞行的航空器前后之间保持的规定的时间间隔。横向间隔是指在同一高度上飞行的航空器的航线之间保持的水平间隔。对飞行中的航空器,还规定有安全高度,以防止与地面障碍物相撞。

为防止航空器与地面对空发射的炮弹、火箭等飞行体相撞,固定靶场同航路之间留有安全间隔。对航路下的临时性对空发射点,通常限定其发射时间,在特殊情况下,改变航空器的航线、飞行高度进行避让。空勤组(或飞行员)在飞行中,须按照批准的飞行计划飞行。因特殊情况需要临时改变飞行计划的,必须经过许可。对违反空中交通管制规则和来历不明的航空器,防空值班航空器可以强迫其在指定的机场降落。

(六)飞行冲突

飞行冲突,即航空器与航空器,航空器与障碍物之间的距离小于规定的最小间隔。飞行间隔是为了防止飞行冲突,保证飞行安全,提高飞行空间和时间利用率所规定的航空器之间应当保持的最小安全距离。飞行间隔包括垂直间隔和水平间隔。水平间隔分为纵向间隔和横向间隔。飞行机组必须按照规定的飞行间隔飞行,需要改变时,应当经空中交通管制部门许可。

(七)净空

根据作战任务的需要,在一定时限内,禁止己方所有航空器在一定空域内进行飞行活动的强制性措施。平时组织重大活动或者需要查证不明空情时,也可组织实施净空。空中交通管制部门依据作战指挥机构下达的命令,对外发布净空管制通告或者指令,按照规定的时限和范围,调整、关闭部分空域,指挥与作战无关的航空器绕飞、备降或者返航。

(八)禁航

根据作战任务的需要,在一定空域和时限内,禁止与作战无关的飞行活动的强制性措施。平时,国家组织重大活动时,依据有关法规,空管部门也可组织实施禁航。禁航的空域范围、时间以及管制措施等内容,有关空中交通管制部门应提前对外公布。

二、空中交通管制方法

基于不同的管制手段,空中交通管制方法主要分为程序管制和雷达管制。

(一)程序管制

程序管制方式对设备的要求较低,不需要相应监视设备的支持,其主要的设备环境是地空通话设备。管制员在工作时,通过飞行员的位置报告分析、了解飞机间的位置关系,推断空中交通状况及变化趋势,同时向飞机发布放行许可,指挥飞机飞行。

航空器起飞前,机长必须将飞行计划呈交给报告室,经批准后方可实施。飞行计划内容包括飞行航路(航线)、使用的导航台、预计飞越各点的时间、携带油量和备降机场等。空中交通管制员把批准的飞行计划的内容填写在飞行进程单内。空中交通管制员收到航空器机长报告的位置和有关资料后,立即同飞行进程单的内容校正,当发现航空器之间小于规定垂直和纵向、侧向间隔时,立即采取措施进行调配间隔。这种方法速度慢,精确度差,为保证安全,对空中飞行限制很多,比如同机型同航路同高度须间隔 10 min,因而在划定的空间内所能容纳的航空器较少。这种方法是中国民航管制工作在以往很长一段时间使用的主要方法。

该方法也在雷达管制区雷达失效时使用,是管制员必须具备的基本技能。随着民用航空事业的迅速发展,飞行量不断增长,中国民航加强了雷达、通信、导航设施的建设,并协同有关部门逐步改革管制体制,在主要航路、区域已实行先进的雷达管制。

(二)雷达管制

雷达管制员根据雷达显示,可以了解本管制空域雷达波覆盖范围内所有航空器的精确位置,因此能够大大减小航空器之间的间隔,使管制工作变得主动。管制人员由被动指挥转变为主动指挥,提高了空中交通管制的安全性、有序性和高效性。

在民航管制室使用的雷达种类分为一次监视雷达和二次监视雷达。一次监视雷达发射的一小部分无线电脉冲被目标反射回来并由该雷达收回加以处理和显示,在显示器上只显示一个亮点而无其他数据。二次监视雷达是一种把已测到的目标与一种以应答机形式相配合设备协调起来的雷达系统,能在显示器上显示出标牌、符号、编号、航班号、高度和运行轨迹等及特殊编号。

(三)程序管制与雷达管制的区别

雷达管制与程序管制相比是空中交通管制的巨大进步。

　　程序管制和雷达管制最明显的区别在于两种管制手段允许的航空器之间最小水平间隔不同。在区域管制范围内,程序管制要求同航线同高度航空器之间最小水平间隔 10 min,对于大中型飞机来说,相当于 150 km 左右的距离,雷达监控条件下的程序管制间隔只需 75 km,而雷达管制间隔仅仅需要 20 km。

　　允许的最小间隔越小,意味着单位空域的有效利用率越大,飞行架次容量越大,越有利于保持空中航路指挥顺畅,更有利于提高飞行安全率和航班正常率。

　　国外空中交通管制发达的国家已经全面实现了雷达管制,我国民航已逐步完成主干航路实现雷达管制。

三、空中交通管制员

　　空中交通管制就是防止航空器相撞,防止航空器与地面障碍物相撞,维持空中的交通秩序,保证有一个快速高效的空中交通流量。执行这项任务的人就是空中交通管制员(Air Traffic Controller),简称管制员。用一句俗话讲,就是"空中交警"。

　　空中交通管制工作由空中交通管制员(简称"管制员")担任。管制员分为程序管制员和雷达管制员。按照管制员的技术水平和分工,又可以分为主任程序(雷达)管制员、程序(雷达)管制员和助理程序(雷达)管制员。

(一)从业要求

　　在空中交通管制工作中,管制员通过管制指令实现管制意图,具体过程为:获得、捕捉信息—大脑分析处理信息—做出决策—发出语音指令信息—监视、监听反馈信息。显然,这一连串思维活动的主观性非常强,人为制约因素多,特别容易产生差错。经过大量的航空事故统计和分析,人们发现在空中交通管制致因的航空事故中,70%都归于人为因素。因此,各国对从业人员要求比较高,比较"苛刻"。

　　各国的管制员都必须获得空中交通管制员执照才能从业上岗。在中国,根据 2010 年新颁发的《民用航空空中交通管制员执照管理规则》,根据管制空域、管制手段的不同,管制员执照类别签注包括:机场管制、进近管制、区域管制、进近雷达管制、精密进近雷达管制、区域雷达管制、飞行服务和运行监控。

　　程序管制员必须经过民航局认可的训练机构的专门训练,理论考试及格,经过实习,考核合格,领取执照,方可担任管制工作。

　　雷达管制员必须持有程序管制员执照,经过民航局认可的雷达管制训练机构的训练,考试及格,经过实习,考核合格,领取雷达管制员执照,方可担任雷达管制工作。

(二)从业基本条件

　　无论签注哪种类型的管制员,在申请执照的时候都应当具备下列基本条件:具有中华人民共和国国籍;热爱民航事业,具有良好的品行;年满 21 周岁,首次申请管制员执照年龄不得超过 35 周岁;具有大学专科(含)以上文化程度;能正确读、听、说、写汉语,口齿清楚,无影响双向无线电通话的口吃和口音;通过规定的体检,取得有效的体检合格证;完成规定的专业培训,取得有效的培训合格证;通过理论考试,取得有效的理论考试合格证;通过技能考核,取得有效的技能考核合格证;符合《民用航空空中交通管制员执照管理规则》规定的申请人经历要求。

(三)无线电陆空通话

航空器在空中的通话既要确保及时接通,又要保证通话双方都能准确理解对方所要表达的意思。航空器的飞行速度很快,驾驶员如果与管制员之间彼此听不懂对方说的话或者听错了,都会酿成飞行事故。

国际民航组织把英语规定为世界民航的工作语言。各国的国际航线都必须使用英语通话。为了与国际接轨,自2000年起,我国不仅在国际航线上,在国内航线上也使用英语作为空中交通管制的工作语言。英语中的许多词汇是一字多义的。为了防止误会,国际民航组织专门对所使用的英语词汇及常用语句的含义做了具体规定,以避免引起混乱。尤其是对数字、字母、近声词等易混淆的发声都单独做了规定。例如把大部分的字母和数字的读法从单音节改为多音节,字母 I 的发音改成 India,J 改为 Juliet,R 改为 Romeo 等。

为了防止由于语言问题而引发飞行事故,国际民航组织提出了语言能力要求,要求各缔约国在2008年3月5日之前,确保飞行国际航班的机组成员、管制人员达到国际民航组织语言级别表的第4级或以上的标准。

(四)我国管制员队伍现状

据统计,截至2019年12月31日,我国空管系统在编人员23 940人,其中,在一线从事空中交通管制工作的管制员约9 370人。由于管制工作压力大,加上有限的空域、不断增长的飞行量,管制工作的强度、难度及压力日益加大。从人员数量上对比航空发达国家,以美国为例,美国联邦航空局(FAA)固定员工超过4.7万人,其中服务于空中交通管制系统的员工约有3.5万人,约占总员工数量的3/4。其中,空中交通管制员约为1.6万人,流量协调员约为550人,运行监察员约为2 000人,服务于空管系统的员工是构成FAA人员的主体。由此可以看出,空中交通管制系统在航空大国、航空强国中的重要地位。

四、我国现行空中交通管制体制

我国实行"统一管制、分别指挥"的体制,即在国务院、中央军委空中交通管制委员会的领导下,由空军负责实施全国的空中交通管制,军用航空器由空军和海军航空兵实施指挥,民用飞行和外航飞行由民航实施指挥。由于这一体制存在某种局限性,目前正在着手改革。就民航内部来说,空中交通管制系统实行"分级管理"的体制,即各级空中交通管制部门分别隶属于民航局、地区管理局、省(市、区)局以及航站。总局空中交通管制局对民航空中交通管制系统实行业务领导,其余工作包括人事、财务、行政管理及基本建设等均由各地区管理局、省(市、区)局以及航站负责。

1986年1月,在民航局之外,由国务院和中央军委共同组建了国家空中交通管制局,翌年即撤销,同年成立的国务院、中央军委空中交通管制委员会(即国家空管委)成为空域管制最高机构。

1993年,国务院、中央军委将北京—广州—深圳航路交由民航管制指挥试点,走出改革第一步。

1994年,空管局成立,负责指挥调度辖内的航路航线。

2000年6月,民航分期分批获得了全部民航航路航线。

2001年8月,民航第二次缩短垂直管理层,在6 000~8 400 m高度范围内,将飞行垂直间隔由 600 m 改为 300 m。

2007 年 11 月,民航第三次扩容,将国内 8 400～12 500 m 高度范围内的飞行垂直间隔由 600 m 缩小为 300 m,飞行高度层由 7 层增加到 13 层。这一空域是民航飞机的主要飞行高度。

2012 年 10 月,国家空管委放松飞行高度层,8 400 m(不含)以上均由民航灵活选择使用,涉及军航使用空域的,按当地规定或军民航协议执行。

2013 年 11 月,军方将与国防、领土不相关的通用航空飞行任务的审批权让渡了出来,从而在一定程度上简化了通航飞行的流程。除了一些特殊飞行任务外,通用航空飞行任务不需要办理任务申请和审批手续。

第二节　空中交通管制的运行基础与要求

管制中心对空中的航空器进行实时管理,它是建立在掌握航空器实时位置及运行意图基础上的控制系统。在新中国成立后很长一段时间里,我国空管一直采用位置报告手工作业的程序管制。进入 20 世纪 70 年代,落后的空管设施与繁重的空管任务之间的矛盾逐步显露。20 世纪 70 年代后引入计算机技术,逐步实现空中交通管制方式自动化。随着科学技术的进步,空中交通管制方式也日益先进。

一、概述

经过不断的建设,我国已基本形成了比较完善的通信、导航、情报、气象保障系统。通信保障方面,在全国绝大多数民用机场配置了卫星语音地面站和卫星数据地面站,每个管制单位装备了 2 套以上的甚高频对空通信台,部分对空通信薄弱地区配备了甚高频转播台,中国东部地区实现了 7 000 m 以上甚高频对空通信的覆盖。导航保障方面,绝大多数民用机场配备了仪表着陆系统、全向信标和测距仪,大部分高空、中低空管制区配备了二次或一、二次雷达,中国国东部地区基本达到 7 000 m 以上雷达覆盖。航行情报保障方面,正在建设航行情报自动化系统,航行通告及航行资料制作技术有了明显改进。气象保障方面,各机场配备了气象观测、预报设备,部分机场配备了气象雷达、自动观测系统、气象卫星云图接收设备,为航班飞行及时提供所需的气象资料。

为确保空域用户在飞行过程中安全有序地飞行,对于民用航空来说,能够实现"可监视、可联络"是必须具备的基本条件。通信导航监视系统,包括通信(C)、导航(N)、监视(S)三个部分,是空中交通管理系统的基础。它不仅为实施空中交通管理提供保障,而且为航空公司以及民航其他单位提供通信、导航、监视服务。其中,通信系统包括 VHF(甚高频)话音通信系统、VHF 地空数据通信系统、自动转报网络、数据交换传输网络等,用于支持地面—空中、地面—地面之间的话音及数据交换。导航系统包括全向信标、测距设备、仪表着陆系统、无方向性信标等,用于支持对飞行器的定位。监视系统包括一次雷达、二次雷达、ADS - B、场面监视雷达、自动化系统等,用于支持地面实时掌握空中或地面飞行器的态势。

二、通信系统

1. 平面通信

平面通信,狭义上通常指机场与机场之间飞行活动所需信息的传递过程,与之相对应的是民航地空通信。广义上民航平面通信是指机场或航站(台站)之间以地面有线和空中无线为传输媒体进行的信息传递。目前民航平面通信系统包括民航自动转报网、数据通信网、卫星通信网和各种信息化网络系统、视频会议电话系统、机场程控交换和集群调度通信系统等通信网络系统。

2.地空话音通信

地空话音通信是以话音的形式来实现航空器、空中交通服务部门、机场和航空公司运营部门等民用航空飞行活动主体之间的有效联系和信息交换,保障民用航空飞行活动安全有序地进行。目前民航使用的地空话音通信主要有甚高频(VHF)地空话音通信、高频(HF)地空话音通信、航空移动卫星通信(AMSS)等几种形式。

3.内话系统

内话系统是内部话音通信系统(Voice Communication System)的简称。它是一种空管专用话音交换机,接入无线电甚高频/高频设备、各类电话设备、网络设备。作为一个强大的通信服务平台,内话系统主要应用在区域管制中心、进近管制中心和塔台等空中交通管制单位,为空中交通管制单位内部管制员间,不同空中交通管制单位管制员之间,以及管制员和飞行器之间提供话音通信。

三、导航系统

1.仪表着陆系统

仪表着陆系统(Instrument Landing System,ILS),俗称"盲降"。主要作用是向正在进行着陆的航空器提供着陆引导信息,包括航向道信息、下滑道信息、距离信息。ILS包括航向台LOC、下滑台GS、指点标台MB。其中,精密进近着陆运行的分类如下:

(1)Ⅰ类(CATⅠ)运行:决断高不低于60 m,能见度不小于800 m或RVR不小于550 m的精密进近着陆。

(2)Ⅱ类(CATⅡ)运行:决断高低于60 m,但不低于30 m,RVR不小于350 m的精密进近着陆。

(3)ⅢA类(CATⅢA)运行:决断高低于30 m,或无决断高,RVR不小于200 m的精密进近着陆。

其中,决断高度(DA)或决断高(DH)是指在精密进近中规定的一个高度或高。在这个高度或高,如果不能取得继续进近所需的目视参考,则必须开始复飞。

2.甚高频全向信标

甚高频全向信标(VOR)是现代无线电测向导航的一种地面设备,由德国SEL公司于1936年研制成功,1947年国际民航组织将其确定为标准近程导航设备。VOR通常与测距机(DME)配合使用,为航空器提供极坐标定位,可用于引导航空器沿航路飞行,也可以设在机场附近,作为进场引导设备用于引导航空器进出港。

3.测距机

测距机(DME)是一种非自主的脉冲式(时间式)近程测距导航系统,由地面台和机载设备组成,为航空器提供相对于地面台的斜距。从1959年起,它已成为国际民航组织批准的标准测距系统,在世界范围内获得了广泛的应用。

4.无方向信标

无方向信标(NDB)是国际民航组织标准的近程导航设备,它发射垂直极化的无方向性无线电波,机载无线电罗盘通过接收无方向信标发射的信号来测定航空器与信标的相对方位角。由于 NDB 设备费用低,且全方位覆盖和机载设备自动定向,因此得到了广泛的应用。

四、监视设备

(一)雷达

雷达利用无线电方法发现目标并测定它们在空间的位置,也称为"无线电定位"。随着雷达技术的发展,雷达的任务不仅是测量目标的距离、方位和仰角,而且还包括测量目标的速度,以及从目标回波中获取更多有关目标的信息。现代空中交通管理系统中常用的航管雷达有一次监视雷达(PSR)、二次监视雷达(SSR)、场面监视雷达(SMR)等。

1.一次监视雷达

一次监视雷达(PSR)是最早用在空中交通管理系统中的雷达,该类雷达利用微波波段电磁波探测目标,通过自主辐射电磁波并检测到飞行器对该电磁波反射进而对飞行器进行空中定位。

2.二次监视雷达

二次监视雷达(SSR)是空中交通管理中最重要的设备,它实际上不是单一的雷达,而是包括雷达信标及数据处理在内的一套系统,是一种雷达信标系统。它能通过地面询问机的询问和空中机载应答机的应答给装有机载应答机的飞行器定位;能提供航空器代码,以及距离、方位、高度等重要数据;在有"S"模式的空中交通管理二次雷达系统中还能提供更多的航空器状态数据以及地空通信。

3.场面监视雷达

场面监视雷达(SMR)是一种监控机场地面上航空器和各种车辆的运动情况的高分辨雷达,一般工作在 X - Ka 波段,作用距离为 2～5 km。实际上它就是一部一次雷达,由高速旋转的天线、发射机、接收机、信号处理器、数据处理器(早期的没有)和显示系统组成。相对于利用塔台和通信的传统监视方式来说,场面监视雷达在性能上有了显著提高,使机场管制员对航空器的监视不再受到视线的限制,在黑夜和恶劣气候条件下也能够精确地对机场进行监视。

(二)ADS - B

广播式自动相关监视(ADS - B)是新航行系统中最新的通信和监视技术,是未来监视技术发展的趋势。ADS - B 的主要信息是航空器的四维位置信息(经度、纬度、高度和时间)和其他可能附加信息(冲突告警信息、飞行员输入信息、航迹角以及航线拐点信息等)以及航空器的识别信息和类别信息。此外,还可能包括一些别的附加信息,如航向、空速、风速、风向和航空器外界温度等。ADS - B 技术把冲突探测、冲突避免、冲突解决、ATC 监视和 ATC 一致性监视以及机舱综合信息显示有机地结合起来,为新航行系统增强和扩展了丰富的功能。

ADS - B 技术用于空中交通管制,可以在无法部署航管雷达的大陆地区为航空器提供优于雷达间隔标准的虚拟雷达管制服务;在雷达覆盖地区,即使不增加雷达设备也能以较低代价增强雷达系统监视能力,提高航路乃至终端区的飞行容量;多点 ADS - B 地面设备联网,可作为雷达监视网的旁路系统,并可提供不低于雷达间隔标准的空管服务;利用 ADS - B 技术还可在较大的区域内实现飞行动态监视,以改进飞行流量管理;利用 ADS－B 的上行数据广播,还能为运行中的航空器提供各类情报服务。ADS－B 技术在空中交通管制上的应用,预示着传统的空中交通监视技术即将发生重大变革。

ADS－B 技术用于加强空空协同,能提高飞行中航空器之间的相互监视能力。与应答式机载避撞系统(ACAS/TCAS)相比,ADS－B 的位置报告是自发广播式的,航空器之间无须发出问询即可接收和处理附近航空器的位置报告,因此能有效提高航空器间的协同能力,增强机载避撞系统 TCAS 的性能,实现航空器运行中既能保持最小安全间隔又能避免和解决冲突的空—空协同目的。ADS－B 系统的这一能力,使保持飞行安全间隔的责任更多地向空中转移,这是实现"自由飞行"不可或缺的技术基础。

ADS－B 技术用于机场地面活动区,可以用较低的成本实现航空器的场面活动监视。在繁忙的机场,即使装置了场面监视雷达,也难以完全覆盖航站楼的各向停机位,空中交通管理"登机门到登机门"的管理预期一直难以成为现实。利用 ADS－B 技术,通过接收和处理 ADS－B 广播信息,将活动航空器的监视从空中一直延伸到机场登机桥,因此能辅助场面监视雷达,实现"门到门"的空中交通管理,甚至可以不依赖场面监视雷达,实现机场地面移动目标的管理。

ADS－B 技术能够真正实现飞行信息共享。空中交通管理活动中所截获的航迹信息,不仅对于本区域实施空管是必需的,对于跨越飞行情报区(特别是不同空管体制的情报区)边界的飞行实施"无缝隙"管制,对于提高航空公司运行管理效率,都是十分宝贵的资源。但由于传统的雷达监视技术的远程截获能力差、原始信息格式纷杂、信息处理成本高,且不易实现指定航迹的筛选,所以难以实现信息共享。遵循"空地一体化"和"全球可互用"的指导原则发展起来的 ADS－B 技术,为航迹信息共享提供了现实可行性。

(三)多点定位系统

多点定位系统(MLAT)是基于应答机的多点监视系统,为机场场面监视提供了一种与传统场面监视雷达不同的重要新手段,它通过地面多个接收机捕获应答机脉冲并计算目标的位置与标识,可以精确地对机场场面和周围地区移动和静止的飞机和车辆等目标进行监视。多点定位监视系统是一种新式的目标监视技术,可用于机场场面、进近和航路(广域多点定位)的目标监视,是一种非协同监视技术。

多点定位系统与一、二次雷达相比,具有高精度、低成本、易安装等一系列优点,有望逐步取代一、二次雷达等传统监视设备。

五、空中交通管理自动化系统

(一)基本概念与背景

空中交通管理自动化系统(简称"空管自动化系统")是一个把计算机、雷达、显示和通信等先进技术综合利用到空中交通管制方面的复杂的电子系统工程。空管自动化系统作为民航空中交通管制部门实施对空指挥的核心系统,通过处理雷达信号等监视数据,为管制员提供空中飞行态势的显示和各种飞行冲突及各种异常的告警,通过处理飞行计划和动态电报,为管制员提供飞行计划和飞行动态相关信息以及管理手段,在确保民航空中交通管制对空指挥任务的安全实施中发挥着重要的作用。

现代空管自动化系统通常是通过一、二次雷达系统、ADS－B、多点定位系统等监视系统，同时通过计算机系统的辅助，给予空域飞行动态监控信息和与其有关的信息，让管制员可以安全、有序地对空中交通加以管制。

随着国内航班量的快速增长，空中交通管制流量的不断加大，空管自动化系统在空中交通管制中占据着越来越重要的地位。

随着空中交通管制装备的升级换代，国产空管自动化系统作为应急、备用以至主用空管自动化系统的应用愈来愈多。因此，探讨国产空管自动化系统结构及工作方式，研究解决日常工作中常见问题的方法对提高空管自动化系统的自动化程度，保证民航空管安全生产具有现实意义。

(二)发展状况

国外对空管自动化系统已有着多年的研究，在当今已较为成熟，也具备着较高的自动化程度。在发达国家，二次航管雷达已广泛应用，雷达管制技术也不断提高。在颇具规模的区域管制中心如法兰克福、伦敦等，能够对较大区域加以覆盖，具备数十到上百的席位。在全球较有声誉的空管自动化系统开发商有美国的 Raytheon 公司、法国的 Thomosn 公司。在中国，一度以引进上述国外企业的产品为主。

2000 年后，我国空管自动化系统逐步实现了国产化，国内主要为中国电子科技集团第二十八研究所和四川川大智胜股份有限公司在军民航空管部门占有率较高，其他有类似技术的有中国电子科技集团第十五所、四川九洲空管、北京华安天诚等公司。

(三)系统整体结构组成

现代空管自动化系统通常是通过一、二次雷达系统及计算机系统的辅助，给予空域飞行动态监控信息及其有关信息，让管制员可以安全、有序地对空中交通加以管制。主流的空管自动化系统通常设计成分布式结构以及双网、双机冗余，同时给予雷达直通旁路结构，在很大程度上增加了系统的准确性及可靠性。各主要部分的功能如下。

1. 通信前端机

把源于本地雷达、异地雷达接口、气象雷达接口、飞行情报网、航行情报网等汇集的原始一、二次雷达信息、气象信息、航行信息等加以通信协议编码，同时将处理后的信息以串口的方式传递至雷达/飞行数据处理服务器加以分析。并把各路雷达信息以及点迹信息以旁路手段传递至不同雷达信息显示席位上，以备主系统故障时通过旁路方式加以分析及显示。

2. 雷达数据处理服务器

将源于多串口卡接收通信前端机发送的雷达信息加以解码，转为统一格式的雷达信息，通过滤波以及坐标变换、延时补偿后，加以单雷达航迹跟踪分析；通过各路雷达航迹信息加以时空对准后，加以多雷达信息融合处理，得到系统航迹；同时通过源于飞行信息分析机接收的飞行计划信息，加以航迹关联以及证实，加以危机预警以及预警处理；再把雷达航迹信息、系统航迹信息以及组合气象信息传递至不同雷达信息显示席位加以显示，并且与飞行计划相关的信息传递至飞行数据处理机加以分析。

3. 飞行数据处理机

利用源于重复飞行计划、非周期性计划、临时计划等数据库里的信息分析航班计划，得到飞行计划；进行飞行计划的预先调配；通过每个生效的飞行计划分析飞行轨迹，管制飞行进程以及状态;将得到的实时动态信息加以识别、分类、存储、分发等,实时纠正飞行计划,重新规划飞行轨迹。

第三节　飞行基本规则

一、一般规则

(一)保护人员和财产

人员和财产不仅包括航空器和乘客,还包括地面的人员和财产。

1. 粗心或鲁莽地驾驶航空器

民用航空器驾驶员不得粗心或鲁莽地驾驶航空器,以致危及他人的生命或财产安全。

2. 最低高度层

由于机场通常设置在城市周边,航空器的起降不可避免地会对环境产生一定的影响,例如噪音污染,因此除起飞或着陆所必需或经有关当局批准的飞行之外,民用航空器通常不得在城市、集镇、居住区等人口稠密地区或露天公众集会上空飞越,如果能够飞越,VFR 航空器不应低于最低高度,IFR 航空器不应低于最低高度层。

3. 巡航高度层

无论是 IFR 还是 VFR 航空器,在巡航时候都必须按照《国际民用航空公约》附件 2 规定的巡航高度层飞行。在 FL290~FL410 之间,IFR 航空器可选择 VSM(常规垂直高度层)或是 RVSM(缩小垂直高度层),VFR 只能选择常规垂直高度层,但一般 VFR 不允许在 6 000 m 以上飞行。

4. 空投和喷洒

除按照有关当局规定的条件和经有关空中交通服务单位以相关资料、通知或许可授意之外,飞行中的航空器不得进行空投和喷洒。例如,空投物资、传单,喷洒农药或其他物质。

5. 牵引

除按照有关当局规定的要求和经有关空中交通服务单位以相关的资料、通知或许可授意之外,航空器不得牵引航空器或其他物体。

6. 跳伞

除在有关当局规定的条件下和经有关空中交通服务单位以相关的资料、通知或许可授意之外,不得随意进行跳伞行为。但紧急情况下跳伞除外。

7. 特技飞行

除按照有关当局规定的条件和经有关空中交通服务单位以相关的资料、通知或许可授意之外,航空器不得作特技飞行。民用航空器的性能通常优先考虑旅客飞行的舒适性,因此在机动性上相对于飞行表演的航空器而言要差一些,稳定性更好,航空器结构过载量无法应付特技动作带来的超重。

8. 编队飞行

编队飞行是指同时有 2 架及以上航空器同时执行飞行任务,每一航空器与飞行领队所保持的横向和纵向距离不超过 1 000 m,垂直距离不超过 30 m。除按照与参与飞行的机长事先安排和按照有关空管当局规定的条件在管制空域内编队飞行之外,航空器不得编队飞行。

9.无人驾驶自由气球

无人驾驶自由气球必须按照将对人员、财产或其他航空器的危害减至最小的方式并按照《国际民用航空公约》附件 2 附录 4 中规定的条件飞行。

10.禁区和限制区

航空器不得在对其正式公布有细节的禁区和限制区内飞行,但符合限制条件或经在其领土上空划定此类区域的国家批准时例外。

(二)避免相撞

在遵守一般避撞飞行规则时,一旦出现紧急情况,航空器机长有为避免相撞而采取最有效行动的责任,包括根据自动避撞设备提供的决断提示而采取的防撞机动飞行。

1.接近

驾驶航空器不得过于靠近其他航空器而产生相撞危险。

2.航行优先权

航行优先权是指航空器离开有继续保持其航向和速度的权利,不需要采取避让行为。在同一高度上对头相遇的两架航空器,有相撞危险时,必须各自向右改变航向。

在同一高度上交叉相遇的两架航空器,有相撞危险时,看见对方在自己右边的航空器必须避让,同时还需注意"强者让弱者"的原则:①动力驱动重于空气的航空器必须避让飞艇、滑翔机和气球。②飞艇必须避让滑翔机及气球。③滑翔机必须避让气球。④动力驱动的航空器必须避让正在牵引其他航空器或物体的航空器。

后机超越前机,必须从右侧超越,直至完成超越,且具有足够的间隔。

着陆时,飞行中或在地面、水面上运行的航空器,必须避让正在着陆或处在进近着陆最后阶段的航空器;当两架或两架以上重于空气的航空器为着陆向同一机场进近时,高度较高的航空器必须避让高度较低的航空器,但高度较低的航空器不能插入处在着陆最后阶段的高度较高的航空器的前方,此外动力驱动重于空气的航空器必须避让滑翔机;一架航空器得知另一架航空器被迫着陆时,必须避让该航空器。

起飞时,在机场机动区滑行的航空器必须避让正在起飞和即将起飞的航空器。

航空器在地面活动时,两架在机场活动区内滑行的航空器如有相撞危险时,必须按下列步骤实施:①两架航空器对头相遇或几乎迎面接近时,必须各自停住或在可行时向右改变方向,以保持足够的间隔;②两架航空器交叉相遇时,看见对方在自己右边的航空器必须避让;③被另一架航空器超越的航空器有航行优先权,超越航空器必须与另一架航空器保持足够的间隔。除经机场管制塔台另行批准之外,在机动区内滑行的航空器必须在各个跑道等待位置停住、等待。航空器在机动区内滑行时,在打开的停止排灯前,必须停住、等待;关灯后,方可前进。

3.航空器应显示的灯光

飞行中的所有航空器,从日落至日出或在有关当局规定的任何其他期间,必须显示:①引起对该航空器注意的防撞灯,通常是白色频闪灯;②用以向观察员显示该航空器相对路线的航行灯,通常是左翼尖红色、右翼尖绿色、尾翼白色。

地面运行的所有航空器,从日落至日出或在有关当局规定的任何其他期间:①在机场活动区内,必须显示用以向观察员指示航空器相对路线的航行灯;②除非有固定和足够的灯光照明,在机场活动区内,必须显示用来表示其结构外端的灯光;③在机场活动区内,必须显示用来引起对该航空器注意的灯光,例如红色防撞灯;④在机场活动区内,发动机已开车时,必须显示表明这一事实的灯光。

航空器不得在模拟仪表飞行条件下飞行。

4. 在机场及其附近的运行

航空器在机场及其附近运行时,不论其是否在机场交通地带,必须:①观察机场其他交通,避免相撞;②遵守或避让其他飞行中的航空器已建立的起落航线;③除非另有指示,在着陆前和起飞后全部作左转弯;④除非因安全、跑道布局或空中交通情况确定另一方向更为有利之外,均作逆风起落。

(三)飞行计划

需要接受空中交通服务的航空器,在执行飞行任务前都必须以飞行计划的格式向空中交通服务单位提供计划飞行或其部分飞行的相关资料。飞行计划可包括对整个飞行航线飞行计划全部内容的完整资料的说明,或者为了取得一小段飞行(如穿越航路或在管制机场起飞或着陆)的放行许可所需要的有限资料。航空器营运人及其代理人可以采用国际航空典型公司(SITA)电报、传真或者当面提交等方式提交飞行计划给相关空中交通管制单位。

飞行计划的内容如下:

(1)航空器识别标志。

(2)飞行规则和飞行类型。

(3)航空器架数、型号和按尾流的分类。

(4)机载设备。

(5)起降机场。

(6)预计撤轮挡时间。

(7)预计巡航速度。

(8)预计巡航高度层。

(9)预计飞行航路。

(10)目的地机场和预计经过总时间。

(11)备降机场。

(12)燃油续航时间。

(13)机上总人数。

(14)紧急和救生设备。

(15)其他资料。

在飞行计划的拍发时间上,除有关空中交通管制当局另有规定之外,航空器营运人及其代理人应当于航空器预计撤轮挡时间 2.5 h 前提交飞行计划。如遇特殊情况,经协商,最迟不晚于航空器预计撤轮挡时间前 75 min。如在飞行中提交,则必须保证有关空中交通服务单位至少在航空器预计到达下列各点之前 10 min 收到:①预计进入管制区或咨询区的某一入口点;②穿越航线或咨询航路的某一点。飞行计划的修改,必须立即通知空中交通管制相关部门。

从飞行计划的内容可知,它是管制单位了解飞行任务最重要的资料,飞行计划提交给起航空器场管制单位的报告室后,管制单位会根据此计划编写成或自动编译成领航计划报(FPL报),接着将该电报通过航空固定电信网(AFTN)沿路发送给所有涉及该航空器运行的管制单位。一旦某管制单位接收了该 FPL 报文,则其本地的进程单处理系统可以将该报文转化为管制员工作使用的进程单,作为管制员进一步为航空器提供空中交通服务的参考依据。由此可见飞行计划对管制的整体运行起到了重要的基础性作用。

（四）信号

航空器运行时涉及的重要信号包括遇险信号和紧急信号、拦截时所使用的信号、用以警告未经批准的航空器正在或行将进入限制区禁区或危险区的目视信号、机场交通信号以及指挥信号。这些信号都是国际通用的,有自己的固定含义。例如,遇险信号飞行员的语音表达方式为"MAYDAY,MAYDAY,MAYDAY",是指航空器受到严重和紧迫危险的威胁,需要立即援助。航空器反复闪烁着陆灯或反复闪烁航行灯,是通知相关人员其遇到困难而要求迫降,但不需要立即援助。当管制员听到飞行员用语音说"PANPAN,PANPAN,PANPAN"时,就是航空器要发出一份极为紧迫的电报,它涉及船舶、航空器或其他交通工具的安全或者机上及所看到的人员的安全。具体内容可进一步参考《国际民用航空公约》附件2附录1。

（五）时间

必须使用世界协调时（UTC）,必须按照从午夜开始一天24 h的小时、分钟、秒（按需要）计。实施一次受管制飞行之前,以及必要时在飞行中的其他时间,必须校正时间。数据链通信使用时间,与世界协调时误差必须不超过1 s。

（六）非法干扰

受到非法干扰的航空器必须设法将此事实通知有关管制单位,以便管制单位能对该航空器给予优先权并使之与其他航空器的冲突减至最小。例如,可以通过语音"MAYDAY,MAYDAY,MAYDAY"通知管制员;装有二次监视雷达应答机的航空器受到非法干扰时,选择编码7500。

（七）拦截

当民用航空器误入禁区时,前去拦截的航空器通常为军机,会按《国际民用航空公约》附件2附录2第2节和第3节的标准,并按照附录1第2节的规定通过特定的"目视信号"进行拦截。

二、仪表飞行规则

装有无线电通信和定位仪表的航空器可以依靠仪表而不依靠驾驶员的视觉来飞行,这种飞行称为仪表飞行（IFR）。靠航空仪表进行飞行,一面接受来自地面的管制,一面飞行。因此,必须与别的飞机保持充分的间隔。

可见,仪表飞行对气象要求比目视飞行的要低。因此飞行员目视大多看不到其他航空器,这时管制员通过对IFR航空器配备间隔来保障飞行安全。IFR飞行必须提交飞行计划,整个飞行过程受到管制员的监控,听从管制指挥。

1.适用于一切IFR飞行的规则

执行IFR的航空器必须装备合适的仪表以及与所飞航路相符合的无线电导航设备。对于IFR航空器可以飞行的最低高度层,除为起飞、着陆所必需或经有关当局特殊批准之外,IFR飞行的高度层不得低于被飞越的领土国家规定的最低飞行高度,或者在未规定最低飞行高度的地区:①高原和山区,在航空器预计位置8 km之内的最高障碍物至少600 m（2 000 ft）以上的高度层飞行;②在上一条规定之外的地区,在航空器预计位置8 km之内的最高障碍物至少300 m（1 000 ft）以上的高度层飞行。

2.管制空域内 IFR 飞行所适用的规则

在管制空域内的 IFR 飞行必须遵守空中交通管制相关规定。IFR 在管制空域内巡航飞行时必须在《国际民用航空公约》规定的可用巡航高度层上。

三、目视飞行规则

目视飞行规则是靠目视进行飞行的方式。因此,必须经常确保良好的视界。能够维持这种状况的必要的气象条件称为目视气象条件。这种情况规定,当云底高度低于 450 m 或能见度小于 5 000 m 时,除已经获得空中交通管制单位的放行许可外,VFR 飞行不得在管制地带内的机场起飞或着陆,也不得进入该机场交通地带或起落航线。

目视飞行规则(VFR)的基础是航空器与其他航空器和地面之间互相能看见和被看见,因此目视飞行规则就和天气情况紧密相连。对最低的能进行目视飞行的天气制定了目视飞行气象条件(Visual Meteorological Condition,VMC),包括两部分要求:能见度和与云之间的距离(包括水平距离和垂直距离)。详细规定见表 6-1,目视飞行举例如图 6-1 所示。

表 6-1　VMC 能见度和离云最小距离

高度范围	空域类别	飞行能见度	离云距离
处于和高于 AMSL3 050 m(10 000 ft)以上	A,B,C,D,E,F,G	8 000 m	水平:1 500 m 垂直:300 m(1 000 ft)
低于 AMSL3 050 m(10 000 ft)和高于 AMSL900 m(3 000 ft),或高于地面 300 m(1 000 ft)以上,取较高值	A,B,C,D,E,F,G	5 000 m	水平:1 500 m 垂直:300 m(1 000 ft)
处于或低于 AMSL900 m(3 000 ft),或低于地面 300 m(1 000 ft)以上,取较高值	A,B,C,D,E	5 000 m	水平:1 500 m 垂直:300 m(1 000 ft)
	F,G	5 000 m	离开云并看见地面

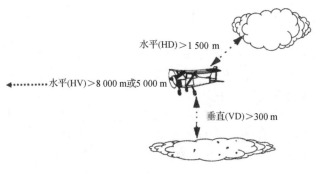

图 6-1　目视飞行举例

需要说明的是,A 类空域包括最低目视气象条件是向驾驶员提供指导,并非指 A 类空域可以接受 VFR 飞行。当过渡高度的高低于 AMSL3 050 m(10 000 ft)时,应该使用 FLl00 代替 10 000 ft。对于 F,G 空域内的 VFR 超低空飞行,有关 ATS 当局有如此规定:①可允许下列飞行的飞行能见度降低,但不得小于 1 500 m。一是在主导能见度条件下,飞行的速度允许有足够的机会及时观察其他交通或任何障碍物从而避免相撞。二是与其他交通遭遇的概率通常较低,如交通量少的区域或在低空航空作业。②如果直升机的机动飞行速度允许有足够的机会及时观察 1 500 m 的条件下运行。

第四节　安全飞行间隔规定

一、飞行调配基本原则

组织实施空中交通管制时,应当合理安排飞行次序,基本原则如下:

(1)一切飞行让战斗飞行;

(2)其他飞行让专机飞行和重要任务飞行;

(3)国内一般任务飞行让班期飞行;

(4)训练飞行让任务飞行;

(5)场内飞行让场外飞行;

(6)场内、场外飞行让转场飞行。

二、航空器飞行高度

飞行高度是指飞行中的航空器到某基准水平面的垂直距离,简称高度,包括相对高度、绝对高度、飞行高度层等。

民用航空器的飞行高度是气压高度,即通过大气中气压值伴随高度的增加而减少的规律来确定高度。大气压与高度的关系为:大气压会随着高度的提升而下降,高度每提高 12 m,大气压下降 1 mmHg(1 mm 水银柱),或者每上升 9 m(28 ft),大气压降低 1 hPa(百帕)。为了保持障碍物和航空器之间以及航空器和航空器之间有适当的高度差,在航班的实际运行中,航空器在不同的飞行阶段会使用不用的气压基准面来确定不同的气压高度。

(一)国际标准大气

为了提供大气压力和温度的通用参照标准,国际标准化组织规定了国际标准大气(International Standard Atmosphere,ISA)作为某些飞行仪表和航空器的大部分性能数据的参照基础(见表 6 - 2)。

表 6 - 2　ISA 国际标准大气

高/km(ft)	温度/℃	压强/hPa	温度变化率/(℃/1 000 ft)
0kmMSL	15.0	1 013.25	−1.98(对流层)
11 km(36 000 ft)	−56.5	226.00	0.00(平流层)
20 km(65 000 ft)	−56.5	54.70	+0.3(平流层顶)
32 km(105 000 ft)	−44.5	8.68	

在标准大气中,假定大气是静止的、干洁的理想气体,在给定海平面气温、气压、密度以及温度随高度变化的廓线的条件下,由流体静力学方程和气体状态方程计算得到各高度的温度、气压和密度的数据。另外,标准大气还对各高度上大气的成分、标高、重力加速度、空气质点数密度、质点平均速度、平均碰撞频率、平均自由程、平均分子量、音速、黏滞系数以及热传导率等

有所规定。

ICAO 规定的国际标准大气压采用海平面温度为 15℃,气压为 1 013.25 hPa;在 11 km 以下,高度每增高 100 m,温度降低 0.65℃;在 11～20 km 之间,温度保持－56.5℃。

(二)飞行的高度

航空器飞行的高度是指航空器在空中的位置和所选定的基准面之间的高度差值,由于所设定的基准面不同,因而也有不同的飞行高度定义。

相对高度指航空器相对某一指定的场面,如机场地面之间的高度,即高(height)。真实高度指航空器和它正下方的地面之间的垂直距离。绝对高度是航空器到平均海平面之间的高度,即高度(altitude)。标准气压高度是指航空器到标准海平面之间的高度,即飞行高度(flight level)。标准海平面是 ISA 海平面,在这个平面上大气压力为 1 013.2 hPa,温度为 15℃。由于标准气压高度不随温度和湿度的变化而变化,它和真实的海平面高度是不完全一致的,因而标准气压高度和绝对高度不同。

民航航空器上的高度表有两类:气压高度表和无线电高度表。民航航空器一般称无线电高度表为低高度线电高度表系统(Low Range Radio Altimeter,LRRA),用于测量航空器距离地面的垂直高度,即真实高度。气压式高度表根据气压来确定高度,在飞行的不同阶段使用不同的气压基准来确定高度。

目前用到的气压基准面有修正海平面气压 QNH 和标准海平面气压 QNE,此外少部分地方还会用到场压 QFE。

(1)场压(QFE)。场压值为机场基准点的气压值。航空器在起飞和降落时,以场压为基准面的高度表反映的是航空器与机场之间的相对高度。显然当航空器落地时,高度表显示的就是航空器的座舱高度。目前国内已经很少使用 QFE 为基准面。

(2)平均海平面气压(QNH),也称为修正海平面气压。航空器在爬升和下降阶段都需要知道它的海拔高度,以便通过航图确定航空器与下面地形,尤其是障碍物之间的高度间距,这时按照气象部门给出的 QNH 气压数据作为高度的基准面,高度表上反映的是航空器的海拔高度(altitude)。想要得到航空器与下方障碍物之间的超障余度,就用航空器的海拔高度减去由航图上查到的该障碍物的标高。通常 QNH 是通过 QFE 根据标准大气的气压随高度的变化率(hPa＝28ft),用机场标高(elevation)进行修正后获得的。

(3)标准海平面(QNE)是 ISA 的 1013.25 hPa 气压面。以 QNE 为基准面高度表反映的是航空器的标准气压高度,用于航空器的巡航阶段。全世界的 QNE 都是唯一值,这使空中飞行的各航空器有统一的高度标准,从而避免因高度基准不同导致垂直间隔不够而出现事故,保证了飞行安全。航空器飞行高度层 FL210 指基于 QNE 的 21 000 ft,FL 是 Flight Level 的简缩,在这里指"百英尺"。

以下通过一个计算题来深入理解 QNE,QNH,QFE 和高、高度以及飞行高度的相互关系。

例:已知某架航空器距离机场 A 的高(Height)为 4 500 ft,机场 A 的 QFE 值为 979 hPa,该机场 A 的标高为 1 448 ft。标准大气的气压随高度的变化率(1 hPa:28 ft)。问题:①该航空器的高度(Altitude)是多少? ②该机场的 QNH 值是多少? ③该航空器的飞行高度层(Flight level)是多少?

解题过程如下:

(1)航空器的高度(Altitude)如图 6－2 所示。

（2）平均海平面气压（QNH）如图 6-3 所示。

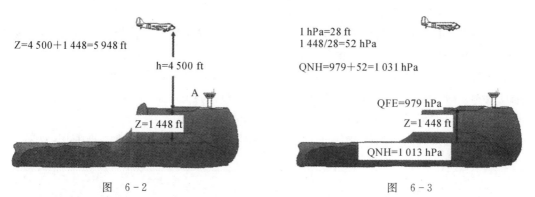

$Z=4\,500+1\,448=5\,948\ \text{ft}$

$h=4\,500\ \text{ft}$

A

$Z=1\,448\ \text{ft}$

1 hPa=28 ft

1 448/28=52 hPa

QNH=979+52=1 031 hPa

QFE=979 hPa

$Z=1\,448\ \text{ft}$

QNH=1 013 hPa

图　6-2　　　　　　　　　　　　图　6-3

（3）航空器的飞行高度层（Fight Level）如图 6-4 所示。

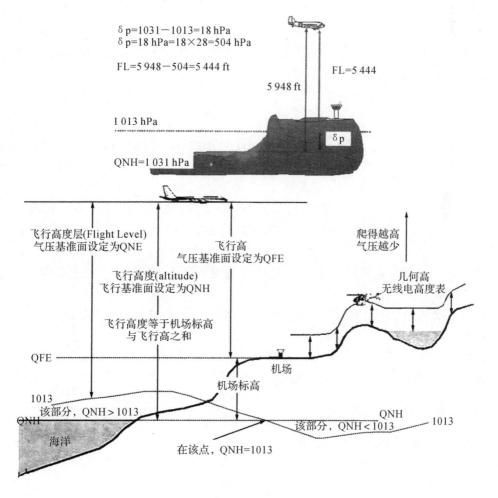

$\delta p=1031-1013=18\ \text{hPa}$

$\delta p=18\ \text{hPa}\ 18\times28=504\ \text{hPa}$

$FL=5\,948-504=5\,444\ \text{ft}$

FL=5 444

5 948 ft

1 013 hPa

δp

QNH=1 031 hPa

飞行高度层（Flight Level）
气压基准面设定为QNE

飞行高
气压基准面设定为QFE

爬得越高
气压越少

飞行高度（altitude）
飞行基准面设定为QNH

几何高
无线电高度表

飞行高度等于机场标高
与飞行高之和

QFE

机场

机场标高

1013
该部分，QNH＞1013

QNH

在该点，QNH=1013

该部分，QNH＜1013

QNH
1013

QNH

海洋

图 6-4　民用航空器高度表的设定

（三）高度表拨正程序

目前中国境内的飞行，需要在过渡高度与过渡高度层上对 QNH 和 QNE 进行转换。

对于离场的航空器,在通过过渡高度时,把 QNH 调为 QNE;对于进场的航空器,在通过过渡高度层时,把 QNE 调为 QNH。

高度表拨正值适用范围在垂直方向上用过渡高度和过渡高度层作为垂直分界,在水平方向上用修正海平面气压适用区域的侧向边界作为水平边界。过渡高度(Transition Altitude)是指一个特定的修正海平面气压高度,在此高度或以下,航空器的垂直位置按照修正海平面气压高度表示。过渡高度层(Transition Level)是在过渡高度之上的最低可用飞行高度层。过渡高度层高于过渡高度,二者之间满足给定的垂直间隔。过渡夹层(Transition Layer)是指位于过渡高度和过渡高度层之间的空间。这部分空间仅供航空器变换高度基准使用,绝对不得用于平飞。

三、飞行高度层划分

飞行高度层是指以特定的气压 1 013.2 hPa 气压面为基准的等压面,各等压面之间具有规定的气压差,简称高度层。飞行高度层,是有关飞行的术语。根据 2007 年 10 月国务院、中央军事委员会修订的《中华人民共和国飞行基本规则》规定:"航路、航线飞行或者转场飞行的垂直间隔,按照飞行高度层配备。"

(一)分类

飞行高度层按照以下标准划分:

(1)真航线角在 0°～179°范围内,高度由 900～8 100 m,每隔 600 m 为一个高度层;高度由 8 900～12 500 m,每隔 600 m 为一个高度层;高度在 12 500 m 以上,每隔 1 200 m 为一个高度层。

(2)真航线角在 180°～359°范围内,高度由 600～8 400 m,每隔 600 m 为一个高度层;高度由 9 200～12 200 m,每隔 600 m 为一个高度层;高度在 13 100 m 以上,每隔 1 200 m 为一个高度层。

(3)飞行高度层应当根据标准大气压条件下假定海平面计算。真航线角应当从航线起点和转弯点量取。

飞行高度层应当根据飞行任务的性质、航空器性能、飞行区域以及航线的地形、天气和飞行情况等配备。

航路、航线飞行或者转场飞行的航空器起飞前,应当将场面气压的数值调整到航空器上气压高度表的固定指标,使气压高度表的指针指到零的位置。

按照标准大气校正的气压高度表如下:

(1)当拨到 QNH 高度表拨正值时,指示海拔高度(未考虑飞机座舱仪表处高度);

(2)当拨到 QFE 高度表拨正值时,指示高出 QFE 基准面的高度(未考虑飞机座舱仪表处高度);

(3)当拨到 1 013.2 hPa 时,可用以指示飞行高度层。

(二)我国飞行高度层标准

RVSM 实施以后,600～8 400 m,每隔 300 m 为一个高度层;8 400～8 900 m,隔 500 m 为一个高度层;8 900～12 500 m,每隔 300 m 为一个高度层;12 500 m 以上,每隔 600 m 为一个高度层。其中 8 900～12 500 m 定义为 RVSM 空域(见图 6 - 5,表 6 - 3 和表 6 - 4)。

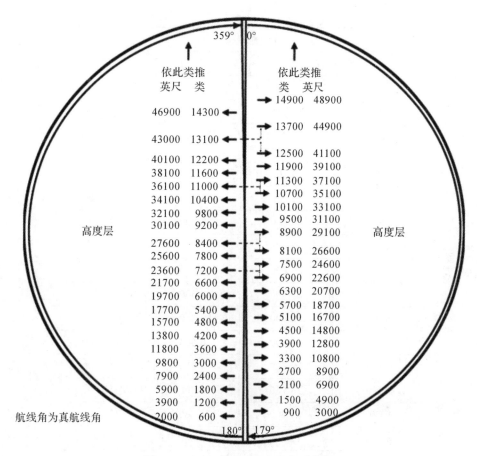

图 6-5　飞行高度层配备标准示意图

表 6-3　飞行高度层配备标准表(1)

航线角			
000°～179°		180°～359°	
飞行高度层		飞行高度层	
米/m	英尺/ft	米/m	英尺/ft
依次类推 ↑	依次类推 ↑	依次类推 ↑	依次类推 ↑
14 900	48 900	15 500	50 900
13 700	44 900	14 300	46 900
		13 100	43 000
12 500	41 100		
11 900	39 100	12 200	40 100
11 300	37 100	11 600	38 100
10 700	35 100	11 000	36 100

续 表

航线角			
000°～179°		180°～359°	
飞行高度层		飞行高度层	
米/m	英尺/ft	米/m	英尺/ft
依次类推 ↑	依次类推 ↑	依次类推 ↑	依次类推 ↑
10 100	33 100	10 400	34 100
9 500	31 100	9 800	32 100
8 900	29 100	9 200	30 100
8 100	26 600	8 400	27 600
7 500	24 600	7 800	25 600
6 900	22 600	7 200	23 600
6 300	20 700	6 600	21 700
5 700	18 700	6 000	19 700
5 100	16 700	5 400	17 700
4 500	14 800	4 800	15 700
3 900	12 800	4 200	13 800
3 300	10 800	3 600	11 800
2 700	8 900	3 000	9 800
2 100	6 900	2 400	7 900
1 500	4 900	1 800	5 900
900	3 000	1 200	3 900
—	—	600	2 000
米/m	英尺/ft	米/m	英尺/ft
000°～179°		180°～359°	
飞行高度层		飞行高度层	

表 6 - 4 飞行高度层配备标准表(2)

飞行高度层走向	米制 RVSM 高度层/m	米制 RVSM 高度层转换为英尺/ft	米制 RVSM 高度层转换为英尺并按照 100 英尺取整/ft	管制员看到的实际雷达标牌显示/10m
向东	14 900	48 885	48 900	1 490

续 表

飞行高度层走向	米制 RVSM 高度层/m	米制 RVSM 高度层转换为英尺/ft	米制 RVSM 高度层转换为英尺并按照 100 英尺取整/ft	管制员看到的实际雷达标牌显示/10m
向西	14 300	46 916	46 900	1 430
向东	13 700	44 948	44 900	1 369
向西	13 100	42 979	43 000	1 311
向东	12 500	41 010	41 100	1 253
向西	12 200	40 026	40 100	1 222
向东	11 900	39 042	39 100	1 192
向西	11 600	38 058	38 100	1 161
向东	11 300	37 073	37 100	1 131
向西	11 000	36 089	36 100	1 100
向东	10 700	35 105	35 100	1 070
向西	10 400	34 121	34 100	1 039
向东	10 100	33 136	33 100	1 009
向西	9 800	32 152	32 100	0 978
向东	9 500	31 168	31 100	0 948
向西	9 200	30 184	30 100	0 917
向东	8 900	29 199	29 100	0 887
向西	8 400	27 559	27 600	0 841
向东	8 100	26 575	26 600	0 811
向西	7 800	25 591	25 600	0 780
向东	7 500	24 606	24 600	0 750
向西	7 200	23 622	23 600	0 719
向东	6 900	22 638	22 600	0 689
向西	6 600	21 654	21 700	0 661
向东	6 300	20 669	20 700	0 631
向西	6 000	19 685	19 700	0 600
向东	5 700	18 701	18 700	0 570
向西	5 400	17 717	17 700	0 539
向东	5 100	16 732	16 700	0 509
向西	4 800	15 748	15 700	0 479
向东	4 500	14 764	14 800	0 451
向西	4 200	13 780	13 800	0 421
向东	3 900	12 795	12 800	0 390
向西	3 600	11 811	11 800	0 360

(三)过渡高度层改革措施

为了确保在米制飞行高度层转换为英尺并按照 100 ft 取整之后,相邻两个高度层之间有等于或大于 1 000 ft 的垂直间隔,本方案采取了以下办法:

为了避免两对飞行高度层之间的垂直间隔由于米制飞行高度层转换为英尺按照 100 ft 取整后之后 900 ft 的现象,将 8 900 m(29 199 ft)～9 800 m(32 152 ft)向下取整,将 11 900 m(39 042 ft)至 12 500 m(41 010 ft)向上取整。这样,在 8 400～8 900 m 有 500 m(1 640 ft)垂直间隔,在 8 900～12 500 m 有 300 m(1 000 ft)垂直间隔。所有飞行高度层取整后至少有 1 000 ft 的垂直间隔。

8 400～12 500 m 范围内,共有 13 个高度层,其中雷达标牌显示与管制指令高度差异有 3 个高度层差异为 30 m,4 个高度层差异为 20 m,4 个高度层差异为 10 m,2 个高度层完全一致。

本次改革方案采用公制计量单位,较好地沿袭了我国目前的飞行高度层配备标准,空管设施设备及相应法规标准无须作计量单位变更;与现行高度层划分方法相一致,8 400 m 以下无须变动,8 400～12 500 m 总体上由 600 m 分层改成 300 m,符合我国现行高度层配备标准,便于操作使用;12 500 m 以下严格按照"东单、西双"进行高度层配备,便于管制员和飞行员通话和记忆;8 900～12 500 m 将定义为民航的缩小垂直间隔空域(RVSM Airspace),其内对应的英制高度层统一比国外高 100 ft,规律性强,便于民航飞行员操作和使用;该方案使得 8 400 m 以上与国外飞行高度层的差值不超过 30 m,进出国境的航空器可实现安全顺畅的高度层转换;不符合 RVSM 适航要求的航空器应当在 8 400 m(含)以下飞行,8 400 m 与 8 900 m 按 500 m 分层,自然形成了与缩小垂直间隔空域的缓冲空间。

飞行员必须使用飞行高度层配备标准图,严格按照米制规定的对应英尺数飞行。具体在飞行时无须记忆是如何向上还是向下取整。

第五节　民用无人机空中交通管理办法

随着无人机制造技术的进一步深化,无人机的使用功能得到了进一步的推广,越来越多的民用领域关注并开始应用无人机去完成一些特殊的任务。与有人飞机相比,无人机最大的区别在于无人机的驾驶员在地面,因此并不是所有的无人机在所有的类型的空域飞行。例如:小型无人机由于性能特点所限通常不会在管制空域飞行,因此必须明确一个更加受限的国家空域系统飞行环境。然而,高空长航时无人机可能在低于管制区的多个类型空域飞行。

一、基本原则

民用无人机仅允许在隔离空域内飞行。民用无人机在隔离空域内飞行,由组织单位和个人负责实施,并对其安全负责。多个主体同时在同一空域范围内开展民用无人机飞行活动的,应当明确一个活动组织者,并对隔离空域内民用无人机飞行活动安全负责。

二、安全评估管理

(一)安全评估基本要求

使用的民用无人机系统应当为遥控驾驶航空器系统,而非自主无人驾驶航空器系统,并且能够按要求设置电子围栏,在空域内运行应当符合国家和民航有关规定,经评估满足空域运行安全的要求。

(二)安全评估内容

评估应当主要包括以下内容。

(1)民用无人机系统情况,包括民用无人机系统基本情况、国籍登记、适航证件(特殊适航证、标准适航证和特许飞行证等)、无线电台及使用频率情况。

(2)驾驶员、观测员的基本信息和执照情况。

(3)民用无人机系统运营人基本信息。

(4)民用无人机的飞行性能,包括:飞行速度、典型和最大爬升率、典型和最大下降率、典型和最大转弯率、其他有关性能数据(例如风、结冰、降水限制)、航空器最大续航能力以及起飞和着陆要求。

(5)民用无人机系统活动计划,包括:飞行活动类型或目的、飞行规则(目视或仪表飞行)、操控方式(视距内或超视距,无线电视距内或超无线电视距等)、预定的飞行日期、起飞地点、降落地点、巡航速度、巡航高度、飞行路线和空域以及飞行时间和次数。

(6)空管保障措施,包括:使用空域范围和时间、管制程序、间隔要求、协调通报程序以及应急预案等。

(7)民用无人机系统的通信、导航和监视设备和能力,包括:民用无人机系统驾驶员与空管单位通信的设备和性能以及民用无人机系统的指挥与控制链路及其性能参数和覆盖范围、驾驶员和观测员之间的通信设备和性能以及民用无人机系统导航和监视设备及性能。

(8)民用无人机系统的感知与避让能力。

(9)民用无人机系统故障时的紧急程序,特别是与空管单位的通信故障、指挥与控制链路故障、驾驶员与观测员之间的通信故障等情况。

(10)遥控站的数量和位置以及遥控站之间的移交程序。

(11)其他有关任务、噪声、安保、业载和保险等方面的情况。

(12)其他风险管控措施。

三、空中交通服务

(一)隔离空域划设要求

民用无人机飞行应当为其单独划设隔离空域,明确水平范围、垂直范围和使用时段。可在民航使用空域内临时为民用无人机划设隔离空域。飞行密集区、人口稠密区、重点地区以及繁忙机场周边空域,原则上不划设民用无人机飞行空域。

隔离空域由空管单位会同运营人划设。划设隔离空域应综合考虑民用无人机通信导航监视能力、航空器性能、应急程序等因素,并符合以下要求:

(1)隔离空域边界原则上距其他航空器使用空域边界的水平距离不小于 10 km;

(2)隔离空域上下限距其他航空器使用空域垂直距离 8 400 m(含)以下不得小于 600 m,8 400 m以上不得小于 1 200 m。

(二)隔离空域内运行要求

民用无人机在隔离空域内运行时,应当符合以下要求。

(1)民用无人机应当遵守规定的程序和安全要求;

(2)民用无人机确保在所分配的隔离空域内飞行,并与水平边界保持 5 km 以上距离;

(3)防止民用无人机无意间从隔离空域脱离。

(三)安全措施

为了防止民用无人机和其他航空器活动相互穿越隔离空域边界,提高民用无人机运行的安全性,需要采取下列安全措施:

(1)驾驶员应当持续监视民用无人机飞行;

(2)当驾驶员发现民用无人机脱离隔离空域时,应向相关空管单位通报;

(3)空管单位发现民用无人机脱离隔离空域时,应当防止与其他航空器发生冲突,通知运营人采取相关措施,并向相关管制单位通报。

(4)空管单位应当同时向民用无人机和隔离空域附近运行的其他航空器提供服务;

(5)在空管单位和民用无人机系统驾驶员之间应建立可靠的通信;

(6)空管单位应为民用无人机指挥与控制链路失效、民用无人机避让侵入的航空器等紧急事项设置相应的应急工作程序。

针对民用无人机违规飞行影响日常运行的情况,空管单位应与机场、军航管制单位等建立通报协调关系,制定信息通报、评估处置和运行恢复的方案,保证安全,降低影响。

四、无线电管理

民用无人机系统活动中使用无线电频率、无线电设备应当遵守国家无线电管理法规和规定,且不得对航空无线电频率造成有害干扰。未经批准,不得在民用无人机上发射语音广播通信信号。使用民用无人机系统应当遵守国家有关部门发布的无线电管制命令。

无线电台频谱是稀缺资源,2012 年世界无线电通信大会将国际无人机频谱分配在 5 030～5 091 MHz,但该频段在我国早已被占用。为满足应急救灾、森林防火、环境监测、科研试验等对无人机系统的需求,2015 年 4 月工业和信息化部根据《中华人民共和国无线电频率划分规定》及我国频谱使用情况,规定 840.5～845 MHz,1 430～1 444 MHz 和 2 408～2 440 MHz 频段用于无人机系统。

(1)840.5～845 MHz 可用于无人机系统的上行遥控链路。其中,841～845 MHz 也可采用时分方式用于无人机系统的上行遥控和下行遥测链路。

(2)1 430～1 444 MHz 频段可用于无人机系统下行遥测与信息传输链路,其中,1 430～1 438 MHz 频段用于警用无人机和直升机视频传输,其他无人机使用 1 438～1 444 MHz 频段。

(3)2 408～2 440 MHz 频段可作为无人机系统上行遥控、下行遥测与信息传输链路的备份频段。相关无线电台站在该频段工作时不得对其他合法无线电业务造成影响,也不能寻求无线电干扰保护。

上述频段的信道配置,所用无线电设备发射功率、无用发射限值和接收机的邻道选择性应符合相关要求。此外,频率使用、无线电台站设置和所用无线电发射设备应符合国家无线电管理及无人机系统管理有关规定。但是这些频段的可用性、安全性和专用性得不到保障,民航局无线电委员会办公室至今一直没有认同,相关的标准和政策仍然在多部委间协调沟通中,所以目前为止还没有颁发过一个无人机无线电台许可证。

实际中,由于无人机使用的大量通信芯片来自国外,许多无人机生产厂家并没有完全遵循上述规定,从某种意义上说,未经授权的使用可能是违法行为。国外主流使用无线数传和图传频率主要有 430～440 MHz,2.4～2.483 5 GHz,5.15～5.35 GHz 和 5.725～5.850 GHz。

思 考 题

1. 简述空中交通管制的基本概念。
2. 简述管制任务的工作要求。
3. 简述空管运行的基本原理。
4. 实施飞行调配的基本方法是什么?
5. 导航系统的种类有哪些?
6. 监视设备的种类有哪些?
7. 简述空中交通管理自动化系统的整体结构组成。
8. 简述飞行基本规则。
9. 飞行计划的内容主要包括哪些?
10. 简述民用无人机空中交通管理的基本原则。
11. 简述为无人机划设隔离区域的基本条件及无人机在隔离空域的运行条件。
12. 民用无人机运行时需要采取哪些安全措施?

第七章 无人机飞行与运营

内容提示

无人机从事经营性飞行作业时一般需要得到政府或空管等相关部门的审批。本章主要从任务审批、经营许可、飞行活动管理以及飞行的组织与实施等进行阐述,以便读者掌握无人机飞行与运营中涉及的内容。

教学要求

(1)掌握无人机飞行任务审批权限;
(2)掌握无人机从事经营性飞行活动有关要求;
(3)掌握无人机适飞空域和管控空域内容;
(4)掌握无人机飞行计划申请内容和审批权限;
(5)掌握无人机飞行的组织与实施要求;
(6)培养学生正确的人生观、价值观、道德观和法制观。

内容框架

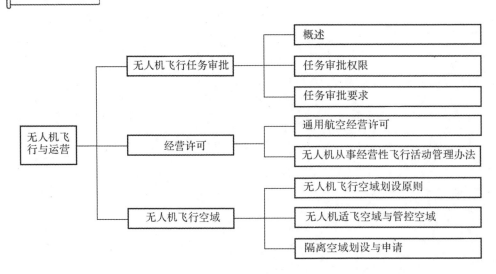

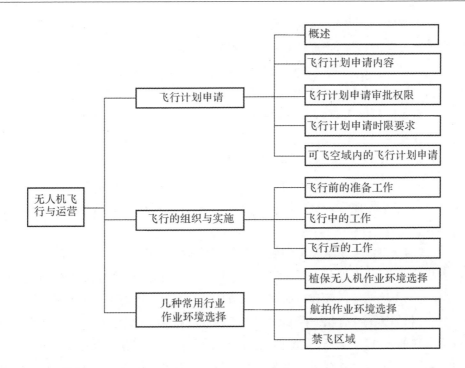

无人机飞行除个人消费娱乐目的外,其飞行作业与运营都需要得到政府或空管等相关部门的审批。本章主要从任务审批、经营许可、飞行活动管理以及飞行的组织与实施等方面内容进行阐述,以便读者掌握无人机飞行与运营中涉及的内容。

第一节　无人机飞行任务审批

一、概述

无人机作为通用航空的重要组成部分,其发展趋势有逐步代替有人通航飞机所能承担的任务的趋势。为了规范通用航空飞行任务审批与管理,促进通用航空事业发展,维护国家空中安全,2013 年 11 月,总参谋部(现为军委联合参谋部)和中国民航局联合下发《通用航空飞行任务审批与管理规定》,原则上无人驾驶的航空器,不允许在国家重要目标和国家重大活动场所上空从事通用航空飞行。

二、任务审批权限

根据《通用航空飞行任务审批与管理规定》,若无人机从事以下 9 种情况通用航空飞行任务,则需要办理任务申请和审批手续,其审批权限为:

(1)航空器进出我国陆地国界线、边境争议地区我方实际控制线或者外籍航空器飞入我国领空的(不含民用航空器沿国际航路飞行),由民用航空局商军委联合参谋部、外交部审批。

(2)航空器越过台湾海峡两岸飞行情报区分界线的(不含民用航空器沿国际航路飞行),由民用航空局商军委联合参谋部、国务院台湾事务办公室审批;飞入中国香港、澳门地区的,须先通过相关渠道征得香港、澳门特别行政区政府有关部门同意。

(3)航空器进入陆地国界线、边境争议地区实际控制线我方一侧 10 km 的(不含民用航空器沿国际航路飞行),由民航地区管理局商所在战区审批;越过我国海上飞行情报区的(不含台湾海峡地区和沿国际航路飞行),由民航地区管理局商所在战区空军审批,报相关战区备案。进入上述地区或越过海上飞行情报区执行森林灭火、紧急救援等突发性任务的,由所在飞行管制分区指挥机构(航管中心)审批并报战区空军备案。

(4)航空器进入空中禁区执行通用航空飞行任务,由民用航空局商军委联合参谋部审批;进入空中危险区、空中限制区执行通用航空飞行任务,由民航地区管理局商战区空军或者海军舰队审批。

(5)凡在我国从事涉及军事设施的航空摄影或者遥感物探飞行,其作业范围由民航地区管理局商相关战区审批;从事涉及重要政治、经济目标和地理信息资源的航空摄影或者遥感物探飞行,其作业范围由民航地区管理局商相关省、自治区、直辖市政府主管部门审批。

(6)我国与相邻国家联合组织跨越两国边境的航空摄影、遥感物探等通用航空飞行,由国土资源部商外交部、民用航空局、军委联合参谋部提出意见,报国务院审批。

(7)外籍航空器或者由外籍人员驾驶的我国航空器使用未对外开放的机场、空域、航线从事通用航空飞行,由民用航空局商军委联合参谋部审批。

(8)中央国家机关有关部门、地方人民政府和企业事业单位使用军用航空器进行航空摄影(测量)、遥感物探,以及使用军委联合参谋部直属部队航空器或者使用战区所属航空器跨区从事通用航空飞行的,由军委联合参谋部审批。使用战区所属航空器在辖区内进行其他通用航空飞行的,由相关战区审批;使用海军、空军所属航空器进行其他通用航空飞行的,由海军、空军或者海军舰队、战区空军审批。

(9)国家组织重大活动等特殊情况下的通用航空飞行,按照国家和军队的有关规定要求审批。

国务院民用航空主管部门负责通用航空飞行任务的审批;军委联合参谋部和战区、军兵种有关部门主要负责涉及国防安全的通用航空飞行任务的审核,以及地方申请使用军队航空器从事非商业性通用航空飞行任务的审批。

除上述 9 种情况外,其他情况任务无须进行任务申请与审批,直接向空管部门进行飞行计划申请。

三、任务审批要求

对申请审批的通用航空飞行任务,审批机关应当要求申请人提供飞行任务申请文件,内容包括:任务性质、执行单位和机组人员国籍,主要登机人员名单,航空器型号、数量和注册地,使用机场(临时起降场),作业时间和作业范围,以及其他需要特别说明的事项。

除上述 9 种情况外,通用航空飞行任务不需要办理任务申请和审批手续,但在飞行实施前,须按照国家飞行管制规定提出飞行计划申请,并说明任务性质。

第二节　经营许可

一、通用航空经营许可

(一)概述

《通用航空经营许可管理规定》(交通运输部 2016 年第 31 号)于 2016 年 6 月 1 日起正式施行,已实行 10 年的 2007 年 2 月 14 日发布的《通用航空经营许可管理规定》(中国民用航空总局令第 176 号)亦同时废止。《通用航空经营许可管理规定》作为规范经营性通用航空企业的部门规章,其上承《民用航空法》,是法律规定通用航空企业从事经营性航空活动的具体和细化,下接其他规范性文件,为各地区管理局或相关部门具体管理通用航空经营活动做了指导和规定。

新的《通用航空经营许可管理规定》降低了准入门槛:

(1)取消通用航空经营许可原有的筹建认可环节,充分简化经营许可程序;企业可根据自身已开展的专业人员配备、航空器购置、机场使用、制度建设、手册编写等工作情况,直接申请通用航空经营许可,维护了企业的自主决策权。

(2)降低了企业自有航空器的条件,由要求企业设立时的两架航空器须为完全所有权,调整为购买或租赁方式皆可,以此减轻企业设立时的资金压力,同时支持国内飞机租赁业的发展。

(3)降低企业准入条件,取消了购置航空器自有资金额度的要求,方便投资人开展经营项目,更好地满足市场需求。

(4)降低了企业设立时对基地机场的要求,允许通用航空企业可以与其使用航空器相适应的"起降场地"作为基地机场。

(二)基本原则

《通用航空经营许可管理规定》规定,从事通用航空经营活动,应当取得通用航空经营许可。取得通用航空经营许可的企业,应当遵守国家法律、行政法规和规章的规定,在批准的经营范围内依法开展经营活动。

中国民航局对通用航空经营许可及相应监督管理工作实施统一管理。中国民用航空地区管理局(简称"民航地区管理局")负责实施辖区内的通用航空经营许可管理工作。

实施通用航空经营许可管理遵循下述 4 项基本原则。

(1)促进通用航空事业发展,维护社会公共利益,保护消费者合法权益;

(2)符合通用航空发展政策;

(3)符合科学规划、市场引导、协调发展的要求;

(4)保障飞行及作业安全。

开展通航"甲、乙、丙、丁"四类经营项目的企业应当取得通用航空经营许可。

民航局、民航地区管理局对从事经营性通用航空保障业务的企业实施监督管理。

(三)经营许可条件

企业若需要取得通用航空经营许可,应当具备下述基本条件。

(1)从事通用航空经营活动的主体应当为企业法人,主营业务为通用航空经营项目,企业的法定代表人为中国籍公民;

(2)企业名称应当体现通用航空行业和经营特点;

(3)购买或租赁不少于两架民用航空器,航空器应当在中华人民共和国登记,符合适航标准;

(4)有与民用航空器相适应,经过专业训练,取得相应执照或训练合格证的航空人员;

(5)设立经营、运行及安全管理机构并配备与经营项目相适应的专业人员;

(6)企业高级管理人员应当完成通用航空法规标准培训,主管飞行、作业质量的负责人还应当在最近 6 年内具有累计 3 年以上相关专业领域工作经验;

(7)有满足民用航空器运行要求的基地机场(起降场地)及相应的基础设施;

(8)有符合相关法律、法规和标准要求,经检测合格的作业设施、设备;

(9)具备充分的赔偿责任承担能力,按规定投保地面第三人责任险等保险;

(10)民航局认为必要的其他条件。

(四)经营许可程序

申请人应当向企业住所地民航地区管理局提出通用航空经营许可的申请,按规定的格式提交以下申请材料并确保其真实、完整、有效。

(1)通用航空经营许可申请书;

(2)企业章程;

(3)法定代表人以及经营负责人、主管飞行和作业技术质量负责人的任职文件、资历表、身份证明、无犯罪记录声明,公司董事、监事、经理的委派、选举或者聘用的证明文件;

(4)航空器购租合同,航空器的所有权、占有权证明文件;

(5)民用航空器国籍登记证、适航证以及按照民航规章要求装配的机载无线电台的执照;

(6)航空器喷涂方案批准文件以及喷涂后的航空器照片;

(7)航空人员执照以及与申请人签订的有效劳动合同;

(8)基地机场的使用许可证或者起降场地的技术说明文件,基地机场为非自有机场的,还应提供与机场管理方签署的服务保障协议;

(9)具备充分赔偿责任承担能力的证明材料,包括地面第三人责任险的投保文件等;

(10)企业经营管理手册;

(11)企业及法定代表人(负责人)的通讯地址、联系方式,企业办公场所所有权或使用权证明材料;

(12)有外商投资的,申请人应当按国家及民航外商投资有关规定提交外商投资项目核准或备案文件、外商投资企业批准证书;

(13)申请材料全部真实、有效的声明文件。

二、无人机从事经营性飞行活动管理办法

近年来,无人机产业发展迅速,在个人消费、农林植保、地理测绘、环境监测、电力巡线以及影视航拍等领域应用广泛。旺盛的市场需求催生了一批无人机运营企业,无人机作业对部分传统通用航空作业领域的替代作用非常明显,无人机从事经营性飞行需要进行经营许可。

(一)概述

根据《民用航空法》第一百四十七条:"从事经营性通用航空的,应当向国务院民用航空主管部门申请领取通用航空经营许可证,并依法办理工商登记。"和《通用航空经营许可管理规定》(交通运输部 2016 年第 312 号令)第四十五条:"使用民用无人驾驶航空器进行经营性通用航空活动的管理办法,由民航局另行规定。"的规定,为满足企业运营需要,拓展无人机应用服务领域,提升产业价值,引导产业健康有序发展,民航局运输司于 2018 年 3 月 21 日发布《民用无人驾驶航空器从事经营性飞行活动管理办法(暂行)》(MD - TR - 2018 - 01)。

无人机运营商在实际使用无人机运行过程中遇到无法取证的问题时,例如,使用无人机从事航拍活动,需要获得空域管理部门的批准,批准条件之一是企业工商登记执照的经营范围要列明"空中拍照"等通用航空飞行活动,而此项登记需要依据行业管理部门颁发的经营许可证予以确认。新出台无人机经营许可管理规定,以期解决其被动"黑飞"的问题。

(二)许可范围

《民用无人驾驶航空器从事经营性飞行活动管理办法(暂行)》主要设定两类许可项目,一类是作业类,包括航空喷洒(撒)、航空摄影、空中拍照、表演飞行等 4 种经营项目;另一类是培训类,即无人机驾驶员培训。据不完全统计,以上经营项目占无人机应用领域的 95% 以上。

无人机在物流配送领域的应用,由于涉及危险品运输等问题,目前正在研究制定试点方案,待试点结束后予以评估。经安全运行管理部门评估,除植保类无人机,其他大型或超视距运行的无人机可能存在安全隐患,是否需要进行运行审定尚未明确,暂不适用本办法。

(三)许可条件

根据无人机运行特点和安全风险评估,对无人机经营许可准入条件进行大幅简化,由设立通用航空企业需具备的 13 项,简化为作业类 3 项,培训类 4 项,仅保留企业法人、经实名登记的无人机、经认证的培训能力(培训类)和地面第三人责任险等基本许可条件。取得无人机经营许可,应当具备的基本条件具体为:

(1)经营活动的主体应当为企业法人,法定代表人为中国籍公民;

(2)企业应拥有不少于一架无人机,且以该企业名称在中国民用航空局"民用无人机实名登记信息系统"中完成无人机实名登记;

(3)须具有行业主管部门(或经其授权)认可的培训能力(此款仅适用从事培训类经营活动);

(4)投保无人机地面第三人责任险。

(四)许可方式与程序

实现经营许可全流程"不见面"审批。采用在线申请和在线审批的方式,申请人应当通过无人机经营许可管理系统网站(https://uas.ga.caac.gov.cn)在线申请无人机经营许可,申请人须在线填报以下信息,并确保申请材料及信息真实、合法、有效。

(1)企业法人基本信息。

(2)无人机实名登记号。

(3)无人机驾驶员培训机构认证编号(此款仅适用从事培训类经营活动)。

(4)投保地面第三人责任险承诺。

(5)企业拟开展的无人机经营项目。

行业协会须在 15 个工作日内完成审查后,做出许可决定。准予许可的,申请人可在线下载并打印"电子经营许可证";不予许可的,申请人可在线查询原因。

通知称,为切实推动政府职能转变,充分发挥行业协会作用,拟委托中国航空运输协会通航分会协助行业主管部门完成经营许可申请的在线审查和事中事后监管工作。

第三节　无人机飞行空域

一、无人机飞行空域划设原则

无人机飞行空域划设应当遵循统筹配置、灵活使用、安全高效原则,充分考虑国家安全、社会效益和公众利益,科学区分不同类型无人机飞行特点,以隔离运行为主,兼顾部分混合飞行需求,明确飞行空域的水平、垂直范围和使用时限。

二、无人机适飞空域与管控空域

(一)微型无人机禁止飞行空域

微型无人机禁止飞行空域由省级人民政府会同战区确定具体范围,由设区的市级人民政府设置警示标志或者公开相应范围。未经批准,微型无人机禁止在以下空域飞行:

(1)真高 50 m 以上空域;

(2)空中禁区以及周边 2 000 m 范围;

(3)空中危险区以及周边 1 000 m 范围;

(4)机场、临时起降点围界内以及周边 2 000 m 范围的上方;

(5)国界线、边境线到我方一侧 2 000 m 范围的上方;

(6)军事禁区以及周边 500 m 范围的上方,军事管理区、设区的市级(含)以上党政机关、监管场所以及周边 100 米范围的上方;

(7)射电天文台以及周边 3 000 m 范围的上方,卫星地面站(含测控、测距、接收、导航站)等需要电磁环境特殊保护的设施以及周边 1 000 m 范围的上方,气象雷达站以及周边 500 m 范围的上方;

(8)生产、储存易燃易爆危险品的大型企业和储备可燃重要物资的大型仓库、基地以及周边 100 m 范围的上方,发电厂、变电站、加油站和大型车站、码头、港口、大型活动现场以及周边 50 m 范围的上方,高速铁路以及两侧 100 m 范围的上方,普通铁路和省级以上公路以及两侧 50 m 范围的上方;

(9)军航超低空飞行空域。

微型禁止飞行空域以外的空域即为微型无人机适飞空域。

(二)轻型无人机管控空域

2018 年 1 月 26 日公布的《无人驾驶航空器飞行管理暂行条例(征求意见稿)》中第二十九条规定,每年 10 月 31 日前,省级人民政府汇总各方需求并与所在战区协商后,向有关飞行管制部门提出轻型无人机空域划设申请;11 月 30 日前,负责审批的飞行管制部门应予批复,并通报相关民用航空情报服务机构;12 月 15 日前,省级人民政府发布行政管辖范围内空域划设信息,国务院民用航空主管部门收集并统一发布全国空域划设信息;翌年1月1日起,发布的空域生效,有效期1年。

未经批准,轻型无人机禁止在下述管控空域飞行。管控空域外,无特殊情况均划设为轻型无人机适飞空域。划设以下空域为轻型无人机管控空域:

(1)真高120 m以上空域;

(2)空中禁区以及周边5 000 m范围;

(3)空中危险区以及周边2 000 m范围;

(4)军用机场净空保护区,民用机场障碍物限制面水平投影范围的上方;

(5)有人驾驶航空器临时起降点以及周边2 000 m范围的上方;

(6)国界线到我方一侧5 000 m范围的上方,边境线到我方一侧2 000 m范围的上方;

(7)军事禁区以及周边1 000 m范围的上方,军事管理区、设区的市级(含)以上党政机关、核电站、监管场所以及周边200 m范围的上方;

(8)射电天文台以及周边5 000 m范围的上方,卫星地面站(含测控、测距、接收、导航站)等需要电磁环境特殊保护的设施以及周边2 000 m范围的上方,气象雷达站以及周边1 000 m范围的上方;

(9)生产、储存易燃易爆危险品的大型企业和储备可燃重要物资的大型仓库、基地以及周边150 m范围的上方,发电厂、变电站、加油站和中大型车站、码头、港口、大型活动现场以及周边100 m范围的上方,高速铁路以及两侧200 m范围的上方,普通铁路和国道以及两侧100 m范围的上方;

(10)军航低空、超低空飞行空域;

(11)省级人民政府会同战区确定的管控空域。

植保无人机适飞空域,位于轻型无人机适飞空域内,真高不超过30 m,且在农林牧区域的上方。

临时关闭部分轻型无人机适飞空域,由省级(含)以上人民政府或者军级(含)以上单位提出申请,飞行管制部门根据权限进行审批,并通报相关民用航空情报服务机构。临时关闭期限通常不超过72 h,由省级人民政府于关闭生效时刻24 h前发布。遇有重大活动和紧急突发情况时,飞行管制部门根据需要可以临时关闭部分轻型无人机适飞空域,通常在生效时刻前1 h发布。

三、隔离空域划设与申请

(一)隔离空域划设申请

无人机通常与有人驾驶航空器隔离运行,划设隔离空域,并保持一定间隔。已发布的轻型无人机适飞空域不影响隔离空域的划设。隔离空域申请,由申请人在拟使用隔离空域7个工作日前,向有关飞行管制部门提出。

隔离空域申请内容主要包括以下项目:

(1)使用单位或者个人;

(2)无人机类型及主要性能;

(3)飞行活动性质;

(4)隔离空域使用时间;

(5)水平范围、垂直范围；

(6)起降区域或者坐标；

(7)飞入飞出隔离空域方法；

(8)登记管理的信息等。

(二)隔离空域划设批准权限

划设无人机隔离空域，按照下列规定的权限批准：

(1)在飞行管制分区内划设的，由负责该分区飞行管制的部门批准；

(2)超出飞行管制分区在飞行管制区内划设的，由负责该管制区飞行管制的部门批准；

(3)在飞行管制区间划设的，由空军批准。

负责批准该隔离空域的飞行管制部门应当在拟使用隔离空域3个工作日前作出批准或者不予批准的决定，并通知申请单位或者个人。

批准划设隔离空域的部门应当将划设的隔离空域报上一级飞行管制部门备案，并通报有关单位。

(三)隔离空域的使用

无人机隔离空域的使用期限，应当根据飞行的性质和需要确定，通常不得超过12个月。因飞行任务需要延长隔离空域使用期限的，应当报经批准该隔离空域的飞行管制部门同意。隔离空域飞行活动全部结束后，空域申请人应当及时报告有关飞行管制部门，其申请划设的隔离空域即行撤销。

已划设的隔离空域，经飞行管制部门同意后，其他单位或者个人也可以使用。

第四节　飞行计划申请

一、概述

根据《通用航空飞行管制条例》规定，从事通用航空飞行活动的单位、个人实施飞行前，应当向当地飞行管制部门提出飞行计划申请，按照批准权限，经批准后方可实施。

《无人驾驶航空器飞行管理暂行条例（征求意见稿）》参照《通用航空飞行管制条例》对无人机飞行计划进行针对性适配修订。

二、飞行计划申请内容

无人机飞行计划内容通常包括：

(1)组织该次飞行活动的单位或者个人；

(2)飞行任务性质；

(3)无人机类型、架数；

(4)通信联络方法；

(5)起飞、降落和备降机场（场地）；

(6)预计飞行开始、结束时刻；

(7)飞行航线、高度、速度和范围，进出空域方法；

(8)指挥和控制频率；

(9)导航方式,自主能力；

(10)安装二次雷达应答机的,注明二次雷达应答机代码申请；

(11)应急处置程序；

(12)其他特殊保障需求。

有特殊要求的,应当提交有效任务批准文件和必要资质证明。

无人机飞行计划申请样表见表7-1。

表7-1　无人机飞行计划申请样表

公司名称		＊＊＊＊＊＊＊公司	
联系人	＊＊＊	联系电话	＊＊＊＊＊＊＊＊＊＊ ＊＊＊-＊＊＊＊＊＊＊
执行日期	20＊＊年＊月＊＊日～＊＊日 14时00分至18时00分	任务性质	无人机飞手培训
机型及架次	＊＊＊＊系列无人机	机号或呼号	A0001
飞行高度	20m以下,100m视距范围内	飞行航线	
飞行规则	目视		
天气标准	无雨,无危险天气,风力≤4级, 能见度≥1km	作业范围	＊＊＊＊＊(经纬度范围)

三、飞行计划申请审批权限

使用机场飞行空域、航路、航线进行无人机飞行活动,其飞行计划申请由当地飞行管制部门批准或者由当地飞行管制部门报经上级飞行管制部门批准。

无人机飞行计划按照以下规定权限批准：

(1)在机场区域内的,由负责该机场飞行管制的部门批准；

(2)超出机场区域在飞行管制分区内的,由负责该分区飞行管制的部门批准；

(3)超出飞行管制分区在飞行管制区内的,由负责该区域飞行管制的部门批准；

(4)超出飞行管制区的,由空军批准。

四、飞行计划申请时限要求

根据现行《通用航空飞行管制条例》规定,通用航空(无人机)飞行申请时限要求如下：

(1)飞行计划申请应当在拟飞行前1天15时前提出；飞行管制部门应当在拟飞行前1天21时前做出批准或者不予批准的决定,并通知申请人。

(2)执行紧急救护、抢险救灾、人工影响天气或者其他紧急任务的,可以提出临时飞行计划申请。临时飞行计划申请最迟应当在拟飞行1h前提出。飞行管制部门应当在拟起飞时刻

15 min前做出批准或者不予批准的决定,并通知申请人。

(3)在划设的临时飞行空域内实施通用航空飞行活动的,可以在申请划设临时飞行空域时一并提出15天以内的短期飞行计划申请,不再逐日申请。但是每日飞行开始前和结束后,应当及时报告飞行管制部门。

(4)使用临时航线转场飞行的,其飞行计划申请应当在拟飞行2天前向当地飞行管制部门提出。飞行管制部门应当在拟飞行前1天18时前做出批准或者不予批准的决定,并通知申请人,同时按照规定通报有关单位。

《无人驾驶航空器飞行管理暂行条例(征求意见稿)》对上述飞行申请时限进行了修订:

(1)微型无人机在禁止飞行空域外飞行,无须申请飞行计划。轻型、植保无人机在相应适飞空域飞行,无须申请飞行计划,但须向综合监管平台实时报送动态信息。

(2)使用无人机执行反恐维稳、抢险救灾、医疗救护或者其他紧急任务的,可以提出临时飞行计划申请。临时飞行计划申请最迟应当于起飞30分钟前提出,飞行管制部门应当在起飞15 min前批复。

(3)国家无人机在飞行安全高度以下遂行作战战备、反恐维稳、抢险救灾等飞行任务,可适当从事无人机飞行活动的单位或者个人实施飞行前,应当向当地飞行管制部门提出飞行计划申请,经批准后方可实施。

五、可飞空域内的飞行计划申请

2017年4月,国家空管委出台《无人驾驶航空器专项整治方案》明确要求,各省市地区应为无人机爱好者划定可飞空域,各地正在加紧部署中。2017年7月陕西省率先发布《关于加强无人驾驶航空器飞行管控的公告》,公布了陕西10个城市无人驾驶航空器可飞空域划设范围,其使用期限是2017年7月1日至2018年7月1日,到期后根据空域环境、地面设施、用户需求等因素变化进行优化调整。个人无人驾驶航空器拥有者可在划定的可飞空域内合法飞行,无须申报飞行计划。

第五节　飞行的组织与实施

无人机作为一个空中平台,根据任务和工作需要,挂载不同的任务载荷,以完成不同的任务来满足工作需要。一般来说,无人机的任务载荷大多需要安装在各种平台上面以实现在水平和竖直方向进行转动,以达到充分发挥任务载荷功能的目的。一个飞机系统在最初设计时就要考虑所承担的特定任务,设计者需要决定采用最适合完成所赋予任务的飞机类型。

运营商接到生产任务后,如何操作与实施,是完成生产任务的核心。无人机飞行作业的操作与实施,一般包括飞行前的准备工作、作业中的工作和作业后的工作。

一、飞行前的准备工作

在组织飞行前,需要进行大量的准备工作。准备工作做得好,是保证飞行任务完成的前提。准备工作具体包括下述几项。

（一）飞行任务的确定

飞行任务，一般由运营公司生产管理部门来确定。无人机运营公司在确定任务之前，生产管理部门要召集有关部门开会，共同研究本次飞行属于何种性质的任务，与以往飞行有哪些特点和不同，在飞行过程中有哪些技术要求，飞行的地区属于哪个飞行管制单位所管辖的区域，飞行区域地形地貌有哪些特点，作业区的起降点在哪里，是否具有飞行条件，离作业区多远，此次飞行飞机的状态如何，当地的气象条件如何，哪个飞行队具有完成此次任务的能力，以及各种保障措施等。这些都要统筹安排，全盘考虑。飞行部门要根据生产任务安排好机组和飞行人员和有关空域，机务维修部门要准备好飞机。在安排通用航空任务时要留有余地，如对此次任务的地形、空域环境的确认等，确定可以保证飞行安全时，方可承担任务，签订合同。

（1）在安排作业飞行时，应尽量做到有两套计划：天气稳定时，在复杂地区或较远地区作业；天气不够稳定时，在简单地区或近距离地区作业。根据作业区距离、地形和天气特点，研究确定飞行计划和作业飞行方法。

（2）作业飞行的开始和结束飞行的时间应根据任务性质、作业地区地形确定。

（二）作业起降点的准备

作业起降点是指为某一特定目的、任务需要在短期内使用且符合有关修建规范的临时起降点。作业起降点的选址应本着安全、方便且不影响其他机场和航线飞行的原则，并应不影响附近公众的生产和生活，同时对环境无害。作业起降点宜选在开阔、无障碍物（或少障碍物）的平坦地带，同时还要避开行人行车的道路、山洪行洪道及架空的线路等。

（三）申报飞行计划

在开始飞行之前，驾驶员应当：

（1）了解任务执行区域限制的气象条件；

（2）确定运行场地满足无人机使用说明书所规定的条件；

（3）检查无人机各组件情况、燃油或电池储备、通信链路信号等满足运行要求。对于无人机云系统的用户，应确认系统是否接入无人机云。

（4）制定出现紧急情况的处置预案，预案中应包括紧急备降地点等内容。

（5）实施飞行前，按照批准权限向当地飞行管制部门提出飞行计划申请。

（6）无人机飞行计划获得批准后，应当在无人机起飞 1 h 前向飞行管制部门报告计划开飞时刻和简要准备情况，经放飞许可方可飞行。

（四）飞机准备

为了使无人机在操作飞行的过程中，安全、高效、稳定的飞行，通过个个细节的把控，做到各项检查指标参数处于正常值或者正常值以上，方可起飞。

二、飞行中的工作

作业飞行任务的环境与条件大多数是比较复杂的，驾驶员对地形地物往往不了解。作业的种类和科目也随用户的不同而不同。

（一）作业前的工作

机组到达作业起降点后，应进行下列工作：

1. 飞行环境检查

（1）了解航路、作业区有无靶场、射击和爆炸作业场所、附近的地形和障碍物等空域情况；

（2）熟悉飞行环境，选择空旷开阔的飞行场地，远离建筑物及人群，并确认是否存在不安全因素，如高压线、汽车、人群、动物等；

（3）准备好救援工具，如手机、对讲机等；

（4）请勿疲劳、酒后或精神不佳时操控飞机，起飞前，请勿饮用含有酒精成分的饮料或口服药剂，以免发生意外。在安全起飞重量下飞行，切勿过载运行机器，以免发生危险。

2. 飞行前的飞机检查

飞行前调试流程必须做到位，不得忽略调试流程的任何一个细节，在操作无人机飞行前应对无人机的各个部件做相应的检查，无人机的任何一个小问题都有可能导致在飞行过程中出现事故或损坏。因此在飞行前应该做充足的检查，防止意外发生。

（1）外观机械部分。

1）上电前应先检查机械部分相关零部件的外观，检查螺旋桨是否完好，表面是否有污渍和裂纹等（如有损坏应更换新螺旋桨，以防止在飞行中飞机震动太大导致意外）。检查螺旋桨旋向是否正确，安装是否紧固，用手转动螺旋桨查看旋转是否有干涉等。

2）检查电机安装是否紧固，有无松动等现象（如发现电机安装不紧固应停止飞行，使用相应工具将电机安装固定好），用手转动电机查看电机旋转是否有卡涩现象，电机线圈内部是否干净，电机轴有无明显的弯曲。

3）检查机架是否牢固，螺丝有无松动现象。

4）检查载荷固定座是否安装牢固。

5）检查飞行器电池安装是否正确，电池电量是否充足。

6）检查飞行器的重心位置是否正确。

（2）上电后的检查。

1）上电后，地面站与飞机进行配对，点击地面站设置里的配对前，先插电源负极，点击配对插上正极，地面站显示配对即可。

2）电池接插方法，要注意是串联电路还是并联电路，以免差错，导致电池烧坏或者是飞控烧坏。

3）配对成功以后，先不装桨叶，解锁轻微推动油门，观察各个电机是否旋转正常。

4）检查电调指示音是否正确，LED 指示灯闪烁是否正常。

5）检查各电子设备有无异常情况（如异常震动、异常声音、异常发热等）。

6）确保电机运转正常后，可进行磁罗盘的校准，点击地面站上的磁罗盘校准，校准方法见飞机使用教程。

7）打开地面站，检查手柄设置是否为美国手[①]，检查超声波是否禁用，飞机的参数设置是否符合要求。

---

① 遥控器的设置习惯：
a）日本手（右手油门）：左手控制升降和方向舵，右手控制油门和副翼；
b）美国手（左手油门）：左手控制油门和方向舵，右手控制升降和副翼。
有的遥控器出厂时的默认操控模式为美国手，比如大疆的精灵系列。

8)测试飞行,以及航线的试飞,观察飞机在走航线的过程中是否需要对规划好的航线进行修改。

9)试飞过程中,务必提前观察飞机运行灯的状态,以及地面站所显示的 GPS 星数,及时做出预判。

10)根据当天天气情况和风速,通电让 GPS 适应当前气象情况,以便飞机在作业时适应天气完美飞行。

11)飞行前请仔细检查设备是否正常,螺旋桨是否有损坏、老化,电池及其他部件是否需要更换或维修,是否存在同频干扰现象。

12)在无桨状态下试运转多旋翼飞行器,检查遥控设备和电机是否工作正常,一切正常后再安装螺旋桨,以免造成安全事故。

13)飞行前,请始终把遥控器油门杆保持在最低点。

14)飞行前,请确保飞行器的电池、遥控器及其他设备电量充足,切勿在低电量状态下起飞。

15)请在取得良好的 GPS 信号后再起飞,如遇紧急情况,请切换安全模式,进行自动返航/失控返航/一键返航/自动降落。

(二)飞行中的工作

在飞行作业中,机组(驾驶员、机长和安全员)应注意以下事项。

(1)起飞后,必须一直关注飞机的飞行状态,实时掌握飞机的飞行数据,确保飞行时飞行各项数据指标完好。飞行过程中,双手不要离开遥控器,时刻保持对飞机的控制。确保飞机始终在视线范围内飞行,切勿在大树、建筑物等障碍物的背面飞行,在离地 300 m 以下的安全高度内飞行。

(2)飞手必须时刻关注飞行器的姿态、飞行时间、飞行器位置等重要信息。远距离飞行时,通过对讲机要求安全员实时汇报飞机的实时状态。若进行超视距飞行,必须密切监视地面站中显示的飞行器姿态,高度、速度、电池电压、GPS 卫星数量等重要信息。

(3)远离运转中的机器,切勿用身体接触旋转中的电机或螺旋桨,更不要用手抓取。飞行时切勿穿宽松衣服,以免与遥控器或螺旋桨发生牵扯造成意外。

(4)远离潮湿环境,切勿在大风天气或雨天飞行,否则将造成电子设备故障,从而发生危险。远离热源,以免造成电子设备或其他部件的损坏。

(5)初学阶段请不要独自飞行,建议飞行前先向有经验的飞行员获取帮助或在专业人员指导下飞行。演示作业如有客户或围观群众,必须要求他们距离飞机达 10~15 m,不得靠近,如有靠近,飞机不得起飞,保证安全。

(6)必须确保飞行器有足够的电量能够安全返航。若飞行器发生较大故障不可避免发生坠机可能时,要首先必须确保人员安全。

(7)作业飞行中,密切注意天气变化,当出现危险天气或在超低空飞行有下降气流时,应立即停止作业。

(8)多架以上无人机在同一地区作业飞行时,如果作业区邻近,必须制定安全措施,及时通报情况,正确调配间隔。注意遥控器的同频干扰等。

(9)作业飞行必须严格按照飞行计划实施。

安全飞行指南歌谣如图 7-1 所示。

安全飞行指南

一查当地限飞区,限飞区域要远离
二查飞行区域内,远离人群与建筑
三查桨叶和机身,外观完好无裂痕
四查电池和遥控,电量充足是前提
五查摇杆的模式,美手日手需确认
六查无人机信号,GPS罗盘必须要
七查返航高度数,高于所有障碍物
八查飞行的区域,铁塔电线要远离
九查飞行的距离,视距飞行要保持
十查降落关电源,先关飞机后关控

图 7-1 安全飞行指南歌谣

(三)飞行保障

根据《通用航空飞行管制条例》,从事通用航空(无人机)飞行活动的单位、个人组织各类飞行活动,应当制定安全保障措施,严格按照批准的飞行计划组织实施,并按照要求报告飞行动态。

在作业起降点飞行的组织指挥,通常由从事通用航空飞行活动的单位、个人负责。从事通用航空飞行活动的民用航空器能否起飞、着陆和飞行,由机长(飞行员)根据适航标准和气象条件等最终确定,并对此决定负责。

从事通用航空飞行活动的单位、个人,应当与有关飞行管制部门建立可靠的通信联络。在临时飞行空域内进行通用航空飞行活动,通常由从事通用航空飞行活动的单位、个人负责组织实施,并对其安全负责。飞行中实时掌握无人机飞行动态,保持与飞行管制部门通信联络通畅。

(四)飞行中特殊情况处置

飞行中的特殊情况,是指突然发生的危及飞行安全的情况。对飞行中特殊情况的处置,应当根据情况的性质、飞行条件和可供进行处置的时间来确定。

与有人飞机一样,无人机在空中飞行过程中也存在特殊情况,除无人机本身安全外,也危及其他空中的航空器和地面的人员及财产安全。与无人机飞行有关的单位、个人负有保证飞行安全的责任,应当遵守有关规章制度,积极采取预防事故措施,保证飞行安全。

从世界范围看,无人机种类繁多。对于小型无人机,大多数机载设备简单,飞行速度慢,数量多,其发生空中特情相对复杂。为简化空中特情分析,以下讨论对象为大型以上无人机。一般来说,对于大型以上的无人机,机载 GPS(或其他卫星定位系统,如北斗卫星系统)是标准设备,而其反射面积足以使雷达产生有效回波。

1. 无人机指挥控制通信失效

无人机依赖卫星通信系统与地面操控人员的链接进行指挥控制,相较有人机,无人机的通信指挥问题更为复杂。在技术上,它需要解决空管和无人机用户之间对无人机控制权的可靠交接问题与空管和无人机可靠数据通信的问题。而卫星通信、特别是卫星通信上行链路,易受噪声干扰和实体攻击。而地面控制器故障时,也将使该无人机处失控状态。

(1)当判断为无人机通信失效时,地面操控人员应及时将通信失效故障情况报告至管制单位。管制单位借助于雷达等手段继续监控该无人机的飞行情况,并调配有关航空器进行避让。无人机在通信失效时,触发备用自主飞行控制程序,将提前结束任务返航着陆。

(2)当判断为地面控制器故障时,管制员应立即指示无人机操控人员打开备份地面控制器,与该无人机再次建立联络,以实施指挥。在重新建立正常通信后,应将情况报告管制员,管制员再将情况通报有关管制部门和相邻单位。

(3)对于既看不到雷达回波又中断联络的无人机,管制员应记录下该无人机的最后出现或报告的位置及飞行方向,通报其他有雷达的管制部门协助寻找,通报应急指挥室做好搜寻救援准备。

对于安装有二次雷达应答系统的无人机,假定在设计之初已设定:在与地面控制站失去联系持续时间超过一定时间门限值时,会触发通信失效7600特情代码。管制员在雷达屏幕上发现7600二次代码时,当证实该无人机的通信失效时,应密切观察该无人机二次雷达信息的变化,并指挥其他航空器避让,直至确信该无人机已经着陆或飞出本管制区域。

2.卫星定位系统或二次雷达应答系统失效

现代有人飞机都依赖GPS提供的位置、导航、时间(PNT)信息完成导航、精确制导、通信和探测同步等一系列任务。与有人驾驶飞机相比,无人机的不足主要体现在更依赖于GPS和通信链路。如果没有GPS位置信息,GPS系统无法获取无人机的三维信息,其发送的数据也将是错误的。一般来说,此时的应对措施包括在起飞前装定位置信息,当GPS信号消失时启动备用控制程序等。

而航空管制的处置程序是,管制部门对空广播该无人机的雷达系统失效,管制员应认为任何一个不明的雷达回波都可能是GPS失效的无人机,并指挥所有其他航空器避让,向地面操控人员建议该无人机尽可能保持目视间隔飞行。根据进程单的记录及雷达显示器的最后印象,指示地面操控人员控制该无人机上升或下降,以建立垂直间隔,紧急情况下可使用半数高度层。视情指示地面操控人员指挥该无人机恢复自主飞行或尽快着陆。

3.被黑客或恐怖分子劫持

由于无人机的控制主要依靠空地数据通信链路,而通信链路不可能做到完全可靠,一旦黑客或恐怖分子对通信链路进行干扰,甚至无人机将会不幸遭劫持。

当管制员接到地面操控人员报告无人机被劫持时,立即向管制部门和空防部门报告,并尽可能核实和了解无人机被劫持的情况(机型、机载剩余油量、劫持者的企图等),并将了解的情况及时向相关部门报告,迅速指挥其他航空器进行避让。利用雷达等地面监控设备严密监视该无人机的飞行动态。根据劫持者的企图和无人机目的地,分析其可能带来的危害性,及时向空防部门建议是否采用某种防空手段予以击落。同时通知相关部门做好应急救援准备工作。

对于安装有二次雷达应答系统的中大型无人机,地面操控人员在确认无人机被劫持时,应立即将无人机的应答机编码设定为A7500。而管制员在雷达屏幕上发现A7500时,应及时向地面操控人员求证,当证实无人机被劫持时,按照上述处置程序进行处置。

4.空中失火、漏油

管制员接到地面操控人员报告无人机某部位温度异常或失火时,应了解地面操控人员对该无人机所采取的措施以及发生爆炸的可能性,立即调配其他航空器进行避让,并指示地面操控人员允许该无人机下降至最低安全高度,利用雷达严密监视该无人机的飞行动态。做好该无人机可能爆炸的最坏打算,指示该无人机紧急迫降,并尽量避开人口密集区,减少人员财产损失,通知相关部门做好应急救援准备工作。

当发生漏油的空中特情时,可参照空中失火情况进行处置。

5. 迷航、偏航、误入其他飞行空域

当管制员经过多方查证,确认迷航、偏航或误入本管制区域的航空器为无人机时,及时组织其他航空器避让,利用雷达等手段密切监控其飞行动态,分析其可能带来的危害性。可能的情况有以下两种:

(1)该无人机已超出其地面控制系统的控制距离,无人机处于自主飞行控制状态。该无人机所属单位地面操控人员应尽快携带地面控制系统进入能够继续与无人机建立通信链接的区域,使之重新接收控制指令。

(2)若该无人机已不受地面操控人员的指挥,在分析和预测其带来的危害性,视情建议空防部门利用某种防空手段予以击落。

若无人机发生迷航、偏航、误入其他飞行空域的情况是由地面操控人员责任心不够或者业务能力不够造成的,则应向相关部门进行通报,根据造成的损失,使之接受相应的处罚。

6. 其他特情

管制员当接到地面操控人员报告无人机防相撞传感器故障、气动控制故障、恶劣气候、地形超过飞控的恢复能力,或者燃油不足、机械故障等特殊情况时,始终按照"发现即剥离"的原则,及时疏散在空航空器,调配其他航空器进行避让,利用雷达等手段密切监视其飞行动态。在无人机可以继续指挥控制的情况下,指示地面操控人员控制该无人机紧急迫降和着陆。在无人机已失去控制的情况下,分析其可能带来的危害性或破坏性,采取尽量减少人员和财产损失的措施予以处置。

无人机飞行发生特殊情况,组织该次飞行活动的单位或者个人作为飞行安全的责任主体,有权做出及时正确处置,并遵从军民航空管部门指令。组织民用无人机飞行的单位或者个人,应当在降落后 24 h 内向民用航空管理机构提交书面报告。

(五)飞行降落后

(1)飞行器飞行结束降落后,必须确保遥控器已加锁,然后切断飞机电源。

(2)飞行完后检查电池电量,飞行器外观检查,机载设备检查。

(3)作业完成后整理设备。

(4)及时向当地飞行管制部门报告飞行实施情况。

三、飞行后的工作

无人机作业完成后,还要对无人机作业的质量进行检验,看是否达到了无人机作业质量的要求。无人机作业的质量检查主要包括两方面的内容:①看作业区域是否达到了作业要求;②看对其他不需要作业的区域是否产生了危害。对没有达到质量要求的作业还要进行重新飞行,对产生危害的作业还要进行赔偿。飞行任务完成后,还要与生产单位的人员办好交接手续,清理好所带的物资和设备。

第六节　几种常用行业作业环境选择

一、植保无人机作业环境选择

在农林业植保技术越来越趋近于人工智能化的今天,植保无人机应运而生。植保无人机被广泛应用在飞防服务、喷药服务等农林业传统服务上。一般农林作业环境较为复杂,植保无人机系统在研发之初也考虑了众多环境的因素,大可适应许多的作业环境,但为保证其作业效率和使用寿命,植保无人机作业环境的选择也尤为重要。植保无人机作业环境的选择要点:

(一)天气因素

植保无人机在作业的过程中天气是我们需要考虑的第一要素,因为恶劣的天气环境会影响植保无人机的飞行及作业效果。雨天飞行一定要注意,风力大于4级的天气要暂缓作业,风力大于6级的天气一定要严禁作业,不然很可能会出现一些安全事故。

(二)地理因素

地理环境也是植保无人机作业过程需要考虑到的,在作业的过程中要满足以下地理因素。
(1)田块周界10 m范围内无人员居住的房舍。
(2)田块周界10 m范围内无防护林、高压线塔、电杆等障碍物。
(3)田块中间无影响飞行安全的障碍物或影响飞行视线的障碍物。
(4)田块周界或田块中间有合适飞机的起落点。
(5)高度应低于操作人员的视线,操作人员能够观察到飞机飞行姿态。
(6)田块应有适合操控人员行走的道路。

(三)围观人员

农民对农用植保无人机比较好奇,每到一个地方打药总会引起围观,其实这是特别危险的现象,不管是起飞还是降落都会对飞手产生很大的影响和压力,如果农用植保无人机失控就会很容易伤人,所以在打药的时候田地周围20 m之内禁止入内,以确保良好的喷洒环境。

了解植保无人机的使用环境,正确进行选择,防止因使用不当导致系统无法正常工作,能给你带来不必要的经济损失。

二、航拍作业环境选择

一般来说,稍微智能一些的无人机,在通电启动都会进行GPS或WiFi环境自检,只要在安全的环境下,在APP相机界面正上方的飞行状态指示灯为"可安全飞行"状态时,飞行都是安全的。

(一)飞行环境要求

(1)恶劣天气下请勿飞行,如大风(风速五级及以上)、下雪、下雨和有雾天气等。
(2)选择开阔、周围无高大建筑物的场所作为飞行场地。大量使用钢筋的建筑物会影响指南针工作,而且会遮挡GPS信号,导致飞行器定位效果变差甚至无法定位。
(3)飞行时,请保持在视线内控制,远离障碍物、人群、水面等。
(4)请勿在有高压线、通信基站或发射塔等区域飞行,以免遥控器受到干扰。
(5)在海拔6 000 m以上飞行,由于环境因素导致飞行器电池及动力系统性能下降,飞行性能将会受到影响,请谨慎飞行。

（6）在南北极圈内飞行器无法使用P模式飞行,可以使用A模式与视觉定位系统飞行。

（二）飞行限制以及特殊区域限飞

根据国际民航组织和各国空管对空域管制的规定以及对无人机的管理规定,无人机必须在规定的空域中飞行。出于飞行安全考虑,正规的大厂商生产的无人机都默认开启飞行限制功能,包括高度和距离限制以及特殊区域飞行限制,以帮助用户更加安全合法地使用。

在可安全飞行状态下,特殊区域飞行限制与高度和距离限制共同影响飞行,飞行器可飞行的空域为所有限制空域的交集。飞行器在可半安全飞行状态下,仅受高度限制。

三、禁飞区域

此处"禁飞区域"不是专用名词"禁飞区",是指国家部委或地方政府发布的政府令,为确保安全,在某些区域内永久或临时禁止未经批准的飞行器飞入的区域。很多人将此意义上禁飞区域,简称禁飞区(详见第二章),如前所说,严格意义上来说是不准确的。禁飞区域是会变化的,有永久禁飞区域和临时禁飞区域,有些禁飞区域会有明确的文件下来,有些则没有,驾驶员可以参照下面禁飞区域,飞前先咨询当地管理部门或者网上查找资料。无论在哪里飞行都要遵守当地的法律法规。

（1）所有政府机构上空。

（2）所有军事单位(军事管理区)上空,如当地的军分区、武警、武装部等。

（3）带有战略地位的设施,如三峡大坝是极具战略防卫的重点单位,还有一些大型水库、水电站、核电站等,如果有军事单位驻守,必须要远离。特别是大坝附近。

（4）政府执法现场,比如游行示威、上访等大型群体事件。

（5）政府组织的大型群众性活动,如运动会、露天联欢晚会、演唱会等,警方会进行治安监控、无线检测,甚至也有无人机巡逻,如果你也去飞的话,会对信号造成干扰,引起骚动围观,严重时还可能炸机伤人。

（6）监狱、看守所、拘留所、戒毒所等监管场所上空。

（7）火车站、汽车站广场等人流密集地方,那是反恐敏感地带。

（8）危险物品工厂、仓库等,如炼油厂。

（9）民航机场、通航机场、通航临时起降点等有人飞机机场附近。

思　考　题

1.申请人提供的飞行申请文件中包含哪些内容?

2.实施通用航空经营许可管理须遵循哪些基本原则?

3.企业若需要取得通用航空经营许可,应当具备哪些基本条件?

4.要取得无人机经营许可,应当具备的基本条件有哪些?

5.申请人在线申请无人机经营许可时须在线填报哪些信息?

6.无人机飞行计划申请应包含哪些内容?

7.简述无人机在飞行作业前、飞行作业中及飞行作业后分别需要完成的工作。

8.简述植保无人机作业环境的选择要点。

9.简述无人机航拍作业飞行环境要求。

第八章　无人机航空保险

航空保险在分担航空风险发挥了很大的作用,目前已是一个较为成熟和人们习以为常的险种了。本章主要讲述无人机航空保险的有关内涵与外延。

教学要求

(1)了解保险、航空保险及无人机保险;

(2)了解航空保险的险种与实施;

(3)了解无人机对地面第三人损害的赔偿责任;

(4)了解我国民用航空法有关保险的规定。

内容框架

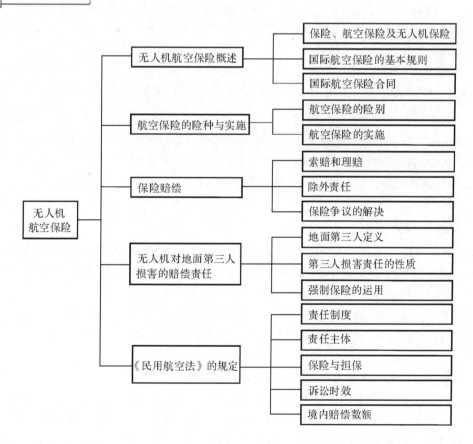

航空保险在分担航空风险发挥了很大的作用,目前已是一个较为成熟和人们习以为常的险种了。在过去的一两年中,市场对于无人机的需求产生了爆发式的增长,无人机厂商们也纷纷推陈出新。因此,对于无人机的操控和产品质量要求更高,否则稍有不慎就可能会发生炸机的情况,轻则损伤设备,重则可能伤及人身或财产安全,所以无人机航空保险也开始变得热门起来。

第一节　无人机航空保险概述

一、保险、航空保险及无人机保险

(一)保险

人类社会从开始就面临着自然灾害和意外事故的侵扰,在与大自然抗争的过程中,人们就萌生了对付灾害事故的保险思想和保险方法。保险本意是稳妥可靠保障;后延伸成一种保障机制,是用来规划人生财务的一种工具,是市场经济条件下风险管理的基本手段,是金融体系和社会保障体系的重要的支柱。保险,是指投保人根据合同约定,向保险人支付保险费,保险人对于合同约定的可能发生的事故因其发生所造成的财产损失承担赔偿保险金责任,或者被保险人死亡、伤残、疾病或者达到合同约定的年龄、期限等条件时承担给付保险金责任的商业保险行为。从经济角度看,保险是分摊意外事故损失的一种财务安排;从法律角度看,保险是一种合同行为,是一方同意补偿另一方损失的一种合同安排;从社会角度看,保险是社会经济保障制度的重要组成部分,是社会生产和社会生活"精巧的稳定器";从风险管理角度看,保险是风险管理的一种方法。简而言之,保险是责任的转移。对其他人造成伤害的责任的数额,可能远远超过一般人或一家公司单独能够承担的能力,因此就需要进行责任的转移。

(二)航空保险

航空保险是以与航空有关的物质财富及其有关利益为保险标的的各种保险的总称,包括:对航空器制造、航空器所有权、航空器运行及维修可能产生的风险予以保险、对地面航行设施(机场建筑物及其设备、导航设备等)予以保险以及对使用航空器进行经营活动可能产生的风险予以保险,等等。

(三)无人机保险

无人机保险是伴随着无人机的发展和变化孕育而生,源于航空险但有着自己的独特属性。随着无人机与IT的不断融合,无人机保险不仅仅承保机身本体的硬件部分,还可能包含数据安全、个人隐私等新兴风险。

由于无人机体系中的机型众多,包括多旋翼、固定翼、直升机,动力方式包括电动和油动,飞机的重量、飞行高度、飞行用途差异很大,风险特性不同。根据产品特性的不同,大致分为以下几种:

1.电动微小型无人机的电子消费品属性

机身重量在7 kg以下的供个人娱乐的电动微小型无人机被归类为消费电子的行列,他的特点是机身价值低、数量众多,因此坠机造成的损失极低,加之电子消费品更新换代快,平均的产品换代寿命周期在一年左右,无人机本身的损失需求有限。由于重量有限,飞行高度受限制,坠机造成的第三者损失有限。但由于数量巨大,若疏于管理也可能引起严重的安全事故,例如 2017 年 1 月的杭州萧山事件,一名个人飞行爱好者,使用消费级无人机在杭州萧山机场近距离拍摄飞机下降的过程,可以说命悬一线,给航空安全带来了巨大的影响。此外由于无人机受遥控控制,起飞后若发生失控,若在人员密集场所,很容易造成他人身体伤害。2017 年 5 月,杭州西湖就发生了无人机起飞 3 min 后失控,割伤游客左眼球的事件,因为这起意外伤人事件,浙江杭州西湖景区永久禁飞无人机。此类无人机的重点关注风险应该是第三者责任风险。

2.超低空作业无人机的生产工具属性

无人机的飞行能力和操作的便利性,作为飞行平台搭载特定传感器和工具时,可以在国民基础产业发挥巨大的作用,重塑生产力,带来效率和效益的双赢提升。例如无人机在农林业、能源行业的应用。自 2016 年开始农业植保在中华大地上全面铺开,虽然实际应用层面仍然有众多问题,但是随着科技的进步,无人机一定会成为农林业的好帮手。在电力、石油天然气行业,我们也看到了其具备一定规模的应用,在国家电网、南方电网的线路巡检中,无人机正在发挥着越来越重要的作用。在中石油、新奥能源我们也看到了无人机在油田勘测和线路巡检中的勇敢尝试。这类无人机作为生产工具需要经受严苛环境和高频作业的双重考验,科技的发展解决无人机的技术难题,科学的管理手段解决无人机的运营风险,保险作为财务工具解决事故后的经济赔偿问题。此类生产工具,往往价值不菲。

3.超视距飞行的无人机系统的航空器属性

而超视距飞行需要地面站操控的固定翼飞机属性则更类似于传统的航空器。机身价值高、搭载设备精密,操作人员受到系统培训管理,有很强的风险意识和安全运营理念,这一类无人机属于高风险的特殊风险领域。

众所周知,无人机被用以工业检测、航拍、边境巡逻、紧急运送、农作物调查或仅仅作为娱乐,它为各行各业解决问题。但是,当越来越多的无人机在天空飞翔时,一系列的安全隐患也随之而生,例如碰撞、网络袭击,甚至是恐怖行为。为保障无人机飞行的安全,避免或减少风险事故带来的人身和财产损失,无人机航空保险业必然会随着无人机行业的发展逐步扩展。无人机航空保险业必定会在国际上形成统一的规范,且险种不断增多,业务范围不断扩大。中国的无人机航空保险市场将十分活跃,在世界保险业中具有不容忽视的重要地位。

二、国际航空保险的基本原则

国际航空保险的基本原则是保险正常运行必须遵循的基本规律,违反这些规律保险就不能正常发挥作用。

1.保险利益原则

保险利益的含义是投保人对保险标的所具有的法律上承认的利益,体现了投保人或被保险人与保险标的之间存在的利害关系。保险利益可以表现为现有利益、期待利益或责任利益。保险利益保险交易产生的前提和依据,没有保险利益就没有交易的基础。保险利益立法上首见于英国《1774 年人寿保险法》,《中华人民共和国保险法》(以下简称《保险法》)第 11 条规定:"投保人(或者被保险人)对保险标的应当具有保险利益,投保人(或者被保险人)对保险标的不具有保险利益的,保险合同无效。保险利益是指投保人(或者被保险人)对保险标的具有法律上承认的利益"。此原则可以使被保险人无法通过不具有保险利益的保险合同获得额外利益,以避免将保险合同变为赌博合同。

2.最大诚实信用原则

最大诚信的含义是指当事人真诚地向对方充分而准确地告知有关保险的所有重要事实，不允许存在任何虚伪、欺瞒、隐瞒行为。同时，不仅在保险合同订立时要遵守此项原则，在整个合同有效期内和履行合同过程中也要求当事人间具有"最大诚信"。

最大诚实信用原则的含义可表述为：保险合同当事人以诚实守信为基础订立和履行保险合同，依法向对方提供足以影响对方做出订约与履约决定的全部实质性重要事实，同时绝对信守合同订立的约定与承诺。否则，受到损害的一方，按民事立法规定可以此为由宣布合同无效，或解除合同，或不履行合同约定的义务或责任，甚至对因此受到的损害还可以要求对方予以赔偿。

3.损失补偿原则

损失补偿原则指当被保险人因保险事故而遭受损失时，其从保险人处所能获得的赔偿只能以其实际损失为限。因为保险的目的是补偿，并不能通过保险得利。其具体内容如下：

(1)保险赔偿金额应当公平合理，充分补偿，协商一致。

(2)保险金额是计算赔偿数额的依据，一般不允许超值保险。

(3)防止道德危险的发生。

(4)保险人的赔偿责任依法律和保险合同予以限制。

损失补偿原则主要适用于财产保险以及其他补偿性保险合同。

4.近因原则

保险关系上的近因不是指在时间上或空间上与损失最接近的原因，而是指造成损失的最直接、最有效的起主导作用的原因。而近因原则是指危险事故的发生与损失结果的形成，须有直接的后果关系，保险人才对发生的损失有补偿责任。近因原则是保险法的基本原则之一。

三、国际航空保险合同

保险合同是保险中投保人与保险公司约定权利义务关系的契约。保险合同是保险法中的重点内容。依照保险合同，投保人承担向保险人交纳保险费的义务，保险人对保险标的可能遭受的危险承担提供保障的义务。在保险事故发生后，保险人根据合同约定的范围向被保险人或受益人为保险给付，或者在合同约定期限届满时向投保人或受益人给付保险金。

(一)保险合同的特点

保险合同具有以下6个重要特点：

(1)保险合同是有偿合同。投保人要取得保险的风险保障，必须支付相应的代价及保险费。

(2)保险合同是保障合同。保险合同双方当事人一经达成协议，保险合同从生效到终止，投保人的经济利益受到保险人的保障。

(3)保险合同是最大诚信合同。这个原则在保险法中应用非常广泛，任何合同的订立都应以合同当事人的诚信为基础。

(4)保险合同是附和合同。保险合同内容一般不是当事人双方共同协商拟定的，而是由保险人事先拟定好格式条款供投保人选择，投保人只能做接受或拒绝的选择，无权拟定合同的条文。

(5)保险合同是射幸合同。射幸就是碰运气的意思,射幸合同是合同的效果在订立时不能确定的合同。投保人和保险人任何一方并不一定会履行给付义务,而只是有合同中约定的事件发生或合同中约定的条件具备时才履行。

(6)保险合同是诺成性合同。合同成立后,即使投保人尚未交纳保险费,保险责任范围内的事故发生了,保险人也应承担责任,即保险合同的生效,保险人保险责任的承担与投保人是否已经缴纳保费没有关系,但是如果合同有专门约定的,从其约定。

(二)保险合同的主体

保险合同的主体与保险合同的当事人不是一个概念。前者是指保险合同的参加者,是在保险合同中享有权利并承担相应义务的人,包括当事人和关系人。

1.保险合同的当事人

保险合同的当事人是指订立合同的双方,包括保险人和投保人。

2.保险合同的关系人

保险合同的关系人主要是指被保险人和受益人。

(1)被保险人。被保险人必须是在保险事故发生时其财产或生命、身体直接受到损害的人;被保险人享有保险金请求权。

(2)受益人。受益人是投保人所指定的享有保险金领受权的人,一般是人身保险范畴的特定关系人;受益人享有对保险金的请求权。

第二节　航空保险的险种与实施

一、航空保险的险种

航空保险法是指以航空保险关系为调整对象的法律规范的总称。各国航空保险的相关规定分散于保险法之中,国际上没有统一的狭义上的国际航空保险法。航空保险主要包括以下几种险种。

(一)航空器机身险

1.定义

航空器机身保险指以航空器的机身及其附件作为保险标的的险种。由于意外事故,航空器及其附件损坏、失踪以及航空器发生碰撞、坠毁、爆炸、失火等而造成的航空器及其附件的损失或损坏,保险人负赔偿责任,赔偿的金额中还应包括因意外引起的航空器拆卸、重装、运输的费用和清除残骸的费用。保险金额由被保险人自行确定,保险期限为一年定期保险。

机身险分为两种:①国际航线机身险,这种机身险需用外币投保,且用外币投保的机队,中国人民保险公司还将其拿到伦敦国际保险市场上进行分保险。②国内航线机身险,这种机身险用人民币投保即可。

2.机身险的除外责任

机身险的除外责任,即不属于赔偿范围的情况,主要有以下几种情况:

(1)因战争、敌对行为或武装冲突,投保航空器被劫持或被第三者破坏,飞机战争、劫持险条款规定的承保和除外责任。

(2)航空器不符合适航条件而飞行。

(3)被保险人的故意行为。

(4)航空器任何部件的自然磨损、制造及机械本身缺陷(但因此对航空器造成的损失和损坏,本保险仍予以负责)以及噪声污染、放射性沾染造成的损失。

但有时航空企业又确实需要就某些除外责任的事故进行保险,这时可采取机身附加险的形式获得赔偿。

3.附加险种分类

(1)机身战争险。机身战争险主要用于赔偿由于战争、劫持、敌对行为、武装冲突、罢工、民变、暴动、航空器被扣留以及没收或第三者恶意破坏所造成的损失。保险人不单独承保该险种,所以,被保险人必须首先或同时投保机身险。其除外责任是:发生原子弹、氢弹袭击或其他核武器爆炸。

(2)责任战争险。由于机身战争险的责任范围引起被保险人对第三者或旅客应负法律责任的费用由保险人负责赔偿,其他内容与机身战争险同。

(3)免赔额险(也叫免赔率)。航空器保险一般都规定免赔额,保险人只负责超过免赔额部分的损失赔偿,当损失在免赔额之内时,被保险人不得向保险人索赔。免赔额险通常以机型来决定免赔额,然后另行交纳保险费投保。这种针对免赔额部分的保险是被用来降低被保险人对免赔额部分的风险。

(二)责任险

责任险(承运人法定责任险)是指承运人与保险公司之间,通过签订保险合同,由保险公司负责对航空承运人对在运输过程中发生的旅客人身伤亡、行李物品及货物的损坏灭失应当承担的法定赔偿责任进行赔偿的一种强制性险种。根据承保内容的不同,可分为旅客责任险和行李货物责任险。

1.旅客责任险

旅客在乘坐或上下航空器时发生意外,造成旅客的人身伤亡及其所携带和已经交运的行李、物件的毁灭、损坏、丢失所造成的损失,保险公司应当为承运人承担赔偿责任。无人机的发展趋势也将会是“有人”的,即没有飞行员的“载人”航空器,如广州亿航制造的全球第一款可载客的无人驾驶飞机——“亿航184”载人无人机。

2.行李、货物责任险

航空行李、货物责任保险承保的是航空公司在受托运送货物时可能发生的损害或灭失赔偿责任,该项责任贯穿于从货物交由航空公司承运时开始至到达目的地交付收货人或办妥转运手续时为止的整个运输过程。属于国际航空运输的,赔偿限额大约为每千克20美元;属于国内航空运输的,则每千克80元人民币。

航空运输险负责赔偿下列损失和费用:①被保险人对遭受承保责任内危险的货物采取抢救、防止或减少货损的措施而支付的合理费用,但以不超过该批被救货物的保险金额为限。②被保险货物在运输途中遭受雷电、火灾、爆炸或由于飞机遭受恶劣气候或其他危难事故而被抛弃,或由于飞机遭受碰撞、倾覆、坠落或失踪等意外事故所造成的全部或部分损失。

航空运输险的除外责任包括:①属于发货人责任引起的损失;②被保险人的故意行为或过失所造成的损失;③被保险货物的自然损耗、本质缺陷、特性以及市价跌落、运输延迟引起的损失和费用;④保险责任开始前,被保险货物已存在的品质不良或数量短差造成的损失;⑤航空运输货物战争险条款和货物运输罢工险条款规定的责任范围和除外责任。

航空运输一切险的责任范围：从国外保险市场看,航空运输多为"一切险",承保的风险广泛,除了承担航空运输险的责任外,还负责赔偿被保险货物由于外来原因所致的全部或部分损失。

3.第三者责任险

第三者责任险是民用航空器的经营人向保险公司投保的对因民用航空器事故造成的第三者的人身或财产损失所承担责任的保险。此外,保险公司还承担赔偿航空公司在机场范围内造成的对人身伤亡或财产损失的责任。我国对这一保险做了强制性规定,国际社会也对航空器经营人以此类保险作为责任的担保方式予以充分的认可。

航空器对第三者造成的损失一般可分为以下三类：

(1)航空器在空中或地面造成第三者的人身伤亡及财产损失。

(2)空中碰撞造成其他航空器及人身伤亡和损失。

(3)航空器在地面上造成的任何设备、人员和其他航空器的损失。

(三)战争及劫持险

保险公司不负责下述损失引起的后果损失或费用(间接损失)：战争、劫持、敌对行为、武装冲突、罢工、民变、暴动、航空器被扣留、没收或第三者恶意破坏等造成的损失以及由此引起的被保险人对第三者或者旅客应负的责任。

投保人在投保战争和劫持险时,必须先行或同时投保机身险、第三者责任或旅客法定责任险中的任何一种,所以,战争和劫持险是作为一种特别的附加险承保的。如果发生核战争或核武器爆炸,保险单自动终止,保险公司不承担责任。此外,如果五大国之间发生战争(英、美、法、俄和中),或者航空器飞往高危险地区,保险自动停止或需要提前通知并增加保险费率。

(四)航空人身意外伤害险(简称"航意险")

航空人身意外伤害险是保险公司为航空旅客专门设计的一种针对性很强的商业险种,由个人自行投保,属于自愿性质的航空保险。

航空人身意外伤害险保险期限从被保险乘客踏入保单上载明的航班班机舱门开始到飞抵目的港走出舱门为止(一般在数小时至十几小时之间)。在保险期限内因飞机意外事故遭到人身伤害导致身故或残疾时,由保险公司按照保险条款所载明的保险金额给付身故保险金,或按身体残疾所对应的给付比例给付残疾保险金。在旅客已进入舱门后,由于承运人的原因,飞机延误起飞又让旅客离开飞机,在此期间遭受的伤亡,保险公司也负责。

航空人身意外伤害险对投保人或被保险人无选择要求,凡是购买了航空公司机票的乘客,均可自愿购买一份或多份航空人身意外伤害保险。

(五)其他险

除以上主要险种外,航空保险还包括租机保险、机组人员人身意外伤害保险、机场责任险、空中交通管制员责任险、航空产品责任险、飞行表演责任险等险种。

(六)航空保险的再保险

案例介绍：

1990年10月2日发生在中国广州市白云机场的一起空难事故。当天一架由厦门飞往广州的厦门航空公司波音737客机,起飞后被劫持,在广州上空盘旋一段时间后于白云机场紧急降落。期间飞行员与劫机者搏斗,在跑道降落滑行时冲出跑道,撞在停机坪上的一架中国西南航空公司的波音707客机及一架南方航空公司的波音757客机上,导致128人死亡,52人受伤,两架飞机被毁,一架飞机严重受损。

中国人民财产保险公司承保该3架飞机机身险保额8 000万美元,责任险每架飞机最高责任限额7.5亿美元。每架飞机的机身险、各责任险分别以80%,86%的份额向伦敦保险市场进行再保险,就是这次保险赔偿款的80%和86%将由再保险公司支付,中国人民财产保险公司实际赔偿20%和14%的份额。

航空保险是高价值、高投入、高风险的行业,如果保险公司仅靠自身实力承保飞机机身险、责任险,如发生航空事故,对保险公司的运营会造成很大压力。保险公司为了分散风险,大多向其他保险公司再次投保,称为再保险(也称分保)。原保险公司支付一定的再保险费给再保险保险公司,双方按照再(分)保合同的规定,承担相应的赔偿义务。

通过再保险,同一项保险可以由不同的保险公司通过"水平的"或"垂直的分层"来承保。再保险的定义就是保险人为了减轻自身承担的保险责任而将其不愿意承担或超过自己承保能力的部分保险责任转嫁给其他保险人或保险集团承保的行为。世界各国的保险公司都采用国际再保险的方式把一部分风险在世界范围内的保险同业间进行大面积的平衡。

再保险的方式很多,按责任限制分类,可分为两大类:①比例再保险,按照保险金额作为计算基础的成数式溢额分保;②非比例再保险,按赔款金额作为基础的超额赔款分保。按照安排方式分类有合同再保险、临时再保险,也有介于两者之间的预约再保险等。

现代的保险业已将其专业化的活动归结为"风险安排",定义为保险业认识和控制偶然发生的内在的或环境的危险,这些危险的发生会对个人或企业造成不利的影响。"风险安排"的因素如下:

(1)分析——从中认识到面临的危险;

(2)评估——计算潜在的或预期的损失;

(3)减轻损失——确定减少或消除风险应采取的措施,诸如损失控制、安全项目设置或产品的一致性;

(4)风险责任的转移或减少某些诸如保险金的费用或通过订立合同中"使……免受伤害"的规定;

(5)风险统计——包括风险安排的程序性方面。

(七)无人机保险

无人机在带来商业价值的同时,新的风险以及无人机技术被不当使用的可能性也需要得到重视。无人机衍生的安全隐患主要有两个:碰撞以及失控。无人机保险能为无人机操作者和公众提供保障,应对碰撞、身体或财物损失,以及致第三者损伤的风险。

无人机保险常见的有无人机产品责任险、机身险、第三者责任险、面向无人机操作人员的意外伤害保险等,分别转嫁无人机产业链上不同主体的风险。

(八)无人机产品责任保险

该保险主要服务于产品供给方,包括制造者、销售者、修理者,主要承保无人机产品在使用过程中,因其缺陷而造成使用者或其他人人身伤亡或财产损失时,依法应当由产品供给方承担的民事损害赔偿责任。在无人机产品责任关系中,无人机的制造者、销售者、修理者是产品责任主体关系的责任方,用户和公众是产品责任关系的受害方,也是无人机产品责任法律制度保障的对象。

我国无人机行业发展迅猛,在世界无人机行业中独占鳌头,产品远销世界各国,中国的无人机制造企业面临的产品责任是世界范围内的风险。由于各国的司法环境差异很大,尤其在欧美国家,由产品责任引起的法律风险和经济赔偿十分巨大,稍有不慎可能造成企业巨大的经营风险和经济赔偿,因此作为刚刚起步的无人机生产商急需重视和购买相应保障,在探险之路上为自己保驾护航。

我国在无人机产品责任保险领域的工作进展总体滞后。2014 年以来,国内主要的有人机生产商、维修商陆续投保了航空产品责任保险,但在无人机领域,由于市场处于发展初期,对产品风险认识不足,投保意识还不强。近两年国内主要的无人机生产商开始逐步重视产品责任,并主动选择通过购买保险转移风险。

1. 无人机机身保险

该保险主要服务于无人机运营单位,承保无人机在飞行、滑行及地面停放时,无论任何原因(不包括除外责任)造成机体及其附件的意外灭失或损坏。针对无人机 3 种属性不同的无人机,目前机身保险的选择范围很广泛,大致分为三类:

(1)基于电子消费品属性的维修服务计划和换新服务。消费级无人机价值较低,操作简单,近几年增长迅猛。因使用者多数缺乏基本的飞行知识,使用之初,坠机频繁,维修成本高。为了解决以上痛点,国内主流无人机厂商联合保险公司,推出了具备创新精神的无人机维修服务计划,以便在无人机用户之间分摊维修风险和成本。随着用户需求的深化,进一步推出无人机意外损坏换新的服务。该服务保证用户急速换新、到手即飞的需求,广受用户欢迎。也有一些保险公司推出了针对消费无人机的纯保险产品。

(2)基于生产工具属性的无人机维修计划和机身保险。由于工具型无人机使用频繁,损失概率高,急需保险解决机身维修以及作业服务的连续性。在不同的行业,厂商联合保险公司正研究推出各具特色的无人机维修计划或机身保险。通常此类保险除了包含无人机本身,还需包含各类荷载和地面设备等一整套无人机系统,驾驶员方面,也可能发生多名飞手驾驶一台设备的情况。

(3)基于航空属性的无人机机身保险。这个领域内的无人机数量较少,单体价值高,因此采用传统的航空险机身险。

通过几年无人机保险行业的发展,我们发现如下规律,无人机保险正逐步从单纯的经济赔偿向服务提供转变,从单纯的风险承担者向产业之路的链接者转变。随着无人机的发展,越来越智能化的保险服务也会应运而生。

2. 无人机第三者责任险

该保险主要服务于无人机运营单位,承保无人机遭受意外事故时,造成的第三者的人身伤亡或财产损失在法律上应负的赔偿责任。通常仅仅承保合法的飞行,违反民航监管规定的黑飞除外。目前全世界的保单仅承保人身伤亡和财产损失,而对于隐私侵犯责任、监管机构的罚金不涵盖在保障范围内。第三者责任保险是投保意愿最旺盛的险种,可以作业的特性选择不同保障水平的保险。

二、航空保险的实施

根据保险的实施形式不同,航空保险主要可以分为自愿保险和强制保险两种。

(一)自愿保险

它是保险人和投保人在自愿协商的基础上,订立保险合同,建立保险法律关系的行为。投保人有自行选择投保与否的权利。

(二)强制保险(即法定保险)

强制保险是有国家颁布法令强制被保险人参加的保险,合同双方都没有选择的余地,投保人必须参加保险,保险人也必须接受投保人的投保。保险所特有的补偿保障功能,对减轻或消除突发事件、自然灾害和重大事故造成的损失,促进社会安定有序,具有不可替代的作用。强制保险的重要作用,体现在特定的主体必须依法参加强制保险,使得一些高风险行业和领域有充足的保障,能够更好地发挥保险的社会管理和经济补偿功能,维护社会稳定。

1. 强制保险的类型

(1)由国家立法机构通过的,由中央政府颁布实施的强制保险法律或法规,一般由国家授权的保险机构提供保险,采取强制手段实施。

(2)根据国家的有关法律,由地方政府通过立法程序颁布实施的地方性的法律、法规规定必须参加的保险。

(3)根据政府某些行政机构发布的有关法令、法规,规定凡从事某种经营活动必须投保相应的保险,否则不允许从事和生产经营活动。《民用航空法》第105条规定"公共航空运输企业应当投保地面第三人责任险",第150条规定"从事通用航空的应当投保地面第三人责任险",就是属于强制性法律规定。这些强制保险属于责任保险范畴,它与客观和有限额赔偿共同构成了我国的航空损害赔偿制度。所以,强制保险在我国民用航空事业中的地位不容忽视。

外国人经营的民用航空器在我国境内从事的民用航空活动时,也必须遵循我国法律关于强制保险的规定。《民用航空法》第175条规定,"外国民用航空器飞入中华人民共和国领空,其经营人应当提供有关证明书,证明其已经投保地面第三人责任险或者已经取得相应的责任担保;其经营人未提供有关证明书的,中华人民共和国国务院民用航空主管部门有权拒绝其飞入中华人民共和国领空"。

2. 无人机保险的强制性

无人机保险方面,欧盟根据 EC785/2004 号法规,要求 500 kg 以下的民用无人机的运营单位购买最少93.6万欧元的第三者责任保险。加拿大则要求无人机商业运行者需至少购买10 万加元的第三者责任保险。美国没有统一的要求,市场上数千到数十万美元保额的产品均有。中国香港地区对于营业性质作业的无人机也要求投保无人机第三者责任险作为运营的基本条件。

我国民航局飞行标准司 2015 年 12 月 29 日颁布的《轻小无人机运行规定》(AC‐91‐FS‐2015‐31)中"14.2 民用无人机运营人的管理"规定:"根据《民用航空法》规定,无人机运营人应当对无人机投保地面第三者责任险。"

2017 年 8 月 8 日,我国民航局运输司发布的《民用无人驾驶航空器从事经营性飞行活动管理办法(征求意见稿)》也对商业运营的无人机提出了投保地面第三者责任险的要求,如"第二章"中"第六条"规定,若要取得无人机经营许可,应当具备"(四)投保无人机地面第三者责任险"。

2018 年 1 月 26 日,国家空管委公布的《无人驾驶航空器飞行管理暂行条例(征求意见稿)》中第 16 条规定,"从事小型、中型、大型无人机飞行活动和利用轻型无人机从事商业活动的单位或者个人,应当强制投保第三者责任险。"

第三节　保 险 赔 偿

保险赔偿是根据保险合同的约定,在发生保险事故后,保险人应在保险责任范围内履行对被保险人的经济补偿义务。保险赔偿由法定程序和实质性赔付两部分构成,是保险的重要内容。保险赔偿概念适用于财产保险而不适用于人身保险。

一、索赔和理赔

(一)索赔

保险索赔是被保险人获得实际的保险保障和实现其保险权益的具体体现。大多数保险单对有关索赔手续以及需要具备哪些单证等做了明文规定。

保险公司对投保人承担两种基本责任。其一,对于责任保险,保险公司要协助投保人进行诉讼辩护。包含调查索赔,聘请律师,支付相关的费用包括投保人合理的开支,如专用费用或法院物证的费用等内在义务。其二,保险公司还必须承担任何上诉的责任,支付上述费用可能会超过支付损害的费用。

保险公司有追索权。追索权是指保险公司支付投保人的索赔以后,便拥有了向可能对损失应承担责任的第三人索赔的权利。一般,如有第三方索赔,保险公司不会立即支付赔偿额,而是有权私了。追索权使得保险公司处在投保人原先对第三方提出索赔的那种法律地位。

需要注意的是,索赔作为被保险人的一项权利是有时效限制的,保险种类不同,其时效也有所不同。根据《保险法》规定,人寿保险的索赔时效为 5 年,除人寿保险以外的其他保险索赔时效为 2 年。

1.索赔申请过程

索赔申请过程如图 8-1 所示,通常包括以下几个环节。

图 8-1　索赔申请过程

(1)及时报案。依《保险法》订立的保险合同规定有索赔时效。在保险事故发生后,被保险人和受益人应在条款规定的时限内及时报案。

报案方式有上门报案、电话(传真)报案、业务员转达报案。

报案内容包括：出险时间、地点、原因、被保险人的现状、被保险人的名字、投保险种、保额和投保日期。

这一通知称损失通知，如发生航空器损失、人员伤亡等，被保险人（承运人）的航务、机务、运输以及飞行安全以及技术等部门，有义务在 48 h（重要事故在 24 h）内将发生事故的时间、地点、机型、机号、航班号、人员伤亡和财产损失的情况通知民航财务部门。再由财务部门立即报告民航总局财务司和通知当地保险公司，以便总局财务司和中国人民保险总公司联系，决定要否进行现场勘查。

（2）案件受理。申请保险金应具备的文件：①保险合同；②保险金给付申请书（受益人需要于申请书签名）；③被保险人发生意外伤害事故的证明文件；④被保险人的门急诊病历和住院证明（包括出院小结和所有费用单据）；⑤被保险人、受益人身份证明和户籍证明。

（3）索赔条件（立案条件）。①保险标的遭受保险事故发生。②事故者保险单上的被保险人或投保人。③保险标的遭受损失的原因必须是保险责任范围内的保险事故造成。例如，某航空公司投保了航空器机身险而未附加机身战争险，若该公司航空器遭劫持造成损失就无权向保险公司提出索赔。④在保险合同有效期内发生保险故障。⑤理赔申请在《保险法》规定的时效之内。

（4）案件调查。对于按证齐全、证明材料充分、保险责任明确的案件可以不调查；对于某些赔案来说，案件调查是必须经过的一个重要步骤。

注：被保险人必须提供必要的索赔单证，包括保险单、账册、收据、发票、装箱单、出险证明书、出险调查报告、损失鉴定证明以及损失清单、抢救整理的原始单据等。

（5）案件的审核。主要审核以下几方面：①保单状况的审核；②被保险人和保障范围的审核；③索赔材料和事故性质的审核；④确定损失并理算保险金；⑤确定保险金给付受领人医疗费用和残废保险金给付按保险条款规定应支付给被保险人本人，公司不受理指定死亡保险金给付必须根据保险合同约定和法律规定支付给正确的受领人。

（6）案件赔付。保险公司做出赔付决定后，通知受领人领取保险金。受益人在收到保险金后，在保险金的收条回执上签名后回复给保险公司。

2.注意事项

（1）被保险人和受益人有义务及时采取措施避免损失继续扩大，力求将损失减少到最低程度。否则，保险人有权拒绝赔偿或终止保险合同。如航空器意外事故造成损失、人员伤亡等，被保险人（承运人）应采取一切有效措施减少事故损失。将受伤人员迅速送医院救治，对受伤旅客应经医院检查并出具证明，以便作为保险赔偿的依据。受伤旅客离开时要与之签署经过公证的责任解除书。

（2）被保险人应保护出险现场或特殊情况无法保留现场时，及时拍下原始现场照片，进行所需要的详细记录，并妥善保管相关的文件和材料，接受保险人检验。在航空器保险事故中，被保险人（承运人）应尽量保持航空器事故现场完整。

（3）除对某些特殊标的或事先约定外，保险人一般均应以现金支付保险金。

（4）涉及第三人责任时，被保险人需开具权益转让书，使保险人享有代位求偿权。

（二）理赔

保险人在保险事故发生后，对被保险人的索赔案件核实情况，根据出险情况确定保险责任程序和具体实现经济补偿的工作叫理赔。这是直接体现保险职能和履行保险责任的工作。理赔具有政策性和技术性强的特点。

1.理赔原则

(1)按保险合同办事原则(重合同,守信用)。保险合同所规定的权利和义务关系,受法律保护严格遵守保险条款,保险公司应该不折不扣承担经济补偿义务。赔偿金额确定后,保险人必须在10日内支付。否则视为违反合同,应承担违约金。

(2)坚持实事求是原则。保险事故的原因错综复杂,有时难以判断某一损失是否属于保险责任范围。只有深入实际,调查研究,要实事求是地进行处理,根据具体情况,正确确定保险责任、给付标准和给付金额。

(3)主动、迅速、准确、合理的原则。这是理赔的一贯要求,主动、迅速、准确、合理是互相制约、互相联系的统一体。如此才能让投保人感觉到保得放心,赔得信服。

2.理赔程序

理赔的程序如图8-2所示,通常包括以下几个环节。

图8-2　保险理赔流程

(1)立案查勘。保险人在接到出险通知后,应当立即派人进行现场查勘,了解损失情况及原因,查对保险单,登记立案。查勘现场时要按顺序和要求做好记录,必要时写好查勘报告。凡在理赔权以内的各类案件,理赔部门要认真研究联系记录或查勘报告。

(2)审核证明和材料。保险人对投保人、被保险人或者受益人提供的有关证明和资料进行审核,保险单是否有效,保险期限是否届满,保险利益是否存在,投保条件和特约事项情况如何,是否有重复保险等进行审查。

(3)核定保险责任。经过对事实的查验和对各项单证的审核后,应当及时做出自己应否承担保险责任及承担多大责任的核定,并将核定结果通知被保险人或者受益人。

(4)履行赔付义务。属保险责任范围内的损失,应先审查被保险人提供的损失清单,然后按标的损失、施救费用、查勘费用、损失收回、免赔额等各项公式计算,填制赔款计算书。在与被保险人或者受益人达成有关赔偿或者给付保险金额的协议后十日内,履行赔偿或者给付保险金义务。保险合同对保险金额及赔偿或者给付期限有约定的,保险人应当依照保险合同的约定,履行赔偿或者给付保险金义务。

凡以外汇投保的保险人,以外汇赔付。凡以人民币投保的保险人,以人民币赔付。在保险人按照法定程序履行赔偿或者给付保险金的义务后,理赔人员将全部文件和单证归档结案。

注意:凡涉及追偿第三人责任的案件,应先由被保险人填写"权益转让书",再履行赔付义务。最后,在适当照顾被保险人利益的同时,应使受损财产得到充分利用。必须由保险人收回的损余物资,可经过规定手续冲减赔款支出。

航空器保险金额通常是按重置价值由保险公司和投保人(航空公司)约定的,航空器发生部分损失需要修理或配购零件,保险公司按实际费用扣除免赔额后赔付;一旦发生航空器因意外事故造成全损或推定全损,保险公司按双方约定的保险金额予以赔付。航空器在起飞后15

天,得不到航空器行踪,保险公司按航空器保险金额全额赔付。不论航空器全损还是部分损失,保险公司还可承担前往出事地点修理厂的运输费用、抢救费用、清理航空器残骸的费用、重新试飞及相关合理费用和回程运输费用等。

根据法院判决或法院外商定对旅客伤亡、行李和货物的损失支付赔偿。除非事先征得保险公司的同意,否则,原则上对于道义上的支付不予理赔。

关于地面第三者损害的赔偿,通常是根据事故发生地的法律和法规进行理赔。

二、除外责任

除外责任,又称责任免除,是对保险责任的限制,指保险人依照法律规定或合同约定,不承担保险责任的范围。航空器发生意外事故,并不是不论何种原因造成的损失,保险人均应当承担赔偿责任。通常由于下列原因造成的损失、费用和责任,保险人通过除外条款予以排除。

(1)航空器及人员不符合适航条件飞行造成的损失。同时航空器对其所载的货物也要适当,配载也符合规定。并且,机组人员必须持有健康证明和执照。如有不符合上述条件而从事飞行造成的损失,保险人将拒赔。

(2)被保险人的故意行为。被保险人、驾驶人或受害人故意导致事故发生的,例如,知道或故意同意让航空器做非法和非保险单上载明的用途(抢险除外,但应尽可能早通知保险人)、超越保险单载明的飞行范围或雇佣不合格的飞行员等。

(3)受害人与被保险人或驾驶人恶意串通。

(4)航空器部件本身自然磨损、制造及机械上的缺陷。但是当发生意外事故或由此造成的航空器其他部分的损失,仍然由保险人承担。

(5)噪声、污染和放射性沾染。航空保险单中,通常将上述原因造成的损失列为除外责任。

(6)不合理费用和间接费用。不合理费用是指按理不应当由保险人承担的费用。如事故调查时政府部门发生的调查费用等。间接费用是指意外事故直接引起的费用或者直接产生的费用之外的费用。例如,航空器因意外事故须进行维修期间无法运营而产生的利润损失。

(7)战争、军事冲突、恐怖活动、暴乱、扣押、罚没、查封以及政府征用。

三、保险争议的解决

航空保险争议的解决是指民用航空保险合同在订立和履行的过程中,双方当事人对相互间的权利义务,或对保险标的权益持有不同的意见和要求,保险人和被保险人协商不成,通过仲裁或诉讼解决纠纷的做法。

通常情况下保险赔偿和民事损害赔偿性质不同,因其有合同在先,基于事先约定的权利和义务,其实现一般不必直接经过诉讼程序。根据我国法律规定,保险合同争议的解决方式主要有下述4种。

1.协商

一旦发生争议,应首先本着实事求是、友好协商的态度,然后求同存异,在法定和约定的范围内合理解决问题。

2.调解

当保险合同双方当事人自行协商无法达成一致时,客户可以书面方式向各地区的保险合同争议人民调解委员会提出调解申请,提供相关证据材料和调解所要求的其他材料。人民调解委员会根据争议具体情况将启动相关程序,在自愿、平等、公正的原则和基础上组织双方进行调解。

3.仲裁

仲裁指由仲裁机构的仲裁员对当事人双方发生的争执、纠纷进行居中调解,并做出裁决。仲裁做出的裁决,由国家法律规定的专门的仲裁机构制作仲裁裁决书。申请仲裁必须以双方自愿基础上达成的仲裁协议为前提。仲裁协议可以是订立保险合同时列明的仲裁条款,也可以是在争议发生前或发生时或发生后达成的仲裁协议。

4.诉讼

这是解决争议最激烈的方式,是指保险合同当事人的任何一方按法律程序,通过法院对另一方当事人提出权益主张,由人民法院依法定程序解决争议、进行裁判的一种争议解决方式。

注:按照我国法律规定,只能在仲裁或诉讼中任选一种形式解决争议,而不能同时使用仲裁或诉讼两种形式解决争议。

第四节　无人机对地面第三人损害的赔偿责任

无人机飞行中除了自身安全问题,要应对的问题还有隐私权、授权、飞行许可等一系列的当事人的民事责任问题。其中就有对非无人机飞手的受损害的第三方所造成的损害。无人机对第三人造成了损害,无人机飞手应当承担责任。如若因这些原因被人起诉,其产生的赔偿金额可远远不止一台无人机的价格,这时第三方责任险等覆盖面更广的无人机航空保险就显得尤为重要了。

一、地面第三人定义

在保险合同中,保险人是第一方,也叫第一者;被保险人或致害人是第二方,也叫第二者;除保险人与被保险人之外的,因保险无人机的意外事故而遭受人身伤害或财产损失的受害人是第三方,也叫第三者。因此,由于合同的相对性,合同相对当事人之外的人,我们称之为"第三人"。举一个通俗易懂的例子,比如你家的浴缸漏水了,导致邻居家被淹,产生了损失,如果你之前购买了该类型保险,保险公司会替你赔偿邻居的损失,这叫作第三者责任险,也类似于汽车的交强险。

无人机对第三人损害责任主要涉及:①无人机对地面(包括水面)第三人造成损害的责任。②无人机碰撞造成损害的责任。地面第三者损害责任属于侵权范畴,责任的确定和范围同无人机驾驶员对地面无关人员和其他有合同关系的人之间的问题有所不同。

二、第三人损害责任的性质

航空活动中的第三人因为航空事故的侵权而享有了赔偿请求权,可以确定的是,航空活动中的第三人与航空运营者之间并不存在任何法律上的关系,因此,第三人损害责任是一种侵权之债而不是合同之债,责任人就应当承担相应的民事责任。对地面第三人造成损害是一种特殊的侵权行为,适用的是一种无过错责任制。在这种责任制下,无论行为人是否存在过错,都必须承担赔偿责任。

按照大陆法系的过错归责原则,显然,债务人无须对不可归责于自己的原因所导致的损害承担责任,但在法律做出特别规定的场合,即使不履行合同或者损害的发生是由于不可归责于双方当事人的原因所导致时,一方当事人也可能会承担法定的特殊责任,即为无过错责任或无过失责任(no fault liability, liability without fault)。据考证,这个概念是美国学者巴兰庭1916年在《哈佛法律评论》上发表的一篇关于交通事故的文章中提出的。《民法通则》第106条第3款规定:"没有过错,但法律规定应当承担民事责任的,应当承担民事责任。"传统观点认为这是无过错责任原则存在的依据,对某些特殊侵权行为应适用无过错责任原则。

无过错责任原则是指依照法律规定不以当事人的主观过错为构成侵权行为的必备要件的归责原则,即不论当事人在主观上有没有过错,都应当承担民事责任。无过错责任原则的使用范围:合同中或不可抗力中的无过错责任。通常情况下,不可抗力是免除责任的事由,这种结论是由大陆法系的过错责任决定的。在法律做出特别规定的场合,不可抗力是发生无过错责任的条件。就一般情况而言,不可抗力致使合同不能履行的,合同当事人一般可以通过举证不可抗力的发生而免除不履行的责任。史尚宽曾经列举了合同关系中不可抗力的无过错责任:①迟延后的不可抗力;②转质之质权人对于转质物损失的责任;③出版人接受作品后因不可抗力而遗失或毁坏;④民用空中运输之旅客和财产损害。在我国现行合同法中,有学者认为,不可抗力的无过错责任仅指责任人应当依法承担的,在逾期履行期间发生不可抗力所造成的后果责任,这种观点与史尚宽的观点是一致的,但这种观点的合理性值得怀疑。

无过错责任是与过错责任相对应的术语,是为弥补过错责任的不足而设立的制度,它在性质上已不具有一般法律责任的含义,因为一般法律责任都以过错为基础,从而体现法律责任对不法行为的制裁和教育的作用。因此,无过错责任实际上是对侵权责任的教育制裁等职能的否定,不具备侵权责任原有的含义,其宗旨在于对不幸损害的合理分配,亦即特别强调分配的正义性。由此可见,无过错责任的法律特征有以下几点:

(1)无过错责任适用于损害后果的发生为不可归责于双方当事人所导致的场合。在无过错责任中,任何一方当事人在主观上并不存在故意或者过失,这是适用该责任的前提,如果是可归责于任何一方当事人的事由就属于过错责任原则。

(2)无过错责任是与过错责任相并列的责任形式,但并不意味着是对等的关系。从法制发展进程看,该责任又可称为过错责任的补充,是否承担责任由法律特别规定。在大陆法系国家,由于肯定了过错责任是违约和侵权的一般和基本责任形式,所以为了防止无过错责任和过错责任发生不必要的重叠,有的国家通过民事基本法确定了这种无过错责任原则,有的则通过判例加以规定。至于法律规定于何种场合下发生无过错责任,则取决于法律基于实现社会公平和正义所做出的明确表述。

(3)无过错责任的宗旨在于合理补偿损失。过错责任发生的根据是违反合同的当事人具有主观过错或侵权人具有主观过错,因此要求有过错的当事人承担责任,这样可以同时实现惩罚和补偿功能。在无过错责任的情况下,由于当事人并无过错,惩罚功能也就失去了目标,只能发挥一定的补偿功能。

(4)无过错责任限制了一般免责事由的适用。在过错责任情况下,当事人可以提出法定免责事由,免除其对损害后果的责任,如不可抗力为过错责任的一般免责事由但在无过错责任情况下,包括不可抗力在内的法定免责事由的适用都受到了限制。

(5)因果关系是决定无过错责任的要件。在过错责任的前提下,行为人是否承担民事责任,最终取决于他有无过错。而在无责任情况下,行为人是否承担责任并不取决于他有无过错而取决于他的行为和物件与损害后果之间是否有因果关系。

除以上法律特征外,无过错责任还具有以下其他特征:

(1)因果关系是决定责任的基本要件,即以损害事实与责任人的行为之间存在着因果关系为前提,若没有因果关系则不能承担无过错责任。

(2)并不以行为人的主观过错为归责的要件,若以过错为归责的构成要件,那就成了过错责任原则。

(3)无过错责任的宗旨在于合理补偿受害人的损失,这也是许多国家为保障受害人的权益而设立无过错责任原则的原因所有。

(4)由被告就免责事由进行举证,实行举证责任倒置,它不同于过错责任中的"谁主张,谁举证"的举证原则。在适用无过错责任时,原告只要举出损害事实及损害事实和被告的行为之间有因果关系即可,再由被告就存在的法定免责事由进行举证,被告不能仅仅证明他已尽到了注意义务或没有一般的过失就可以被免除责任。

(5)适用无过错责任时,必须有法律的特别规定,也就是针对法律明文规定的特殊侵权行为才可适用无过错责任原则。

三、强制保险的运用

所谓强制保险,是指根据国家颁布的有关法律和法规,凡是在规定范围内的单位或个人,不管愿意与否都必须参加的保险。比如,世界各国一般都将机动车第三者责任保险规定为强制保险的险种。由于强制保险某种意义上表现为国家对个人意愿的干预,所以强制保险的范围是受严格限制的。《保险法》规定,除法律、行政法规规定必须保险的以外,保险公司和其他任何单位不得强制他人订立保险合同。

强制保险又称为法定保险,是由法律规定必须参加的保险。商业保险一般都实行自愿原则,但是对少数危险范围较广,影响人民利益较大的保险标的,则应实行强制保险。从国际上看,强制保险的形式有两种。一是规定在特定范围内建立保险人与被保险人的保险关系。这种形式对保险人、被保险人及保险标的范围以及当事人的权利义务关系都做出明确具体的规定,被保险人或者保险人没有自主选择的余地。二是规定一定范围内的人或财产都必须参加保险,并以此作为许可从事某项业务活动的前提条件。我国的强制保险在法律、行政法规规定的范围内实施,只有根据法律、行政法规规定,才可以实行强制保险,法律、行政法规未作规定的,保险公司不得强制他人订立保险合同。

参加强制保险的保险双方,都没有选择的余地,只能按照保险合同规定的条款执行。我国的强制保险主要险种有旅行社责任险、旅游意外保险、建筑工人意外伤害险、煤矿工人意外伤害险以及铁路旅客意外伤害险、交通运输第三人责任险。其中,关于交通运输第三人责任险,1996年3月1日施行的《民用航空法》第166条规定:"民用航空器的经营人应当投保地面第三人责任险或者取得相应的责任担保。"民用航空器经营者应当投保地面第三人责任险,这是《民用航空法》的强制性规定。《民用航空法》属国家法律,故地面第三人责任险为强制保险。值得注意的是,民用航空器经营者可以用相应的责任担保代替投保地面第三人责任险,但必须二选一。

法国曾发生多起身份不明的微型无人机夜闯巴黎事件。法国政府采取多项反击措施加以控制,比如在雷达的协助下,开展测试新型侦测拦截无人机的实验活动,以对这些非法侵扰法国领空的行为进行侦测和遏制。通过对无人机进行登记注册,强制保险,安装空中可追踪芯片,填补现行法规中的管理漏洞。日本也发生过在首相屋顶发现无人机事件。在日本,低空飞行的无人机几乎没有任何限制,一直处于法律"真空地带"。此后,负责管辖航空器的国土交通省和管辖无线电信号的总务省牵头就监管方式进行协商并讨论修改法律的必要性。此外,还就高性能无人机操纵者的执照制度和事故责任强制保险制度等开展讨论。在个人无人机违规飞行屡禁不止,给国家和个人的人身安全、财产造成极大威胁的情况下,世界各国对无人机法制法规的健全势在必行,事故责任强制保险制度也不可避免。

第五节 《中华人民共和国民用航空法》的规定

《中华人民共和国民用航空法》(简称《民用航空法》)第十二章"对地面(水面)第三人损害的赔偿责任"的制定,主要参考了1952年《罗马公约》以及1978年《蒙特利尔议定书》的规定,共分两大部分内容,一部分是关于航空器的经营人对地面第三人损害的赔偿责任制度的规定,另一部分是关于对地面第三人损害赔偿责任和保险问题的规定。我国航空法主要由责任制度、责任主体、责任担保和诉讼时效等四部分内容构成。以上《民用航空法》的规定应适用无人机对地面(水面)第三人损害的赔偿责任。

此外,《民法通则》中有关侵权的民事责任的规定,应适用空中碰撞的侵权事件。

一、责任制度

我国航空法确立了无过失责任制度。《民用航空法》第157条规定:"因飞行中的民用航空器或者从飞行中的民用航空器上落下的人或者物,造成地面(包括水面,下同)上的人身伤亡或者财产损害的,受害人有权获得赔偿;但是,所受损害并非造成损害事故的直接后果,或者所受损害仅是民用航空器依照国家有关的空中交通规则在空中通过造成的,受害人无权要求赔偿。前款所称飞行中,是指自民用航空器为实际起飞而使用动力时起至着陆冲程终了时止;就轻于空气的民用航空器而言,飞行中是指自其离开地面时起至其重新着地时止。"这是参考1952年《罗马公约》第1条的规定制定的,基本上与该公约的规定相一致。由以上规定可得:

(1)损害赔偿实行的是无过失责任原则(或无过错责任原则,或客观责任原则),即只要是飞行中的民用航空器或者从飞行中的民用航空器上落下的人或者物,造成地面上的人身伤亡或者财产损害是客观事实,受害人即有权获得赔偿。但是,这种客观责任不是绝对责任。

(2)损害赔偿有明确的范围,从飞行中的民用航空器上落下的人和物以及民用航空器的坠毁与第三人的损害后果之间有因果关系。①实际接触:只赔偿直接损害,不赔偿间接损害——排除了精神损害;②所受损害仅是民用航空器依照国家有关的空中交通规则在空中通过造成的,比如:对航空器噪声或声震造成的损害,受害人无权要求赔偿。

《民用航空法》第160条和161条确立了法定免责的条件。①"损害是武装冲突或者骚乱的直接后果,依照本章规定应承担责任的人不承担责任。"〔第160条第(一)款〕②"依照本章规定应当承担责任的人对民用航空器的使用权业经国家机关依法剥夺的,不承担责任。"〔第160条第(一)款〕③"依照本章规定应当承担责任的人证明损害是完全由于受害人或者其受雇人、代理人的过错造成的,免除其赔偿责任;应当承担责任的人证明损害是部分由于受害人或者其受雇人、代理人的过错造成的,相应减轻其赔偿责任;但是,损害是由于受害人的受雇人、代理人的过错造成时,受害人证明其受雇人、代理人的行为超出其所授权的范围的,不免除或者不减轻应当承当责任的人的赔偿责任。"(第 161 条第(一)款)

二、责任主体

根据《民用航空法》第 158 条规定,本法第 157 条规定的赔偿责任,民用航空器致地面或水面第三人伤害由民用航空器的经营人承担赔偿责任。经营人是指损害发生时使用民用航空器的人。民用航空器的使用权已经直接或间接地授予他人,本人保留对该民用航空器的航行控制权的,本人仍应被视为经营人。经营人的受雇人、代理人在受雇、代理过程中使用民用航空器,无论是否在其受雇、代理范围内行事,均视为经营人使用民用航空器。民用航空器登记的所有人应当被视为经营人,并承担经营人的责任。除非在判定其责任的诉讼中,所有人证明经营人是他人,并在法律程序许可的范围内采取适当措施使该人成为诉讼当事人之一。如 2004 年 11 月 21 日 8 时 21 分,由包头市飞往上海市的东方航空公司云南公司 MU5210 航班,在起飞后不久坠入机场附近南海公园的湖里,包括 47 名乘客、6 名机组人员在内的 53 人全部遇难,同时遇难的还有 2 名地面人员。地面遇难者白德金家属已经与东方航空公司云南公司签订了"赔偿款支付收据暨责任解除书",东方航空公司云南公司共向白德金家属支付赔偿款人民币 39.3 万元。具体赔偿项目为丧葬费 1.2 万元,死亡赔偿金 16.7 万元,食宿交通误工补助费 3 万元,抚恤金 7.5 万元,生活补助金 9.6 万元。同时考虑到白德金家属没有在接待的宾馆食宿,东方航空公司增加了食宿交通误工补助费 1.3 万元。本案中该民用航空器的经营人是东方航空公司云南公司,其承担赔偿责任符合法律规定。

在航空损害赔偿事件中,航空器所有人作为赔偿责任人的情形有两种:第一,航空器所有人和经营人合二为一,此时航空器所有人成为赔偿责任人是理所当然的,当民用航空器所有人被视为经营人时,所有人享有经营人所能援用的抗辩权(《民用航空法》第 163 条)。第二,航空器所有人与经营人不合一,航空器所有人把航空器出租而不是自己经营,航空公司用租赁航空器有两种来源:干租和湿租。干租的航空器,经营人一般来说必须自配机组负责航空器的正常运行并进行相应的投保,承租人具有航行控制权。而湿租的航空器,出租具有航空器的航行控制权,但目前的实践中往往是通过租赁合同来确定谁应当承担第三人的损害责任。

另外,这里需要明确以下几个问题:

(1)非法使用民用航空器对地面第三人造成损害,有航行控制权的人与该非法使用人承担连带责任,除非有航行控制权的人证明本人已经适当注意防止此种非法使用。这里所称非法使用民用航空器,是指未经对民用航空器有航行控制权的人的同意而使用航空器(《民用航空法》第 159 条)。

(2)两个以上的民用航空器在飞行中相撞或者相扰,对地面第三人造成损害,或者两个以上民用航空器共同对地面第三人造成损害,各有关民用航空器均应当被认为已经造成此种损害,各有关民用航空器的经营人均应当承担责任(《民用航空法》第 162 条)。

(3)上述应当承担责任的人以及他们的受雇人、代理人,对于飞行中的民用航空器或者从飞行中的民用航空器上落下的人或者物对地面第三人造成损害,只在本法规定的范围内承担赔偿责任,除非故意造成此种损害,不在规定范围之外承担责任(《民用航空法》第 164 条)。

(4)本章规定不妨碍对损害应承担责任的人向他人追偿的权利(《民用航空法》第 165 条)。

三、保险与担保

《民用航空法》第 166 条至第 170 条规定了第三者责任之中必须涉及的保险,担保、保险人的抗辩权等。

航空器投保地面第三者责任险是一种强制性要求。民用航空器经营人应当投保地面第三人责任险或者取得相应的责任担保(第 166 条)。

保险人和担保人享有下列抗辩权:

(1)享有与经营人相同的抗辩权。

(2)享有对伪造证件进行抗辩的权利。

(3)损害发生在保险或者担保终止有效后。如果保险或担保有效期在飞行中终止,则将有效期自动延长至在飞行计划中所载下一次降落时为止,但延长以 24 h 为限。

(4)损害发生在保险或者担保所指定的地区范围外,但飞行超过规定范围是由于不可抗力、援助他人所必需,或者驾驶、航行或者领航上的差错造成的,不受此限。

上述延长有效期或扩大范围使保险或担保有效的规定,只有对受害人有利时适用。即是说,除非在上述情况下发生损害赔偿应使保险人或担保人承担责任外,不得解释为在任何情况下都可以延长有效期或者扩大保险或担保的地域范围(第 167 条)。

关于受害人直接对保险人或者担保人提起诉讼的问题,法律规定:

(1)在下列情形,受害人可以直接对保险人或担保人提起诉讼:

1)在上述延长有效期或者扩大保险或担保范围使保险或者担保继续有效的;

2)民用航空器经营人破产的。

(2)受害人可以根据有关保险合同或者担保合同的法律规定提起直接诉讼。

(3)在受害人提起直接诉讼的情况下,除保险人或担保人拥有上述抗辩权外,"不得以保险或者担保的无效或者追溯力终止为由进行抗辩"(第 168 条)。

对地面第三者造成损害是一种侵权行为,因此保险或担保而提供的款项,应当优先支付有关地面第三者责任的赔偿,并且在第三人的赔偿请求满足之前,不受经营人的债权人的扣留和处理,可以说侵权责任大于合同责任。因此,经营人投保的地面第三者责任险或取得的相应责任担保,应被专门指定优先支付对地面第三人造成损害的责任赔偿;保险人支付给经营人的款项,在被造成损害的第三人的赔偿请求未满足前,不受经营人的债权人的扣留和处理(第 169条和第 170 条)。

四、诉讼时效

《民用航空法》第 171 条规定,地面第三人损害赔偿的诉讼时效期为 2 年,自损害发生之日起计算;但是,在任何情况下,时效期间不得超过自损害发生之日起 3 年。

上述关于对地面第三人损害赔偿责任的规定不适用下列损害:

(1)为受害人同经营人或者同发生损害时对民用航空器有使用权的人订立的合同所约束,或者为适用两方之间的劳动合同的法律有关职工赔偿的规定所约束的损害;

(2)对飞行中的民用航空器或者对该航空器上的人或者物造成的损害;

(3)核损害(第 172 条)。

五、境内赔偿数额

关于对地面第三人损害的赔偿限额,《民用航空法》对此没有做出明确规定。如何确定航空器在我国境内造成地面第三人的损害的法律适用,《民用航空法》第189条规定:"民用航空器对地面第三人的损害赔偿,适用侵权行为地法律。民用航空器在公海上空对水面第三人的损害赔偿适用受理案件所在地法律。"而根据侵权行为法律即《民法通则》的规定,对地面(水面)第三人造成损害应当按实际损失赔偿,没有限额规定。《民法通则》的规定,"损坏国家、集体的财产或者他人财产的,应当恢复原状或者折价赔偿。受害人因此遭受其他重大损失的,侵害人应当赔偿损失。""侵害公民身体造成伤害的,应当赔偿医疗费、因误工减少的收入、残废者生活的补助费等费用;造成死亡的,并应当支付丧葬费和死者生前扶养的人的必要生活费等费用。"根据上述《民法通则》的规定,民用航空器对地面第三人造成损害的赔偿,应按照实际损害情况,合情合理,个案理算。

思　考　题

1. 简述保险、航空保险及无人机航空保险的概念。
2. 国际航空保险的基本原则有哪些?
3. 国际航空保险合同的特征有哪些?
4. 航空保险的险别有哪些?
5. 无人机机身保障的选择范围可分为哪三类?
6. 简述地面第三人的定义。
7. 简述索赔申请条件及程序。
8. 什么是强制保险?
9. 无过失责任的法律特征是什么?
10. 《民用航空法》中规定的保险人和担保人享有哪些抗辩权?

第九章 飞行处罚

内容提示

飞行安全是个永恒的话题,国内外曾发生因违规飞行(俗称黑飞)造成扰航造成飞机备降、机场关闭等事件,因此,世界各国对违规飞行的处理都是严厉的。本章主要叙述违规飞行及我国法规对违规飞行的处罚内容,最后简要阐述一下发生飞行事故后的调查和分析。

教学要求

(1)了解飞行处罚有关概念、事故等级划分;
(2)掌握违规飞行适应的法规;
(3)了解飞行事故的调查与分析的一般程序。

内容框架

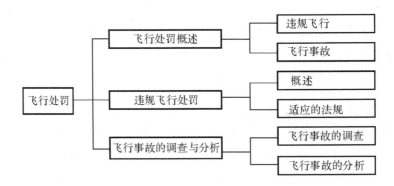

第一节 飞行处罚概述

一、违规飞行

违规飞行,也称"黑飞",是指一些操控者未取得合法证照(如无人机操作合格证或驾照资格证等)或者飞机未取得合法身份(满足适航要求)的飞行,或飞行计划未经空域主管部门批准,也就是未经登记并许可的飞行。这种飞行有一定危险性。在我国,任何未取得中国民航局或军队空域主管部门许可的飞行都是不允许的。

近几年,随着无人机应用领域越来越广泛,使用者越来越多,继而出现的"黑飞"、坠机等事件也在增多,无人机飞行活动的大量增加对空中安全、公共安全等带来了新的挑战。

1."黑飞"现象扰乱空域秩序,影响空中飞行安全

全国各地曾多次出现因无人机"黑飞"引发的案件。典型案例:2013年12月29日,乔某等三人均在明知自己不具备操纵无人机资质以及不清楚本公司是否申请空域的情况下,操纵燃油助力无人机升空进行地貌拍摄。这架无人机被空军雷达监测发现为不明空情,后北京战区空军出动直升机将其迫降,造成多架民航飞机避让、延误。国外也曾发生多次无人机在机场地带起飞造成危险接近的事情。2015年7月21日,在波兰华沙,德国汉莎航空公司一架客机在机场降落期间险些与一架无人飞行器相撞,双方相距不到百米。空管方面临时关闭事发空域,要求超过20架准备降落的飞机改变航线。同日,英国伦敦,一架无人机在希思罗机场上空被发现,而其距离一架正准备着陆的空客A320客机的机翼仅仅6 m左右,这也成为近1年中英国有记录的在机场附近第7起无人机险与客机相撞的严重事件。

2."黑飞"导致军事设施、政府机构等重要目标安保难度增大

近两年,无人机误闯军事和重要目标禁区的事件在国内外都时有发生,给此类目标安全带来潜在隐患。2015年2月下旬,广西柳州军分区营门岗哨发现一起"空情",一架小型四轴飞行器在军分区营院上空不停盘旋。2015年1月,在美国发生一架小型无人机闯入白宫事件。3月22日,在英国,犯罪分子用无人机夜闯英国监狱运送毒品和手机。4月,在日本首相官邸屋顶发现一架小型无人机。7月23日,在印度孟买,一名涉嫌使用无人机航拍印度高度敏感的原子能研究中心的人员被警方逮捕。法国也曾传出多起无人机在巴黎重要景点空拍事件,引发恐怖攻击疑虑。

3.无人机"不恰当的使用"势必给人民隐私保护和公共安全带来威胁

一方面,各种无人机的发展和使用,有可能使家中的私密空间、办公室的工作活动等受到偷窥,让人"无处藏身",给公众隐私保护带来威胁。另一方面,无人机的"炸机"事件也时有发生,引发人们对公共安全的担忧。2015年6月29日,在深圳,一架无人飞行器高空坠落,砸中了路边停着的汽车,所幸没有伤到人。因操作失误引起的坠机事件也频频曝出,由此显现的无人机安全和监管问题令人担忧。2016年11月,斗鱼TV播送时,看到一名主播携带无人机进入校园,无人机在女生宿舍附近升空,直播偷拍宿舍。2021年2月22日,有"开往春天的列车"的重庆轨道交通2号线被一架超低空飞行的无人机撞上轻轨列车头上,导致列车暂停在高架轨道上。

4.给政府"行为作业"造成干扰

据报道,我国多个地方政府采购直升机、无人机用于警用、环保、消防执法。而无人机爱好者不守规矩地使用无人机势必给相关部门的作业构成干扰,造成不必要的损失。2015年7月17日,美国加州圣贝纳迪诺,消防部门执行一次高速公路灭火任务时在危险空域遭遇了5架相互追逐的无人机,导致消防直升机无法正常作业并被迫提前返航。

二、飞行事故

在描述无人机飞行事故前,我们先了解一下,通常意义上所说的飞行事故。对于有人飞机而言,飞行事故是指从起飞前开车至着陆后关车的飞行全过程中,飞机上发生的直接威胁安全操作或者造成人员伤亡、飞机损坏或失踪的事件。而无人机飞行事故主要是无人机发生"炸机"或在飞行过程中与其他物体发生碰撞,造成物品受损或第三者受到损害等事件。

国际民用航空组织将飞行事故划分为失事和事故两类。

(一)事故分类及等级

国际民用航空组织将飞行事故划分为失事和事故两类。失事指造成人员伤亡、飞机受到破坏或失踪(包括处于完全不能接近的地方)等后果的事件。事故指没达到失事的严重程度,但直接威胁飞机安全操作和使用的事件。

中国民航将飞行事故划分为三个等级,分别为一等事故、二等事故和三等事故。

1.一等事故

(1)飞机严重损坏或报废,并且造成人员在事故中或事故后10天内死亡;

(2)飞机迫降在水面、山区、沼泽区或森林,无法接近,并且造成人员在事故中或事故后10天内死亡;

(3)飞机失踪。

2.二等事故

(1)飞机严重损坏或报废,但在事故中或事故后10天内无人员死亡;

(2)飞机迫降在水面、山区、沼泽区、森林,无法运出,但在事故中或事故后10天内无人员死亡;

(3)有人在事故后10天内死亡,但飞机没有严重损坏或报废。

3.三等事故

飞机轻微损坏,没有造成人员重伤和死亡。

(二)事故原因

造成飞行事故的原因主要有恶劣的天气条件、飞机的机械故障、飞行员操作失误、地面指挥及勤务保障过失、飞鸟撞击飞机以及黑客劫持飞机等。现代飞机失事多是由于飞行中遇到紧急情况,如遇危险天气、机械故障等,而驾驶员又处理不当或指挥员错误指挥。查清飞行事故的原因,在防止飞行事故中至关重要。只有找出原因,才能有针对性地预防同类事故再次发生。

1.人为因素诱发

随着机械制造、装配技术水平和仪器仪表等技术的不断提高,飞机本身的安全性和自动化飞行水平有了显著提高,由飞机机械故障和仪表指示引起的飞行事故逐渐减少。不过,尽管飞机总体事故发生率和人为因素诱发的飞机事故发生率都在下降,但人为因素诱发的飞行事故还是时有发生,而且相对于机械故障是逐渐增加的。根据新世纪飞行事故调查表明:人为错误因素诱发的飞行事故比例高达70%~80%,且这种事故比飞机机械故障引起的飞行事故更致命、更可怕。

勒森的"人为错误因素"模型把人为错误因素分为四级。第一级是显性错误因素,这种错误因素是因驾驶员的不安全行为最终导致飞行事故,不安全行为在飞机驾驶员身上直接体现出来,是与飞行事故直接有关的行为。第二级、第三级、第四级均为隐性错误因素。

不同于第一级显性错误因素,第二级、第三级、第四级隐性错误因素不易被发现,潜伏期为几小时、几天、几周,甚至更长的时间,直到引起驾驶员麻木。结果是,调查人员常常忽略了隐性错误因素的存在和隐性错误因素的重要性。

第一种隐性错误因素:不安全行为的前提条件,即机组人员的状态影响到他们的安全行为,如精神疲劳、缺乏沟通和协调,又叫机组资源管理(CRM)因素。

第二种隐性错误因素:不安全监督因素。这是用非传统的事故原因分析方法来研究"人为错误因素"模型。例如:如果两个平时缺乏高质量的训练、沟通协调能力差,又缺乏安全监督的驾驶员在天气恶劣的夜晚执行飞行任务,发生飞行事故的可能性就会大大增加。

第三种隐性错误因素:组织管理因素,是勒森模型的主体。组织资源、组织氛围、组织过程等组织管理的不当都可能导致飞行事故的发生。例如:财政危机时期,财政预算的缩减导致训练和飞行时间的下降,缺乏良好的培训,沟通和协调的不足就突现出来,加上其他精神疲劳等前提条件,诱发驾驶员出现飞行故障是难免的。

2.机械原因飞行事故

机械原因飞行事故是指在飞机开车滑出后至着陆滑行到指定位置的整个飞行过程中,因机械质量、使用和维护等原因诱发的故障,并造成人员伤亡、飞机损毁的事件。此类事故约占飞行事故总数的 15%～30%,造成的损失仅次于人为因素飞行事故,是航空安全工作中的重要防范对象。

3.事故率预测

目前飞机飞行事故率预测主要有线性回归分析法、时间序列分析、灰色模型和神经网络等方法。线性回归分析和时间序列分析方法是一种线性预测模型。但是飞行事故率具有规律性和随机性,是一种非线性变化规律的数据,因此该方法预测精度低,不能反映飞行事故率变化的非线性特点。灰色模型能够反映影响因素与飞行事故率间的变化关系,但对随机波动较大的飞行事故数据预测效果不佳。神经网络是一种非线性识别能力强的机器学习算法,是基于经验风险最小化原理的大样本数据预测方法,当样本大时预测效果好。但是飞机飞行事故率是一种小概率事件,数据量比较小,神经网络容易出现过拟合、局部最优值的现象,且网络结构选择困难,因此很难适应复杂多变的飞机飞行状况预测。支持向量机(Support Vector Machines,SVM)是近年新兴的机器学习方法,基于结构风险最小化原理,较好地解决小样本、非线性和高维数难题,在交通、网络流量等方面得到了成功应用。

第二节　违规飞行处罚

一、概述

对于违规飞行的处罚,航空类法律规章都有相应规定,但处罚力度和处理效果都有限,对于情节严重者,检方一般依据《中华人民共和国刑法》的规定以危险方法危害公共安全罪来追究当事人的刑事责任。

如前所述,2013 年北京某航空科技公司的郝某、乔某、李某 3 人,操控无人机"黑飞"进行航拍测绘,既未向民航部门申报任务,也未向军航管制部门申请飞行计划,导致北京首都国际机场 15 班次飞机延迟起飞,2 班次实施空中避让,直接经济损失约 10 万元。郝某等 3 人后被检方以"过失以危险方法危害公共安全罪"起诉至平谷区人民法院。2014 年 11 月 25 日,此案在平谷法院开庭审理,2016 年 4 月 14 日最终宣判,北京某航空科技公司负责人因"以危险方法危害公共安全罪"被判刑 1 年 6 个月。

二、适应的法规

(一)《中华人民共和国民用航空法》

1.飞行许可

根据《民用航空法》第74条,"民用航空器在管制空域内进行飞行活动应当取得空中交通管制单位的许可。"

2.违反有关适航证书规定的责任

第201条,违反本法第37条的规定,民用航空器无适航证书而飞行或者租用的外国民用航空器未经国务院民用航空主管部门对其原国籍登记国发给的适航证书审查认可或者另发适航证书而飞行的,由国务院民用航空主管部门责令停止飞行,没收违法所得,可以并处违法所得一倍以上5倍以下的罚款;没有违法所得的,处以10万元以上100万元以下的罚款。

(二)《中华人民共和国飞行基本规则》

《飞行基本规则》第35条规定:所有飞行必须预先提出申请,经批准后方可实施。开展飞行活动,应当预先向飞行实施所在地的战区空军或民航空中管制部门提出申请,经批准后方可实施。也就是理论上所有飞行都得申请,不申请就是违规。

第39条规定,组织与实施通用航空飞行活动,必须按照有关规定履行报批手续,并向当地飞行管制部门提出飞行申请。飞行申请的内容包括:任务性质、航空器型别、飞行范围、起止时间、飞行高度和飞行条件等。各航空单位应当按照批准的飞行计划组织实施。

(三)《中华人民共和国通用航空飞行管制条例》

第一章第4条:从事通用航空飞行活动的单位、个人,必须按照《民用航空法》的规定取得从事通用航空活动的资格,并遵守国家有关法律、行政法规的规定。

第二章第6条:从事通用航空飞行活动的单位、个人使用机场飞行空域、航路、航线,应当按照国家有关规定向飞行管制部门提出申请,经批准后方可实施。

第六章第41条:未经批准擅自飞行的,情节严重的,处2万元以上10万元以下罚款,并可给予责令停飞1～3个月,暂扣直至吊销经营许可证和飞行执照的处罚;造成重大事故或者严重后果的,依照刑法关于重大飞行事故罪或者其他罪的规定,依法追究刑事责任。

依据《通用航空飞行管制条例》第二章、第三章之规定:"从事通用航空飞行活动的单位、个人实施飞行前,应当向当地飞行管制部门提出飞行计划申请,按照批准权限,经批准后方可实施。"另第六章规定:"有未经批准擅自飞行的,由有关部门按照职责分工责令改正,给予警告;情节严重的,处2万元以上10万元以下罚款,并可给予责令停飞1个月至3个月、暂扣直至吊销经营许可证、飞行执照的处罚;造成重大事故或者严重后果的,依照刑法关于重大飞行事故罪或者其他罪的规定,依法追究刑事责任。"

第42条违反本条例规定,未经批准飞入空中禁区的,由有关部门按照国家有关规定处置。

第43条违反本条例规定,升放无人驾驶自由气球或者系留气球,有下列情形之一的,由气象主管机构或者有关部门按照职责分工责令改正,给予警告;情节严重的,处1万元以上5万元以下罚款;造成重大事故或者严重后果的,依照刑法关于重大责任事故罪或者其他罪的规定,依法追究刑事责任:

(1)未经批准擅自升放的；

(2)未按照批准的申请升放的；

(3)未按照规定设置识别标志的；

(4)未及时报告升放动态或者系留气球意外脱离时未按照规定及时报告的；

(5)在规定的禁止区域内升放的。

(四)《无人驾驶航空器飞行管理暂行条例(征求意见稿)》

2018年1月26日,国家空管委公布的《无人驾驶航空器飞行管理暂行条例(征求意见稿)》中,列举了无人机生产、销售、拥有和使用等环节的一些违反行为及处罚措施。

在生产制造环节,对未按照适航管理规定设计、生产、销售、使用民用无人机的,对未经产品认证擅自出厂、销售民用无人机的,对私自改造无人机飞行控制系统,破坏空域保持和被监视能力,改变速度、高度、无线电发射功率等性能的行为,进行罚款、吊销执照等处罚。

在销售环节,销售民用无人机的单位、个人未按照规定进行备案的和未按照规定核实记录购买单位、个人信息的,将进行相应的经济处罚。

在使用环节,未按照规定进行民用无人机实名注册登记从事飞行活动的和未按照规定进行民用无人机国籍登记从事飞行活动的,将受到责令停止飞行和相应经济处罚。

对于未满14周岁且无成年人现场监护而驾驶轻型无人机飞行的和未按照规定取得民用无人机驾驶员合格证或者执照驾驶民用无人机的,将受到相应经济处罚和吊销合格证(驾照)等处罚。

未经批准飞入空中禁区的,由有关部门按照国家有关规定处置。违反本条例规定有下列情形之一的,由有关部门按照职责分工责令改正,给予警告、经济罚款、停飞2个月至1年以及暂扣直至吊销经营许可证、驾驶员合格证或者执照,2年内不受理其航空相关许可证书申请的处罚。

(1)未按照规定避让有人驾驶航空器飞行的；

(2)违反飞行限制条件飞行的；

(3)未经批准擅自飞行的；

(4)未按批准的飞行计划飞行的；

(5)未按要求及时报告或者漏报飞行动态的；

(6)未经批准飞入空中危险区或者除空中禁区以外其他不允许飞行空域的；

(7)发生影响飞行安全的特殊情况不及时采取措施,或者处置不当的；

(8)不服从管制指挥指令的。

违反本条例规定,构成违反治安管理行为或者其他行政违法行为的,依法给予治安管理处罚或者其他行政处罚；构成犯罪的,依法追究刑事责任。

对违反本条例规定的单位、个人,纳入社会信用管理系统,实施失信联合惩戒,同时将涉及行政许可、行政处罚等信息记于企业名下并在国家企业信用信息公示系统公示。

(五)《中华人民共和国治安管理处罚法》

2017年1月16日,公安部官网发布《中华人民共和国治安管理处罚法(修订公开征求意见稿)》,意见稿在无人机飞行等方面都增加了相关规定,首次将"黑飞"等违规飞行纳入治安管理范畴。征求意见稿第46条规定,违反国家规定,在低空飞行无人机、动力伞、三角翼等通用航空器、航空运动器材,或者升放无人驾驶自由气球、系留气球等升空物体的,处5日以上10日以下拘留;情节较重的,处10日以上15日以下拘留。

我国各地公安部门均处理过无人机违规飞行者,对2017年4月21日、22日、23日在成都双流国际机场净空保护区域进行无人机违法飞行的3名"黑飞"者,根据《中华人民共和国治安管理处罚法》第23条第一款第(二)项、第11条第一款之规定,成都市公安局双流分局对3人做出了行政拘留5日并收缴无人机的处罚。

以下为2017年4~5月,无人机驾驶员(飞手)违规飞行被公安机关行政拘留的事件。

4月19日,成都金泉辖区一名无人机飞手玩大疆精灵3被行政拘留5日,无人机依法予以收缴,并对举报者给予3 000元现金奖励。

4月21日,成都一名无人机飞手玩大疆Mavic被行政拘留5日,无人机依法予以收缴,并对举报者给予3 000元现金奖励。

4月21日,成都犀浦辖区一名无人机飞手玩大疆精灵3被行政拘留5日,无人机依法予以收缴,并对举报者给予3 000元现金奖励。

4月23日,成都一名无人机飞手在小区玩大疆Mavic被群众举报,公安局对其行政拘留5日。

5月1日,成都新津县某果园内一男子玩大疆精灵4被群众举报,公安局对其行政拘留5日,无人机依法予以收缴,并对举报者给予10 000元现金奖励。

5月2日,广州一男子航拍某部队营区的军事设施,被广州白云警方查获并依法行政拘留7日。

5月9日,绵阳南郊机场附近学校内一男子玩大疆精灵3被公安局行政拘留5日。

5月9日,河南咸阳机场净空区域内,一男子玩航模被公安局行政拘留5日,罚款200元。

5月16日,深圳一名无人机飞手航拍时被公安局行政拘留7日,无人机依法予以收缴。

5月18日,武汉两名飞手航拍重点单位被公安局行政拘留10日。

5月23日,绵阳一名无人机飞手在小区玩无人机被群众举报,公安局对其行政拘留2日。

(六)民航局部门规章

1.《民用无人驾驶航空器实名制登记管理规定》

自2017年6月1日起,最大起飞重量在250 g以上的民用无人机开始实施实名登记注册(不包括航空模型)。已购买无人机的个人,须在8月31日之前完成登记注册,逾期未注册,其行为将被视为违反法规的非法行为,会受到处罚。

2.其他无人机专题规章

《轻小无人机运行规定》《民用无人机驾驶员管理规定》等咨询通告,对无人机使用和操控均提出了要求,但因约束效力有限,咨询通告或管理程序均未对不遵守该规定者提出相应处罚。

(七)地方政府关于民用无人机安全管理的规章

针对民用无人机持有量呈急剧上升趋势,在实际运用中,由于管理体制不够顺畅、法律法规不够完善,民用无人机缺乏有效监管,不规范的升放行为给公共安全带来一定危害。自2017年5月以来,目前全国各地都在密集制定无人机安全管理办法,许多地方政府都颁布了

"民用无人驾驶航空器管理办法"以期规范民用无人机的使用。

第三节　飞行事故的调查与分析

一、飞行事故的调查

飞行事故的调查，就是在出现飞行事故之后，组成专门人员对飞机出现事故的原因进行详细了解和分析的过程。进行飞行事故调查与分析的根本目的，是为了能够正确地判定造成事故的主要原因，及时提出纠正和防范措施。由于大多数飞行事故的发生，涉及许多没有及时发现和处理的事故征候，最终受某种或某些因素的触发而致。所以，绝大多数事故缺少事故当事人的经历，难以直接通过事故过程来分析事故的原因。因此，往往会出现同样类型的事故需要同时采取多种措施防范和处理，而有时一种得力的措施就可能避免大范围的事故。但是有的事故原因相对孤立，如果解决了这种原因，就可能会避免这类事故的发生。

事故原因的清查直接关系到能否接受教训，进一步保证飞行安全的问题。《国际民用航空公约》中专门列有关于飞行事故调查的附件，其中规定了飞行事故调查的组织方法、参加人选、调查程序以及事故调查报告的书写项目和格式等，并明确规定发生事故的所在国、飞机的登记国、使用国和制造国在事故调查中的权利、义务和责任。

完成飞行事故调查，处理善后工作之后，负责事故调查的航空主管部门必须尽速公布事故调查结论和处理结果，针对事故原因提出预防飞行事故措施和保证飞行安全的建议。

二、飞行事故的分析

通用航空事故的分析，是通用航空事故调查的主要内容。在事故分析之前，首先需要立刻赶赴出事地点，认真搜集和飞行事故有关的所有证据，包括飞机飞控在内的所有部件和器件。然后询问有关当事人（包括目击证人），查阅飞机的有关资料等。国外在事故分析方面有许多值得我们借鉴的经验，如美国国家交通安全委员会近年来采用多种方法分析事故原因，如原因因素法、事件序列法、运行阶段分析法等，都可以从不同的方面来分析事故发生的原因。国际上一些民航安全组织，通常采用以下几种方法来进行事故分析。

1. 事件链分析法

民航安全专家认为，一个飞行事故是由人、飞机、材料、管理和环境等五类事件征候组成的事件链产生的，其中有一种事件是事故的致命因素。因此，只要能够及时采取正确措施，切断事件链，使得事件链中的环节之间不能相互产生作用，就可以避免事故的发生。

2. 圆盘漏洞分析法

正如事件链的五个环节一样，通用航空的正常飞行就像五个按照各自规律运转的圆盘。每一个圆盘都有可能存在漏洞。当某个时刻这五个圆盘的漏洞处于同一位置时，形成了一个直通的漏洞，就意味着事故的发生。以上这两种方法，其实质与事件序列法的原理基本相同。

3. 事故征候分析法

民航安全专家认为，任何事故事先都有事故征候，尽管有时人们没有发现它们，但事实上这些事故征候都是存在的。事故的征候有的是显式的，人们能够直观地觉察到；有的是隐式，不容易被人们发觉。通过采取各种方式方法进行检查,及时发现事故征候并予以处理,可以避免事故发生。

4.运行阶段分析法

根据统计分析,通用航空飞行在从起飞至降落的整个飞行过程中,不同的飞行阶段,发生事故的比率是不同的。安全专家认为,应该根据飞机飞行阶段来分析事故的原因,提出相应的有效措施,进行针对性预防。

思 考 题

1.什么是违规飞行?

2.无人机飞行活动对空中安全、公共安全带来的挑战主要体现在哪些方面?

3.简述飞行事故的种类和级别。

4.引起无人机飞行事故的原因主要有哪些?

5.我国对无人机进行违规飞行处罚依据的法律是什么?

6.飞行事故的分析方法有哪些?

附　录

附录 A　中华人民共和国飞行基本规则

（2001 年修订本）

第一章　总则

第一条　为了维护国家领空主权,规范中华人民共和国境内的飞行活动,保障飞行活动安全有秩序地进行,制定本规则。

第二条　凡辖有航空器的单位、个人和与飞行有关的人员及其飞行活动,必须遵守本规则。

第三条　国家对境内所有飞行实行统一的飞行管制。

第四条　国务院、中央军事委员会空中交通管制委员会领导全国的飞行管制工作。

第五条　航空单位的负责人对本单位遵守本规则负责。机长对本空勤组成员遵守本规则负责。

第六条　各航空单位在组织与实施飞行中,应当协调配合,通报有关情况。

第七条　组织与实施飞行,应当按照飞行预先准备、飞行直接准备、飞行实施和飞行讲评等阶段进行。飞行阶段的具体内容和要求,由各航空管理部门自行规定。

第八条　与飞行有关的所有单位、人员负有保证飞行安全的责任,必须遵守有关规章制度,积极采取预防事故的措施,保证飞行安全。

经过批准的飞行,有关的机场和部门应当认真做好组织指挥和勤务保障工作。

第九条　飞行人员在飞行中,必须服从指挥,严格遵守纪律和操作规程,正确处置空中情况。遇到特殊情况,民用航空器的机长,为保证民用航空器及其所载人员的安全,有权对民用航空器做出处置;非民用航空器的机长(或者单座航空器飞行员,下同)在不能请示时,对于航空器的处置有最后决定权。

第十条　各航空管理部门制定与飞行有关的规范,应当符合本规则的规定。

第二章　空域管理

第十一条　空域管理应当维护国家安全,兼顾民用、军用航空的需要和公众利益,统一规划,合理、充分、有效地利用空域。

第十二条　空域的划设应当考虑国家安全、飞行需要、飞行管制能力和通信、导航、雷达设施建设以及机场分布、环境保护等因素。

空域通常划分为机场飞行空域、航路、航线、空中禁区、空中限制区和空中危险区等。空域管理和飞行任务需要的,可以划设空中走廊、空中放油区和临时飞行空域。

第十三条　空域的划设、调整,应当按照国家有关规定履行审批、备案手续。

第十四条　机场飞行空域应当划设在航路和空中走廊以外。仪表(云中)飞行空域的边界距离航路、空中走廊以及其他空域的边界,均不得小于 10 千米。

机场飞行空域通常包括驾驶术(特技、编队、仪表)飞行空域、科研试飞飞行空域、射击飞行空域、低空飞行空域、超低空飞行空域、海上飞行空域、夜间飞行空域和等待空域等。

等待空域通常划设在导航台上空;飞行活动频繁的机场,可以在机场附近上空划设。等待空域的最低高度层,距离地面最高障碍物的真实高度不得小于 600 米。8 400 米以下,每隔300 米为一个等待高度层;8 400 米以上,每隔 600 米为一个等待高度层。机场飞行空域的划设,由驻机场航空单位提出方案,报所在地区的中国人民解放军军级航空单位或者战区空军批准。

相邻机场之间飞行空域可以相互调整使用。

第十五条　航路分为国际航路和国内航路。

航路的宽度为 20 千米,其中心线两侧各 10 千米;航路的某一段受到条件限制的,可以减少宽度,但不得小于 8 千米。航路还应当确定上限和下限。

第十六条　航线分为固定航线和临时航线。

临时航线通常不得与航路、固定航线交叉或者通过飞行频繁的机场上空。

第十七条　国家重要的政治、经济、军事目标上空,可以划设空中禁区、临时空中禁区。

未按照国家有关规定经特别批准,任何航空器不得飞入空中禁区和临时空中禁区。

第十八条　位于航路、航线附近的军事要地、兵器试验场上空和航空兵部队、飞行院校等航空单位的机场飞行空域,可以划设空中限制区。根据需要还可以在其他地区上空划设临时空中限制区。

在规定时限内,未经飞行管制部门许可的航空器,不得飞入空中限制区或者临时空中限制区。

第十九条　位于机场、航路、航线附近的对空射击场或者发射场等,根据其射向、射高、范围,可以在上空划设空中危险区或者临时空中危险区。

在规定时限内,禁止无关航空器飞入空中危险区或者临时空中危险区。

第二十条　空中禁区、空中限制区、空中危险区的划设、变更或者撤销,应当根据需要公布。

第二十一条　空中走廊通常划设在机场密集的大、中城市附近地区上空。

空中走廊的划设应当明确走向、宽度和飞行高度,并兼顾航空器进离场的便利。

空中走廊的宽度通常为 10 千米,其中心线两侧各 5 千米。受条件限制的,其宽度不得小于 8 千米。

第二十二条　空中放油区的划设,按照国家有关规定执行。

第二十三条　临时飞行空域的划设,由申请使用空域的航空单位提出方案,经有关飞行管制部门划定,并通报有关单位。

国(边)境线至我方一侧10 千米之间地带上空禁止划设临时飞行空域。通用航空飞行特殊需要时,经所在地大军区批准后由有关飞行管制部门划设。

第二十四条　在机场区域内必须严格执行国家有关保护机场净空的规定,禁止在机场附近修建影响飞行安全的射击靶场、建筑物、构筑物、架空线路等障碍物体。

在机场及其按照国家规定划定的净空保护区域以外,对可能影响飞行安全的高大建筑物或者设施,应当按照国家有关规定设置飞行障碍灯和标志,并使其保持正常状态。

第二十五条　在距离航路边界 30 千米以内的地带,禁止修建影响飞行安全的射击靶场和其他设施。

在前款规定地带以外修建固定或者临时靶场,应当按照国家有关规定获得批准。靶场射击或者发射的方向、航空器进入目标的方向不得与航路交叉。

第二十六条　修建各种固定对空射击场或者炮兵射击靶场,必须报国务院、中央军事委员会批准。设立临时性靶场和射击点,经有关飞行管制部门同意后,由设立单位报所在省、自治区、直辖市人民政府和大军区审查批准。

固定或者临时性的对空射击场、发射场、炮兵射击靶场、射击点的管理单位,应当负责与所在地区飞行管制部门建立有效的通信联络,并制定协同通报制度;在射击或者发射时,应当进行对空观察,确保飞行安全。

第二十七条　升放无人驾驶航空自由气球或者可能影响飞行安全的系留气球,须经有关飞行管制部门批准。具体管理办法由国务院、中央军事委员会空中交通管制委员会会同国务院民用航空主管部门、中国人民解放军空军拟定,报国务院、中央军事委员会批准实施。

第三章　飞行管制

第二十八条　中华人民共和国境内的飞行管制,由中国人民解放军空军统一组织实施,各有关飞行管制部门按照各自的职责分工提供空中交通管制服务。

第二十九条　飞行管制的基本任务是:

(一)监督航空器严格按照批准的计划飞行,维护飞行秩序,禁止未经批准的航空器擅自飞行;

(二)禁止未经批准的航空器飞入空中禁区、临时空中禁区或者飞出、飞入国(边)境;

(三)防止航空器与航空器、航空器与地面障碍物相撞;

(四)防止地面对空兵器或者对空装置误射航空器。

第三十条　在中华人民共和国境内,按照飞行管制责任划分为:飞行管制区、飞行管制分区、机场飞行管制区。

航路、航线地带和民用机场区域设置高空管制区、中低空管制区、终端(进近)管制区、机场塔台管制区。

在中华人民共和国境内、毗连区、专属经济区及其毗连的公海的上空划分若干飞行情报区。

第三十一条　各类管制区的划设,应当按照国家有关规定审批。

第三十二条　各类管制区的飞行管制,由有关飞行管制部门按照职责分工实施。

第三十三条　中华人民共和国境内特定地区以及执行特殊任务的飞行,应当执行特种飞行管制规定。

第三十四条　担负飞行管制任务的航空管理部门及航空单位,应当按照各自的职责权限,根据本规则制定飞行管制的具体实施办法。

相关飞行管制部门之间,应当制定协同制度。

第三十五条　所有飞行必须预先提出申请,经批准后方可实施。

获准飞出或者飞入中华人民共和国领空的航空器,实施飞出或者飞入中华人民共和国领空的飞行和各飞行管制区间的飞行,必须经中国人民解放军空军批准;飞行管制区内飞行管制分区间的飞行,经负责该管制区飞行管制的部门批准;飞行管制分区内的飞行,经负责该分区飞行管制的部门批准。

民用航空的班期飞行,按照规定的航路、航线和班期时刻表进行;民用航空的不定期运输飞行,由国务院民用航空主管部门批准,报中国人民解放军空军备案;涉及其他航空管理部门的,还应当报其他航空管理部门备案。

第三十六条　战斗飞行按照战斗命令执行,飞机起飞前或者起飞后必须及时通报飞行管制部门。

第三十七条　对未经批准而起飞或者升空的航空器,有关单位必须迅速查明情况,采取必要措施,直至强迫其降落。

第三十八条　转场航空器的起飞,机场区域内、外飞行的开始和结束,均应当遵守预定的时间;需要提前或者推迟起飞时间的,应当经上一级飞行管制部门的许可。

转场航空器超过预定起飞时间一小时仍未起飞,又未申请延期的,其原飞行申请失效。

第三十九条　组织与实施通用航空飞行活动,必须按照有关规定履行报批手续,并向当地飞行管制部门提出飞行申请。飞行申请的内容包括:任务性质、航空器型别、飞行范围、起止时间、飞行高度和飞行条件等。各航空单位应当按照批准的飞行计划组织实施。

第四十条　航空器飞入相邻管制区前,飞行管制部门之间应当进行管制移交。管制移交应当按照程序管制或者雷达管制的有关规定实施。

第四十一条　在中华人民共和国领空飞行的航空器,必须标明明显的识别标志,禁止无识别标志的航空器飞行。

无识别标志的航空器因特殊情况需要飞行的,必须经中国人民解放军空军批准。

航空器的识别标志,必须按照国家有关规定获得批准。

第四十二条　空中交通管制员、飞行指挥员(含飞行管制员,下同)应当按照国家有关规定,经过专门培训、考核,取得执照、证书后,方可上岗工作。

第四章　机场区域内飞行

第四十三条　机场区域是指机场和为该机场划定的一定范围的设置各种飞行空域的空间。

机场区域应当根据机场周围的地形,使用该机场的航空器的型别和任务性质,邻近机场的位置和跑道方向,机场附近的国(边)境、空中禁区、对空射击场或者发射场、航路和空中走廊的位置,以及公众利益和安全保障等因素划定。

相邻机场距离过近的,可以合划一个机场区域。

机场区域的界线通常与机场飞行(塔台)管制区的界线相同。

第四十四条　机场区域内飞行,应当遵守机场使用细则。

机场使用细则的制定、审批和备案,按照国家有关规定执行。

第四十五条　飞行人员飞行时,必须按照规定携带必备的资料、文书和证件。

第四十六条　飞行准备以及保障飞行的准备工作,必须在飞行开始前完成。在各项准备和天气情况符合飞行要求时,飞行方可开始。

接受转场飞行航空器降落的机场,必须在航空器到达机场 30 分钟以前,做好保障降落的各项准备工作。

第四十七条　昼间飞行,在航空器起飞、降落前,水平能见度小于 2 公里的,应当打开机场全部障碍标志灯;水平能见度小于 1 公里的,起飞时还应当打开跑道灯,着陆时还应当打开航空器着陆方向(着陆的反航向)上保障飞行的全部灯光。

第四十八条　飞行人员自起飞前开车起到着陆后关车止,必须同空中交通管制员或者飞行指挥员保持无线电通信联络,并且严格遵守通信纪律。

未配备无线电通信设备或者通信设备发生故障的航空器,按照本规则附件一的规定进行联络。

第四十九条　飞行员开车滑行,必须经空中交通管制员或者飞行指挥员许可。滑行或者牵引时,应当遵守下列规定:

(一)按照规定的或者空中交通管制员、飞行指挥员指定的路线滑行或者牵引。

(二)滑行速度应当按照相应航空器的飞行手册或者飞行员驾驶守则执行;在障碍物附近滑行,速度不得超过每小时 15 千米。

(三)航空器对头相遇,应当各自靠右侧滑行,并且保持必要的安全间隔;航空器交叉相遇,飞行员从座舱左侧看到另一架航空器时应当停止滑行,主动避让。

(四)两架以上航空器跟进滑行,后航空器不得超越前航空器,后航空器与前航空器的距离,不得小于 50 米。

(五)夜间滑行或者牵引,应当打开航空器上的航行灯。

(六)直升机可以用 1 米至 10 米高度的飞行代替滑行。

水上航空器在滑行或者牵引中,与船只对头或者交叉相遇,应当按照航空器滑行或者牵引时相遇的避让方法避让。

第五十条　通常情况下,准备起飞的航空器,在起落航线第四转弯后无其他航空器进入着陆时,经空中交通管制员或者飞行指挥员许可,方可滑进跑道;跑道上无障碍物,方准起飞。

航空器起飞、着陆时,后航空器应当与前航空器保持规定的安全间隔。

第五十一条　机场的起落航线通常为左航线;若因地形、城市等条件的限制,或者为避免同邻近机场的起落航线交叉,也可以为右航线;起落航线的飞行高度,通常为 300 米至 500 米。

进行起落航线飞行时,禁止超越同型航空器;各航空器之间的距离,一般应当保持在 1500 米以上;经空中交通管制员或者飞行指挥员许可,速度大的航空器可以在第三转弯前超越速度小的航空器,超越时应当从前航空器的外侧超越,其间隔不得小于 200 米。除必须立即降落的航空器外,任何航空器不得从内侧超越前航空器。

加入起落航线飞行必须经空中交通管制员或者飞行指挥员许可,并且应当顺沿航线加入,不得横向截入。

第五十二条　航空器起飞后在机场区域内上升或者降落前在机场区域内下降,必须按照空中交通管制员或者飞行指挥员的指示进行。

航空器飞离机场加入航路、航线和脱离航路、航线飞向机场,应当按照该机场使用细则或者进离场程序规定的航线和高度上升或者下降。

第五十三条　相邻机场的穿云上升航线、穿云下降航线互有交叉,飞行发生矛盾时,由负责该地区飞行管制的部门调整。

第五十四条 航空器进行空域飞行时,应当按照规定的航线(航向)、高度、次序进入空域或者脱离空域,并且保持在规定的空域和高度范围内飞行。

除等待空域外,一个飞行空域,在同一个时间内,只允许安排一至三批航空器飞行。各批航空器飞行活动的高度范围之间,通常应当保持 2 000 米以上的高度差。

第五十五条 目视飞行时,飞行人员必须加强空中观察。航空器应当与云保持一定的水平距离和垂直距离。

机长对目视飞行的安全负直接责任。

第五十六条 航空器进入着陆,应当经空中交通管制员或者飞行指挥员许可;不具备着陆条件的,不得勉强着陆。

航空器着陆后,应当迅速脱离跑道。

第五十七条 飞行人员在复杂气象条件下按仪表飞行,必须同时具备下列条件:

(一)飞行人员掌握复杂气象飞行技术;

(二)航空器配备有完好的航行设备和无线电通信设备。

第五十八条 复杂气象条件下进入机场区域的飞行,必须经空中交通管制员或者飞行指挥员许可。空中交通管制员或者飞行指挥员允许航空器飞入机场区域时,应当及时向飞行员通报下列情况:

(一)进入的飞行高度;

(二)机场区域内有关的飞行情况;

(三)水平能见度或者跑道视程、天气现象和机场上空的云底高度,地面和穿云高度上的风向、风速、场面气压或者修正海平面气压,或者零点高度,以及地面大气温度;

(四)仪表进场或者穿云方法和着陆航向。

第五十九条 航空器在等待空域内,必须保持在规定的等待高度层并且按照空中交通管制员或者飞行指挥员指示的方法飞行,未经许可,不得自行改变。

在等待空域内等待降落的航空器,应当按照规定的顺序降落。特殊情况下,经空中交通管制员或者飞行指挥员许可,方可优先降落。

第六十条 航空器穿云下降必须按照该机场的仪表进近图或者穿云图进行。当下降到规定的最低高度或者决断高度仍不能以目视进行着陆时,应当立即停止下降,并且按照规定的航向上升至安全高度。

航空器因故不能在该机场降落的,空中交通管制员、飞行指挥员或者航空公司签派员及其代理人,应当立即通知备降机场准备接受航空器降落,同时指示航空器飞往备降机场的航向、飞行高度和通知备降机场的天气情况。在飞行人员同备降机场沟通无线电联络并且报告在备降机场着陆已有保障以前,空中交通管制员、飞行指挥员或者航空公司签派员及其代理人应当继续与该航空器保持联络。

第六十一条 航空器飞临降落机场时,机场的天气情况低于机长飞行的最低气象条件,且航空器无法飞往备降机场的,空中交通管制员或者飞行指挥员应当采取一切措施,指挥航空器安全降落。

第六十二条 飞机在空中拖曳滑翔机时,拖曳飞机同滑翔机应当视为一个航空器。滑翔机飞行员应当服从拖曳飞机飞行员的指挥。

滑翔机在空中脱离拖曳,必须在规定的高度上进行,并且经拖曳飞机飞行员同意,但紧急情况除外。

第六十三条　机场区域内飞行的开始和结束的时间,其他任务飞行的航空器在该机场起飞和降落的时间,均应当及时报告上级飞行管制部门。

相邻机场应当互相主动通报有关的飞行情况。

第五章　航路和航线飞行

第六十四条　航空器使用航路和航线,应当经负责该航路和航线的飞行管制部门同意。

第六十五条　航路和固定航线地带应当设置必要的监视和导航设备。

沿航路和固定航线应当有备降机场。备降机场应当有必备的设备和良好的通信、导航、气象保障。

军用机场作为民用航空器的固定备降机场或者民用机场作为军用航空器的固定备降机场,应当按照国家有关规定经过批准。

第六十六条　穿越航路和航线的飞行,应当明确穿越的地段、高度和时间,穿越时还应当保证与航路和航线飞行的航空器有规定的飞行间隔。

第六十七条　飞行任务书是许可飞行人员进行转场飞行和民用航空飞行的基本文件。飞行任务书由驻机场航空单位或者航空公司的负责人签发。

在飞行任务书中,应当明确飞行任务、起飞时间、航线、高度、允许机长飞行的最低气象条件以及其他有关事项。

第六十八条　航路、航线飞行或者转场飞行前,驻机场航空单位或者航空公司的负责人应当亲自或者指定专人对飞行人员的飞行准备情况进行检查。飞行准备质量符合要求时,方可执行飞行任务。

第六十九条　航路、航线飞行或者转场飞行的航空器的起飞,应当根据飞行人员和航空器的准备情况,起飞机场、降落机场和备降机场的准备情况以及天气情况等确定;有下列情况之一的,不得起飞:

(一)空勤组成员不齐,或者由于技术、健康等原因不适于飞行的;

(二)飞行人员尚未完成飞行准备、飞行准备质量不符合要求、驻机场航空单位或者航空公司的负责人未批准飞行的;

(三)飞行人员未携带飞行任务书、飞行气象文件及其他必备飞行文件的;

(四)飞行人员未校对本次飞行所需的航行、通信、导航资料和仪表进近图或者穿云图的;

(五)航空器或者航空器上的设备有故障可能影响飞行安全,或者民用航空器设备低于最低设备清单规定,或者军用航空器经机长确认可能影响本次飞行安全的;

(六)航空器表面的冰、霜、雪未除净的;

(七)航空器上的装载和乘载不符合规定的;

(八)航空器未按规定携带备用燃料的;

(九)天气情况低于机长飞行的最低气象条件,以及天气情况危及本次飞行安全的。

第七十条　飞行人员在飞行中必须遵守有关的飞行规则和飞行任务书中的各项规定,服从飞行指挥,准确实施领航,保持规定的航行诸元,注意观察空中情况,按照规定及时报告航空器位置、飞行情况和天气情况,特别是危险天气现象及其发展情况。

第七十一条 目视飞行时,航空器应当按照下列规定避让:

(一)在同一高度上对头相遇,应当各自向右避让,并保持500米以上的间隔;

(二)在同一高度上交叉相遇,飞行员从座舱左侧看到另一架航空器时应当下降高度,从座舱右侧看到另一架航空器时应当上升高度;

(三)在同一高度上超越前航空器,应当从前航空器右侧超越,并保持500米以上的间隔;

(四)单机应当主动避让编队或者拖曳飞机,有动力装置的航空器应当主动避让无动力装置的航空器,战斗机应当主动避让运输机。

第七十二条 在与航路、固定航线交叉或者靠近的临时航线飞行时,飞行人员应当加强对空中的观察,防止与航路飞行的航空器相撞。当临时航线与航路、固定航线交叉时,水平能见度大于8千米的,应当按照规定的飞行高度通过;在云中飞行或者水平能见度小于8千米的,应当按照空中交通管制员或者飞行指挥员的指示通过。在靠近航路的航线上飞行时,应当与航路的边界保持规定的安全间隔。

第七十三条 未配备复杂气象飞行设备的航空器,机长应当按照规定的飞行最低气象条件,在安全高度以上进行目视飞行,防止飞入云中。

第七十四条 当天气情况不低于机长飞行的最低气象条件时,机长方可在300米以下进行目视飞行,飞行时航空器距离云层底部不得小于50米。

第七十五条 航空器沿航路和固定航线飞行通过中途机场100至50公里前,除有协议的外,飞行人员应当向该机场的空中交通管制员或者飞行指挥员报告预计通过的时间和高度。中途机场的空中交通管制员或者飞行指挥员必须指挥在本机场区域内飞行的航空器避让过往航空器,保证其安全通过;无特殊原因,不得改变过往航空器的航线和高度。

航空器在临时航线飞行通过中途机场时,应当按照规定的航线和高度通过,或者按照该机场空中交通管制员或者飞行指挥员的指示通过。

第七十六条 飞行中,飞行人员与地面联络中断,可以停止执行飞行任务,返回原机场或者飞往就近的备降机场降落。当保持原高度飞向备降机场符合飞行高度层配备规定时,仍保持原高度飞行;当保持原高度飞向备降机场不符合飞行高度层配备规定时,应当下降到下一层高度飞向备降机场;因飞行安全高度所限不能下降到下一层高度的,应当上升至上一层高度飞向备降机场。

第七十七条 航路、航线飞行或者转场飞行的航空器,在起飞前或者在中途机场降落后需要继续飞行的,机长或者其代理人必须到机场飞行管制部门办理飞行手续,校对有关资料,经批准后方可起飞;航空器降落后需要连续起飞的,必须事先经中途机场飞行管制部门的许可。

航路、航线飞行或者转场飞行的航空器降落后,机长或者其代理人必须到机场飞行管制部门或者航空公司报告飞行情况和航路、航线天气情况,送交飞行任务书和飞行天气报告表。

未经批准而降落在非预定机场的航空器,必须由驻该机场航空单位的负责人向上级报告,经批准后方可起飞。

第七十八条 航路、航线飞行或者转场飞行的航空器到达预定机场后,其各项保障工作由驻该机场的有关部门按照规定或者协议负责。

第六章 飞行间隔

第七十九条　飞行间隔是为了防止飞行冲突,保证飞行安全,提高飞行空间和时间利用率所规定的航空器之间应当保持的最小安全距离。飞行间隔包括垂直间隔和水平间隔。水平间隔分为纵向间隔和横向间隔。

机长必须按照规定的飞行间隔飞行,需要改变时,应当经飞行管制部门许可。

第八十条　航路、航线飞行或者转场飞行的垂直间隔,按照飞行高度层配备。飞行高度层按照以下标准划分:

(一)真航线角在 0 度至 179 度范围内,高度由 900 米至 8 100 米,每隔 600 米为一个高度层;高度在 9 000 米以上,每隔 1 200 米为一个高度层。

(二)真航线角在 180 度至 359 度范围内,高度由 600 米至 8 400 米,每隔 600 米为一个高度层;高度在 8 400 米以上,每隔 1 200 米为一个高度层。

(三)飞行高度层应当根据标准大气压条件下假定海平面计算。真航线角应当从航线起点和转弯点量取。

飞行高度层的具体配备标准见本规则附件二。

第八十一条　航路、航线飞行或者转场飞行的水平间隔,由中国人民解放军空军会同国务院民用航空主管部门拟定,报国务院、中央军事委员会空中交通管制委员会批准。

第八十二条　飞行的安全高度是避免航空器与地面障碍物相撞的最低飞行高度。

航路、航线飞行或者转场飞行的安全高度,在高原和山区应当高出航路中心线、航线两侧各 25 千米以内最高标高 600 米;在其他地区应当高出航路中心线、航线两侧各 25 千米以内最高标高 400 米。

受性能限制的航空器,其航路、航线飞行或者转场飞行的安全高度,由有关航空管理部门另行规定。

第八十三条　航路、航线飞行或者转场飞行的航空器,在航路中心线、航线两侧各 25 千米以内的最高标高不超过 100 米,大气压力不低于 1 000 百帕(750 毫米水银柱)的,允许在 600米的高度层内飞行;当最高标高超过 100 米,大气压力低于 1 000 百帕(750 毫米水银柱)的,飞行最低的高度层必须相应提高,保证飞行的真实高度不低于安全高度。

第八十四条　航路、航线飞行或者转场飞行的高度层,由批准本次飞行的负责人,通过飞行管制部门具体配备。

飞行高度层应当根据飞行任务的性质、航空器性能、飞行区域以及航线的地形、天气和飞行情况等配备。

第八十五条　在同一条航路、航线有数架(数批)航空器同时飞行并且互有影响的,应当分别将每架(每批)航空器配备在不同的高度层内;不能配备在不同高度层的,可以允许数架(数批)航空器在同一条航路、航线、同一个高度层内飞行,但是各架(各批)航空器之间应当保持规定的纵向间隔。

第八十六条　航路、航线飞行或者转场飞行的航空器起飞前,应当将场面气压的数值调整到航空器上气压高度表的固定指标,使气压高度表的指针指到零的位置。

航路、航线飞行或者转场飞行的航空器起飞后,在未规定过渡高度或者过渡高的机场上升到距该机场道面 600 米高度时,应当将航空器上气压高度表的标准海平面气压值调整到固定指标,然后再继续上升到规定的飞行高度层;规定有过渡高度或者过渡高的机场,在上升至过渡高度或者过渡高时,应当将气压高度表调整到标准海平面气压值。

航路、航线飞行或者转场飞行的航空器,进入降落机场区域并下降至该机场过渡高度层时,或者根据空中交通管制员、飞行指挥员的指示,将机场场面气压的数值调整到航空器上气压高度表的固定指标。

仅供民用航空器起降的机场,可以修正海平面气压值为航空器气压高度表拨正值。

提供外国航空器起降的机场,可以向外国航空器提供机场修正海平面气压值。

军用、民用航空器在同一机场同时飞行的,必须统一航空器上气压高度表拨正时机。

第八十七条　在高原机场起飞前,航空器上气压高度表的气压刻度不能调整到机场场面气压数值的,应当将气压高度表的标准海平面气压值调整到固定指标(此时所指示的高度为假定零点高度),然后起飞和上升到规定的飞行高度。

在高原机场降落时,航空器上气压高度表的气压刻度不能调整到机场场面气压数值的,应当按照空中交通管制员或者飞行指挥员通知的假定零点高度进行着陆。航空器上有两个气压高度表的,应当将其中一个气压高度表的标准海平面气压值调整到固定指标,而将另一个气压高度表以修正的海平面气压值调整到固定指标。

在高原、山区飞行,必须注意航空器上气压高度表与无线电高度表配合使用。

第八十八条　航路、航线飞行或者转场飞行时,因航空器故障、积冰、绕飞雷雨区等原因需要改变飞行高度层的,机长应当向飞行管制部门报告原因和当时航空器的准确位置,请求另行配备飞行高度层。飞行管制部门允许航空器改变飞行高度层时,必须明确改变的高度层以及改变高度层的地段和时间。

遇有紧急情况,飞行安全受到威胁时,机长可以决定改变原配备的飞行高度层,但必须立即报告飞行管制部门,并对该决定负责。改变高度层的方法是:从航空器飞行的方向向右转30度,并以此航向飞行20千米,再左转平行原航线上升或者下降到新的高度层,然后转回原航线。

第七章　飞行指挥

第八十九条　组织实施飞行指挥应当根据本规则和有关规定进行,做到正确、及时和不间断。

第九十条　飞行指挥员必须切实履行职责,维护机场、空中秩序和飞行纪律,并做到:

(一)了解飞行任务、飞行计划、飞行人员的技术水平及健康状况、航空器性能和机载设备,以及各项保障工作情况;

(二)掌握飞行动态,了解天气变化,及时向飞行人员通知有关的空中情况和指挥其准确地按照计划飞行;

(三)当空中情况发生变化时,及时采取措施,正确处置。

第九十一条　飞行指挥必须按照下列调配原则安排飞行次序:

(一)一切飞行让战斗飞行;

(二)其他飞行让专机飞行和重要任务飞行;

(三)国内一般任务飞行让班期飞行;

(四)训练飞行让任务飞行;

（五）场内飞行让场外飞行；

（六）场内、场外飞行让转场飞行。

第九十二条　在飞行期间,所有参加飞行和保障飞行的人员,必须服从飞行指挥员的指挥。

第九十三条　驻在同一机场的军用航空器和民用航空器同时飞行时,必须实施统一指挥。军用航空单位派出飞行指挥员,民用航空单位派出飞行副指挥员。

飞行副指挥员负责向飞行指挥员报告民用航空器的航行诸元和有关飞行情况,并且按照飞行指挥员的指示,对民用航空器实施指挥。

第九十四条　执行不同任务的航空器或者不同型别的航空器,在同一机场同时飞行的,应当根据具体情况安排优先起飞和降落的顺序。

对执行紧急或者重要任务的航空器,班期飞行或者转场飞行的航空器,速度大的航空器,应当允许优先起飞;对有故障的航空器,剩余油量少的航空器,执行紧急或者重要任务的航空器,班期飞行和航路、航线飞行或者转场飞行的航空器,应当允许优先降落。

第九十五条　飞行指挥用无线电实施。指挥用语应当简短、明确、易懂、规范。

未配备无线电通信设备的航空器,无线电受干扰或者无线电通信设备发生故障的航空器,按照本规则附件一的规定实施指挥。

第九十六条　现用机场应当设飞行管制室、起飞线塔台(指挥塔台)或者机场管制塔台,其位置应当有良好的视界,可观察到机场、净空地带以及航空器飞行和航空器在机场上的活动。

机场飞行管制室、起飞线塔台(指挥塔台)或者机场管制塔台,应当配备指挥和保障飞行的通信设备、雷达显示设备或者雷达标图以及其他有关设备和必要的文件图表等。

第九十七条　作战飞行的指挥,按照中国人民解放军有关规定执行。

第八章　飞行中特殊情况的处置

第九十八条　飞行中的特殊情况,是指突然发生的危及飞行安全的情况。

对飞行中特殊情况的处置,应当根据情况的性质、飞行条件和可供进行处置的时间来确定。飞行中各种特殊情况的处置办法,由各航空管理部门规定。

第九十九条　飞行人员、空中交通管制员、飞行指挥员和各类保障飞行的人员,对飞行中特殊情况的处置必须预有准备。飞行人员应当及时察觉飞行中出现特殊情况的各种征兆,熟练掌握在各种特殊情况下的操作程序和紧急处置方法;空中交通管制员或者飞行指挥员,应当熟知在不同的飞行条件下特殊情况的指挥措施和组织援救遇险航空器的方法;各类保障飞行的人员在任何情况下都应当恪尽职守,使各种保障设施经常处于良好状态,随时能为飞行人员、空中交通管制员、飞行指挥员正确处置特殊情况提供有利条件。

第一百条　飞行中发生特殊情况,机长必须在保证航空器上人员生命安全的前提下,积极采取措施保全航空器。时间允许的,机长应当及时向空中交通管制员或者飞行指挥员报告所发生的情况和准备采取的措施,并且按照其指示行动。

空中交通管制员或者飞行指挥员应当根据空中具体情况,及时采取正确措施指挥航空器。

第一百○一条　在飞行中遇到严重危及航空器和人员安全的情况时,飞行人员应当利用一切手段,重复发出规定的遇险信号。其他航空器飞行人员在飞行中收到遇险信号,应当暂时停止使用无线电发信,必要时协助遇险航空器重复发出遇险信号。

空中交通管制员或者飞行指挥员在收到航空器发出的遇险信号后,应当迅速查明遇险航空器的位置和险情性质,立即采取措施,并报告上级。

第一百〇二条　军用航空器遇险时,有关部门应当及时报告当地政府和驻军。当地政府和驻军应当立即组织搜寻援救。在海上搜寻援救遇险航空器时,还应当报告国家海上搜寻援救组织和附近的海上搜寻援救组织,国家海上搜寻援救组织和附近的海上搜寻援救组织应当迅速进行搜寻和援救。

民用航空器遇险时,搜寻援救活动的组织与实施按照国家有关规定执行。

第一百〇三条　航空器在中华人民共和国境外遇险时,应当使用国际通用的遇险信号和频率。在海上飞行遇险时,设备允许的,还应当使用500千赫频率发出遇险信号。

第九章　通信、导航、雷达、气象和航行情报保障

第一百〇四条　通信、导航、雷达、气象和航行情报保障部门应当明确任务,认真履行职责,密切协同,周密组织与实施飞行保障工作。

第一百〇五条　各种通信、导航设备必须经常处于良好状态,主要设备应当配有备份,保证通信、导航的可靠性和稳定性。

有关部门应当加强对航空通信、导航无线电频率的管理和保护。任何单位或者个人使用的无线电台和其他仪器、装置,不得妨碍航空无线电专用频率的正常使用。

航路、航线地空通信、导航设备的增设、撤除或者变更,应当经中国人民解放军空军或者国务院民用航空主管部门同意。其中中波导航台和军用、民用航空共用的地空通信、导航设备的撤除还须经使用各方协商同意。

第一百〇六条　飞行实施过程中,飞行人员、空中交通管制员、飞行指挥员应当按照通信、导航保障规定,正确使用通信、导航设备。

第一百〇七条　雷达保障部门应当对中华人民共和国境内的所有飞行提供保障。

雷达设备应当经常处于良好状态,保证雷达工作的可靠性和稳定性。

雷达保障工作,应当按照管制区域或者雷达责任区组织实施。

第一百〇八条　雷达保障应当做到:

(一)及时、准确、连续地测定和通报空中航空器的位置;

(二)严密监视航空器按照预定的航路、航线、飞行空域和高度飞行,及时发现和报知航空器偏离航路、航线、改变飞行高度和超出飞行空域的情况;

(三)当获知空中有迷航、遇险的航空器时,应当组织有关雷达重点观察,迅速判明迷航、遇险的航空器及有关情况;

(四)当飞行区域天气不稳定时,应当根据空中交通管制员或者飞行指挥员的要求,及时组织雷达探测天气。

第一百〇九条　飞行的气象保障工作由航空气象保障部门负责。

航空气象保障部门必须严密组织气象保障,及时、准确地提供天气预报、天气实况,及时发布重要气象情报、危险天气警报和通报;必要时可以提出派遣航空器侦察天气和利用探测设备探测天气的建议。

有关单位应当优先传递重要气象情报、危险天气警报和通报。

机场的气象台,应当根据空中交通管制员或者飞行指挥员下达的任务,对在本机场起飞、降落的航空器,实施气象保障;兼负飞行管制分区(区域)飞行管制任务部门的机场气象台,还应当负责本区内转场飞行的气象保障。

国家和各省、自治区、直辖市气象部门应当根据航空单位的申请,提供必要的气象情报。

第一百一十条　飞行气象保障的组织与实施,应当按照各航空单位的有关规定执行。

飞行保障任务涉及两个以上无隶属关系的气象部门时,应当按照有关协同规定组织实施。

第一百一十一条　航行情报部门,应当提供保证飞行安全、正常和效率所需要的各种航行情报资料。

有关单位应当主动配合,密切协作,及时提供航行情报,保证航行资料及时、准确和完整。

第十章　对外国航空器的特别规定

第一百一十二条　外国航空器飞入或者飞出中华人民共和国领空,或者在中华人民共和国境内飞行、停留,必须按照中华人民共和国的有关规定获得批准。

第一百一十三条　外国航空器在中华人民共和国境内的航路、航线飞行时,由中华人民共和国国务院民用航空主管部门负责提供空中交通管制服务。

第一百一十四条　外国航空器飞入或者飞出中华人民共和国领空,必须按照规定的航路飞入或者飞出。飞入或者飞出领空前20至15分钟,其机组必须向中华人民共和国有关空中交通管制部门报告,并取得飞入或者飞出领空的许可;未经许可,不得飞入或者飞出。

第一百一十五条　未经批准擅自飞入或者飞出中华人民共和国领空的外国民用航空器,中华人民共和国有关机关有权采取必要措施,令其在指定的机场降落。

在中华人民共和国境内飞行、停留的外国民用航空器违反本规则规定的,由中华人民共和国有关空中交通管制部门采取措施,令其纠正。情节严重的,有关部门可以采取必要措施,直至迫使其在指定机场降落。

第十一章　法律责任

第一百一十六条　违反本规则规定,《中华人民共和国民用航空法》及有关法规对其处罚有明确规定的,从其规定;无明确规定的,适用本章规定。

第一百一十七条　未按本规则规定履行审批、备案或者其他手续的,由有关部门按照职责分工责令改正;情节严重的,对直接负责的主管人员和其他直接责任人员依法给予行政处分或者纪律处分;构成犯罪的,依法追究刑事责任。

第一百一十八条　飞行人员未按本规则规定履行职责的,由有关部门依法给予行政处分或者纪律处分;情节严重的,依法给予吊扣执照一个月至六个月的处罚,或者责令停飞一个月至三个月;构成犯罪的,依法追究刑事责任。

第一百一十九条　空中交通管制员、飞行指挥员未按本规则规定履行职责的,由有关部门视情节给予批评教育、警告、记过、降职或者取消资格,免除职务的处分;构成犯罪的,依法追究刑事责任。

第一百二十条　飞行保障部门及其人员未按本规则规定履行职责的,由有关航空管理部门视情节给予通报批评;对直接负责的主管人员或者其他责任人员依法给予行政处分或者纪律处分;构成犯罪的,依法追究刑事责任。

第十二章　附则

第一百二十一条　中华人民共和国航空器在本国领海以外毗连区、专属经济区和公海上空飞行,中华人民共和国缔结或者参加的国际条约同本规则有不同规定的,适用国际条约的规定;但是,中华人民共和国声明保留的条款除外。

第一百二十二条　拦截违反本规则的航空器所使用的信号和被拦截的航空器回答的信号,按照本规则附件三的规定执行。

第一百二十三条　本规则下列用语的含义:

航空单位,是指拥有航空器并从事航空飞行活动的机关或者单位,包括航空运输公司、飞行俱乐部、飞行部队、飞行院校等。

航空管理部门,是指对从事飞行活动的航空单位具有管理职能的机关或者单位,包括中国民用航空总局、国家体育总局、航空工业集团公司,中国人民解放军海军、空军、总参谋部陆航局等。

过渡高度,是指一个特定的修正海平面气压高度。在此高度及其以下,航空器的垂直位置按修正海平面气压高度表示。

过渡高,是指一个特定的场面气压高。在此高及其以下,航空器的垂直位置按场面气压高表示。

过渡高度层,是指在过渡高度之上的最低可用飞行高度层。

终端管制区,是指设在一个或者几个主要机场附近的空中交通服务航路汇合处的管制区。

第一百二十四条　本规则自 2001 年 8 月 1 日零时起施行。国务院、中央军事委员会 1977 年 4 月 21 日颁发的《中华人民共和国飞行基本规则》同时废止。

附件一:

辅助指挥、联络的符号和信号(一)

顺　序	含　义	昼　间	夜　间
1	请求起飞	飞行员向上举手	闪烁航行灯
2	允许起飞	用白色信号旗向上指,然后指向起飞方向	打开绿色信号灯
3	禁止起飞 (或者滑行)	用红色信号旗向上指或者向航空器前方发射红色信号弹	打开红色信号灯或者向航空器前方发射红色信号弹
4	请求着陆	航空器通过跑道上空并且摇摆航空器	航空器通过跑道上空并且闪烁航行灯或者打开着陆灯
5	允许着陆	着陆地带铺设"T"字布或者发射绿色信号弹	打开"T"字灯或者发射绿色信号弹
6	禁止着陆	将"T"字布摆成"十"字形或者发射红色信号弹	将"T"字灯改成"十"字形或者发射红色信号弹

续 表

顺 序	含 义	昼 间	夜 间
7	命令全部飞机立即降落	在"T"字布前5米处与横布平行放一横布	连续发射绿色信号弹
8	请求立即强迫着陆	航空器通过跑道上空并且发出一颗或者数颗信号弹	航空器通过跑道上空并且发出一颗或者数颗信号弹
9	命令在备降机场降落	在"T"字布位置摆一箭头式布,箭头指向备降机场	在"T"字灯位置摆一箭头式灯光,箭头指向备降机场
10	命令在迫降地带着陆	将"T"字布摆在迫降地带	关闭"T"字灯,用探照灯照射迫降地带
11	在机场上空做右起落航线飞行	在"T"字布前5米处用布摆一个三角形	在"T"字灯前5米处用灯光摆一个三角形
12	起落架未放下	将"T"字布分开5米或者发射红色信号弹	将"T"字灯分开5米或者发射红色信号弹
13	右起落架故障	将"T"字布横布右端折起	
14	左起落架故障	将"T"字布横布左端折起	
15	前起落架故障	在"T"字布前,纵布延长线上10米处,平行跑道铺设一纵布	
备注	"T"字布的尺寸:纵布的长度为20米,宽度为2米;横布及辅助布的长度为9米,宽度为2米 "T"字布的颜色:地面有雪用红色或者黑色,没有雪用白色		

辅助指挥、联络的符号和信号(二)

序 号	信号类别	信号含义	
		飞行中的航空器	地面上的航空器
1	绿色灯光指向航空器	可以着陆	可以起飞
2	红色灯光指向航空器	避让其他航空器并继续盘旋	停止
3	一连串绿色闪光指向航空器	返回着陆	可以滑行
4	一连串红色闪光指向航空器	机场不安全,不要着陆	滑离机场起点
5	一连串白色闪光指向航空器	在此机场着陆并滑行到停机坪	滑回机场起点
6	红色信号弹	暂不要着陆	

附件二：

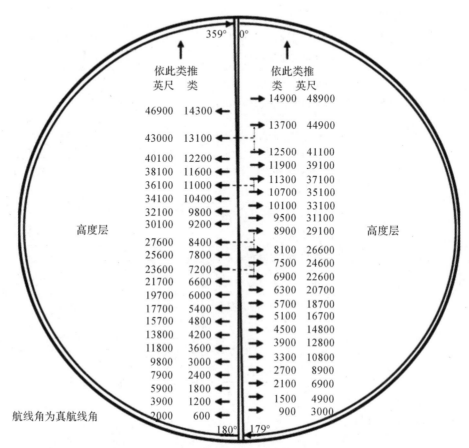

飞行高度层配备标准示意图

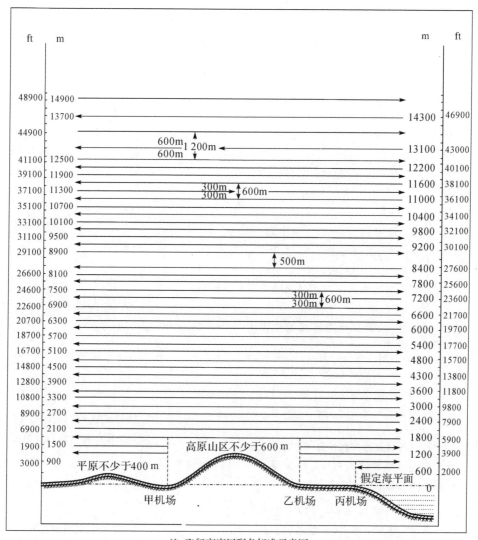

续：飞行高度层配备标准示意图

附件三：

拦截航空器和被拦截航空器的动作信号

类别	组号	处置	拦截航空器信号	含义	被拦截航空器信号	含义
拦截航空器先用的信号和被拦截航空器回答的信号	第一组	信号告警	昼间:通常在目标机前侧方,摇摆机翼,由内向外做水平移动,并可发射机尾陆空协同信号弹。夜间:同样动作,并不规则地闪烁航行灯	你已越境(偏航)立即退出(恢复正常航线)	昼间:摇摆机翼,并立即改变航向。夜间:同样动作,并不规则地闪烁航行灯。	明白
		动作警告	昼间:通常在我方一侧向其做小速度差的连续攻击动作	越境飞机立即退出	直升机:昼间或夜间:摇摆航空器,不规则地闪烁航行灯并改向飞行	照办
		警告性射击	昼间和夜间:在被拦截目标的侧方,平行略靠前,用单炮向前方射击	立即改变航向		
	第二组	外逼	昼间和夜间:在我方一侧,向目标机反复压坡度。昼间:向目标做连续的攻击动作或采用大角度进入拦截的方法,进行冲击。夜间:向目标做连续的攻击动作	向外飞行	昼间或夜间:摇摆机翼,立即改变航向	明白 照办
		引导出境	1.昼间或夜间:摇摆机翼(夜间可不规则闪烁航行灯)用目标跟得上的速度向境外方向飞行	跟我来	昼间或夜间:摇摆机翼(不规则地闪烁航行灯),并跟随	明白 照办
			2.接近边境做大于90°的上升转弯急速脱离目标。不要穿越被拦截目标机的飞行路线	你可以前进		
	第三组	迫降	1.昼间:在目标左前方摇摆机翼,得到回答后,向左以目标跟得上的速度做水平慢转弯,飞向指定机场。夜间:同样动作,并不规则地闪烁航行灯	你已被拦截跟我来	昼间:摇摆机翼并跟随。夜间:同样动作,并不规则地闪烁航行灯	明白
			2.到达机场后,在机场上空盘旋,长机放起落架,并沿着陆航向飞越跑道上空(夜间同样动作,并打开着陆灯),引导目标着陆	可以在此机场着陆	放下起落架,夜间持续打开着陆灯	照办

续表

类别	组号	拦截航空器信号	含　义	被拦截航空器信号	含义
被拦截航空器先用的信号和拦截航空器回答的信号	第四组	昼间:高出场面300米以上但不高于600米飞越着陆跑道,收上起落架,在机场上空盘旋。 夜间:高出场面300米以上但不高于600米,飞越着陆跑道,闪烁着陆灯,在机场上空盘旋。如不能闪烁着陆灯,闪烁可利用的其他灯光	你所指定的机场不合适	拦截机收上起落架并使用第三组第1项信号。在地面引导下,将目标引领到其他机场	明白 跟我来
				如决定释放被拦截机使用第二组引导出境第2项信号	明白 你可以前进
	第五组	昼间或夜间:规则地开关一切可供使用的灯光,但其方式要与闪烁灯光有所区别	不能照办	昼间或夜间:摇摆机翼,闪烁航行灯,跟踪监视其行动	明白
	第六组	昼间或夜间:不规则地闪烁一切可供使用的灯光	在遇险中		明白

附录 B　通用航空飞行管制条例
（全文）

第一章　总则

第一条　为了促进通用航空事业的发展,规范通用航空飞行活动,保证飞行安全,根据《中华人民共和国民用航空法》和《中华人民共和国飞行基本规则》,制定本条例。

第二条　在中华人民共和国境内从事通用航空飞行活动,必须遵守本条例。

在中华人民共和国境内从事升放无人驾驶自由气球和系留气球活动,适用本条例的有关规定。

第三条　本条例所称通用航空,是指除军事、警务、海关缉私飞行和公共航空运输飞行以外的航空活动,包括从事工业、农业、林业、渔业、矿业、建筑业的作业飞行和医疗卫生、抢险救灾、气象探测、海洋监测、科学实验、遥感测绘、教育训练、文化体育、旅游观光等方面的飞行活动。

第四条　从事通用航空飞行活动的单位、个人,必须按照《中华人民共和国民用航空法》的规定取得从事通用航空活动的资格,并遵守国家有关法律、行政法规的规定。

第五条　飞行管制部门按照职责分工,负责对通用航空飞行活动实施管理,提供空中交通管制服务。相关飞行保障单位应当积极协调配合,做好有关服务保障工作,为通用航空飞行活动创造便利条件。

第二章　飞行空域的划设与使用

第六条　从事通用航空飞行活动的单位、个人使用机场飞行空域、航路、航线,应当按照国家有关规定向飞行管制部门提出申请,经批准后方可实施。

第七条　从事通用航空飞行活动的单位、个人,根据飞行活动要求,需要划设临时飞行空域的,应当向有关飞行管制部门提出划设临时飞行空域的申请。

划设临时飞行空域的申请应当包括下列内容:

(一)临时飞行空域的水平范围、高度;

(二)飞入和飞出临时飞行空域的方法;

(三)使用临时飞行空域的时间;

(四)飞行活动性质;

(五)其他有关事项。

第八条 划设临时飞行空域,按照下列规定的权限批准:

(一)在机场区域内划设的,由负责该机场飞行管制的部门批准;

(二)超出机场区域在飞行管制分区内划设的,由负责该分区飞行管制的部门批准;

(三)超出飞行管制分区在飞行管制区内划设的,由负责该管制区飞行管制的部门批准;

(四)在飞行管制区间划设的,由中国人民解放军空军批准。

批准划设临时飞行空域的部门应当将划设的临时飞行空域报上一级飞行管制部门备案,并通报有关单位。

第九条 划设临时飞行空域的申请,应当在拟使用临时飞行空域7个工作日前向有关飞行管制部门提出;负责批准该临时飞行空域的飞行管制部门应当在拟使用临时飞行空域3个工作日前做出批准或者不予批准的决定,并通知申请人。

第十条 临时飞行空域的使用期限应当根据通用航空飞行的性质和需要确定,通常不得超过12个月。

因飞行任务的要求,需要延长临时飞行空域使用期限的,应当报经批准该临时飞行空域的飞行管制部门同意。

通用航空飞行任务完成后,从事通用航空飞行活动的单位、个人应当及时报告有关飞行管制部门,其申请划设的临时飞行空域即行撤销。

第十一条 已划设的临时飞行空域,从事通用航空飞行活动的其他单位、个人因飞行需要,经批准划设该临时飞行空域的飞行管制部门同意,也可以使用。

第三章 飞行活动的管理

第十二条 从事通用航空飞行活动的单位、个人实施飞行前,应当向当地飞行管制部门提出飞行计划申请,按照批准权限,经批准后方可实施。

第十三条 飞行计划申请应当包括下列内容:

(一)飞行单位;

(二)飞行任务性质;

(三)机长(飞行员)姓名、代号(呼号)和空勤组人数;

(四)航空器型别和架数;

(五)通信联络方法和二次雷达应答机代码;

(六)起飞、降落机场和备降场;

(七)预计飞行开始、结束时间;

(八)飞行气象条件;

(九)航线、飞行高度和飞行范围;

(十)其他特殊保障需求。

第十四条　从事通用航空飞行活动的单位、个人有下列情形之一的,必须在提出飞行计划申请时,提交有效的任务批准文件:

(一)飞出或者飞入我国领空的(公务飞行除外);

(二)进入空中禁区或者国(边)界线至我方一侧10千米之间地带上空飞行的;

(三)在我国境内进行航空物探或者航空摄影活动的;

(四)超出领海(海岸)线飞行的;

(五)外国航空器或者外国人使用我国航空器在我国境内进行通用航空飞行活动的。

第十五条　使用机场飞行空域、航路、航线进行通用航空飞行活动,其飞行计划申请由当地飞行管制部门批准或者由当地飞行管制部门报经上级飞行管制部门批准。

使用临时飞行空域、临时航线进行通用航空飞行活动,其飞行计划申请按照下列规定的权限批准:

(一)在机场区域内的,由负责该机场飞行管制的部门批准;

(二)超出机场区域在飞行管制分区内的,由负责该分区飞行管制的部门批准;

(三)超出飞行管制分区在飞行管制区内的,由负责该区域飞行管制的部门批准;

(四)超出飞行管制区的,由中国人民解放军空军批准。

第十六条　飞行计划申请应当在拟飞行前1天15时前提出;飞行管制部门应当在拟飞行前1天21时前做出批准或者不予批准的决定,并通知申请人。

执行紧急救护、抢险救灾、人工影响天气或者其他紧急任务的,可以提出临时飞行计划申请。临时飞行计划申请最迟应当在拟飞行1小时前提出;飞行管制部门应当在拟起飞时刻15分钟前做出批准或者不予批准的决定,并通知申请人。

第十七条　在划设的临时飞行空域内实施通用航空飞行活动的,可以在申请划设临时飞行空域时一并提出15天以内的短期飞行计划申请,不再逐日申请;但是每日飞行开始前和结束后,应当及时报告飞行管制部门。

第十八条　使用临时航线转场飞行的,其飞行计划申请应当在拟飞行2天前向当地飞行管制部门提出;飞行管制部门应当在拟飞行前1天18时前做出批准或者不予批准的决定,并通知申请人,同时按照规定通报有关单位。

第十九条　飞行管制部门对违反飞行管制规定的航空器,可以根据情况责令改正或者停止其飞行。

第四章　飞行保障

第二十条　通信、导航、雷达、气象、航行情报和其他飞行保障部门应当认真履行职责,密切协同,统筹兼顾,合理安排,提高飞行空域和时间的利用率,保障通用航空飞行顺利实施。

第二十一条　通信、导航、雷达、气象、航行情报和其他飞行保障部门对于紧急救护、抢险救灾、人工影响天气等突发性任务的飞行,应当优先安排。

第二十二条　从事通用航空飞行活动的单位、个人组织各类飞行活动,应当制定安全保障措施,严格按照批准的飞行计划组织实施,并按照要求报告飞行动态。

第二十三条　从事通用航空飞行活动的单位、个人,应当与有关飞行管制部门建立可靠的通信联络。

在划设的临时飞行空域内从事通用航空飞行活动时,应当保持空地联络畅通。

第二十四条　在临时飞行空域内进行通用航空飞行活动,通常由从事通用航空飞行活动的单位、个人负责组织实施,并对其安全负责。

第二十五条　飞行管制部门应当按照职责分工或者协议,为通用航空飞行活动提供空中交通管制服务。

第二十六条　从事通用航空飞行活动需要使用军用机场的,应当将使用军用机场的申请和飞行计划申请一并向有关部队司令机关提出,由有关部队司令机关做出批准或者不予批准的决定,并通知申请人。

第二十七条　从事通用航空飞行活动的航空器转场飞行,需要使用军用或者民用机场的,由该机场管理机构按照规定或者协议提供保障;使用军民合用机场的,由从事通用航空飞行活动的单位、个人与机场有关部门协商确定保障事宜。

第二十八条　在临时机场或者起降点飞行的组织指挥,通常由从事通用航空飞行活动的单位、个人负责。

第二十九条　从事通用航空飞行活动的民用航空器能否起飞、着陆和飞行,由机长(飞行员)根据适航标准和气象条件等最终确定,并对此决定负责。

第三十条　通用航空飞行保障收费标准,按照国家有关国内机场收费标准执行。

第五章　升放和系留气球的规定

第三十一条　升放无人驾驶自由气球或者系留气球,不得影响飞行安全。

本条例所称无人驾驶自由气球,是指无动力驱动、无人操纵、轻于空气、总质量大于 4 千克自由飘移的充气物体。

本条例所称系留气球,是指系留于地面物体上、直径大于 1.8 米或者体积容量大于 3.2 立方米、轻于空气的充气物体。

第三十二条　无人驾驶自由气球和系留气球的分类、识别标志和升放条件等,应当符合国家有关规定。

第三十三条　进行升放无人驾驶自由气球或者系留气球活动,必须经设区的市级以上气象主管机构会同有关部门批准。具体办法由国务院气象主管机构制定。

第三十四条　升放无人驾驶自由气球,应当在拟升放 2 天前持本条例第三十三条规定的批准文件向当地飞行管制部门提出升放申请;飞行管制部门应当在拟升放 1 天前做出批准或者不予批准的决定,并通知申请人。

第三十五条　升放无人驾驶自由气球的申请,通常应当包括下列内容:

(一)升放的单位、个人和联系方法;

(二)气球的类型、数量、用途和识别标志;

(三)升放地点和计划回收区;

(四)预计升放和回收(结束)的时间;

(五)预计飘移方向、上升的速度和最大高度。

第三十六条　升放无人驾驶自由气球,应当按照批准的申请升放,并及时向有关飞行管制部门报告升放动态;取消升放时,应当及时报告有关飞行管制部门。

第三十七条　升放系留气球,应当确保系留牢固,不得擅自释放。

系留气球升放的高度不得高于地面 150 米,但是低于距其水平距离 50 米范围内建筑物顶部的除外。

系留气球升放的高度超过地面 50 米的,必须加装快速放气装置,并设置识别标志。

第三十八条　升放的无人驾驶自由气球或者系留气球中发生下列可能危及飞行安全的情况时,升放单位、个人应当及时报告有关飞行管制部门和当地气象主管机构:

(一)无人驾驶自由气球非正常运行的;

(二)系留气球意外脱离系留的;

(三)其他可能影响飞行安全的异常情况。

加装快速放气装置的系留气球意外脱离系留时,升放系留气球的单位、个人应当在保证地面人员、财产安全的条件下,快速启动放气装置。

第三十九条　禁止在依法划设的机场范围内和机场净空保护区域内升放无人驾驶自由气球或者系留气球,但是国家另有规定的除外。

第六章　法律责任

第四十条　违反本条例规定,《中华人民共和国民用航空法》、《中华人民共和国飞行基本规则》及有关行政法规对其处罚有规定的,从其规定;没有规定的,适用本章规定。

第四十一条　从事通用航空飞行活动的单位、个人违反本条例规定,有下列情形之一的,由有关部门按照职责分工责令改正,给予警告;情节严重的,处2万元以上10万元以下罚款,并可给予责令停飞1个月至3个月、暂扣直至吊销经营许可证、飞行执照的处罚;造成重大事故或者严重后果的,依照刑法关于重大飞行事故罪或者其他罪的规定,依法追究刑事责任:

(一)未经批准擅自飞行的;

(二)未按批准的飞行计划飞行的;

(三)不及时报告或者漏报飞行动态的;

(四)未经批准飞入空中限制区、空中危险区的。

第四十二条　违反本条例规定,未经批准飞入空中禁区的,由有关部门按照国家有关规定处置。

第四十三条　违反本条例规定,升放无人驾驶自由气球或者系留气球,有下列情形之一的,由气象主管机构或者有关部门按照职责分工责令改正,给予警告;情节严重的,处1万元以上5万元以下罚款;造成重大事故或者严重后果的,依照刑法关于重大责任事故罪或者其他罪的规定,依法追究刑事责任:

(一)未经批准擅自升放的;

(二)未按照批准的申请升放的;

(三)未按照规定设置识别标志的;

(四)未及时报告升放动态或者系留气球意外脱离时未按照规定及时报告的;

(五)在规定的禁止区域内升放的。

第四十四条　按照本条例实施的罚款,应当全额上缴财政。

第七章　附则

第四十五条　本条例自2003年5月1日起施行。

附录 C　通用航空飞行任务审批与管理规定

第一条　为了促进通用航空事业发展,维护国家安全,根据《通用航空飞行管制条例》,制定本规定。

第二条　政府和军队有关部门按照本规定和有关法律法规的规定,做好通用航空飞行任务审批与管理工作。

第三条　国务院民用航空主管部门负责通用航空飞行任务的审批;总参谋部和军区、军兵种有关部门主要负责涉及国防安全的通用航空飞行任务的审核,以及地方申请使用军队航空器从事非商业性通用航空飞行任务的审批。

第四条　外籍航空器或者由外籍人员单独驾驶的我国航空器,不允许在我国境内从事航空摄影、遥感测绘、矿产资源勘查等重要专业领域的通用航空飞行;无人驾驶的航空器,不允许在国家重要目标和国家重大活动场所上空从事通用航空飞行。国家航空器不得参与商业性通用航空飞行活动,特殊情况下,根据中央国家机关有关部门需求和地方政府请求,可以执行以支援国家经济建设为目的的通用航空飞行任务。

第五条　除以下9种情况外,通用航空飞行任务不需要办理任务申请和审批手续,但在飞行实施前,须按照国家飞行管制规定提出飞行计划申请,并说明任务性质:

(一)航空器进出我国陆地国界线、边境争议地区我方实际控制线或者外籍航空器飞入我国领空的(不含民用航空器沿国际航路飞行),由民用航空局商总参谋部、外交部审批。

(二)航空器越过台湾海峡两岸飞行情报区分界线的(不含民用航空器沿国际航路飞行),由民用航空局商总参谋部、国务院台湾事务办公室审批;飞入香港、澳门地区的,须先通过相关渠道征得香港、澳门特别行政区政府有关部门同意。

(三)航空器进入陆地国界线、边境争议地区实际控制线我方一侧10千米的(不含民用航空器沿国际航路飞行),由民航地区管理局商所在军区审批;越过我国海上飞行情报区的(不含台湾海峡地区和沿国际航路飞行),由民航地区管理局商所在战区空军审批,报相关军区备案。进入上述地区或越过海上飞行情报区执行森林灭火、紧急救援等突发性任务的,由所在飞行管制分区指挥机构(航管中心)审批并报战区空军备案。

(四)航空器进入空中禁区执行通用航空飞行任务,由民用航空局商总参谋部审批;进入空中危险区、空中限制区执行通用航空飞行任务,由民航地区管理局商战区空军或者海军舰队审批。

(五)凡在我国从事涉及军事设施的航空摄影或者遥感物探飞行,其作业范围由民航地区管理局商相关军区审批;从事涉及重要政治、经济目标和地理信息资源的航空摄影或者遥感物探飞行,其作业范围由民航地区管理局商相关省、自治区、直辖市政府主管部门审批。

(六)我与相邻国家联合组织跨越两国边境的航空摄影、遥感物探等通用航空飞行,由国土资源部商外交部、民用航空局、总参谋部提出意见,报国务院审批。

(七)外籍航空器或者由外籍人员驾驶的我国航空器使用未对外开放的机场、空域、航线从事通用航空飞行,由民用航空局商总参谋部审批。

(八)中央国家机关有关部门、地方人民政府和企业事业单位使用军用航空器进行航空摄影(测量)、遥感物探,以及使用总参谋部直属部队航空器或者使用军区所属航空器跨区从事通用航空飞行的,由总参谋部审批。使用军区所属航空器在辖区内进行其他通用航空飞行的,由相关军区审批;使用海军、空军所属航空器进行其他通用航空飞行的,由海军、空军或者海军舰队、战区空军审批。

(九)国家组织重大活动等特殊情况下的通用航空飞行,按照国家和军队的有关规定要求审批。

第六条　凡需审批的通用航空飞行任务,通常由飞行任务执行单位向审批部门提出申请,由审批部门商有关单位后办理批复。

第七条　对申请审批的通用航空飞行任务,审批机关应当要求申请人提供飞行任务申请文件,内容包括:任务性质、执行单位和机组人员国籍、主要登机人员名单,航空器型号、数量和注册地,使用机场(临时起降场),作业时间和作业范围,以及其他需要特别说明的事项。

第八条　凡需审批的通用航空飞行任务,申请人应当至少提前13个工作日向审批机关提出申请,审批机关在收到申请后10个工作日内做出批准或者不批准的决定,并通知申请人。对执行处置突发事件、紧急救援等任务临时提出的通用航空飞行任务申请,审批机关应当及时予以审批。

第九条　对越出我国海上飞行情报区执行海上石油生产保障、海洋监测、海事巡航执法、海上救助勤务、海洋资源调查等飞行任务的审批,通常每年集中办理一次审批手续。

第十条　通用航空飞行需在野外(含水面)临时起降且不涉及永久设施建设的,临时起降场地由实施通用航空飞行的单位或者个人自行勘选,连同飞行计划一并报所在飞行管制分区。临时起降场地的选择,必须避开飞行繁忙地区、军事禁区、军事管理区,不得影响飞行安全和重要目标安全。

第十一条　从事通用航空飞行的民用航空器临时使用军用机场时间不超过一年的,由管理该机场的军级单位审批,超过一年的按现行有关规定办理审批手续,机场管理单位按照《通用航空民用机场收费标准》收取保障费用。

第十二条　已经民航管理部门批准设立的通用航空机场,其机场数据信息由民航地区管理局报战区空军备案。地方政府和企事业单位建设通用航空机场和带有固定设施临时起降点的审批,由国务院机场建设主管部门和军队有关部门另行规定。

第十三条　通用航空飞行所需航空情报资料,由飞行活动主体向民用航空局航空情报服务机构申请订购。通用航空企业需使用军用机场、军用航图等信息资料时,由民用航空局航空情报服务机构统一向军队主管部门申领,经军队主管部门审核同意后提供。涉密资料按照保密要求提供、管理和使用。

第十四条　凡需审批的通用航空飞行任务,其航空器应当配有二次雷达应答机,或者备有能够保证操作人员与军民航空管部门沟通联络、及时掌握航空器位置的设备。

第十五条　通用航空飞行的起飞、着陆标准由机长或者飞行员根据适航标准、气象条件和任务要求确定。

第十六条　军民航空管部门对处置突发事件、紧急救援等突发性任务飞行,应当优先予以保障。

第十七条　民用航空管理部门和军队有关部门应当建立健全通用航空指挥保障机制,主动通报有关情况,及时掌握任务延误情况及原因,协调解决通用航空飞行的指挥和保障问题。

第十八条　香港、澳门特别行政区和台湾地区航空器在内地从事通用航空飞行的,参照外籍航空器实施审批与管理。

第十九条　本规定自2013年12月1日起施行。以往有关规定与本规定不一致的,按照本规定执行。

附录 D 民用无人驾驶航空器系统空中交通管理办法

(MD - TM - 2016 - 004)

第一章 总则

第一条 为了加强对民用无人驾驶航空器飞行活动的管理,规范其空中交通管理工作,依据《中华人民共和国民用航空法》《中华人民共和国飞行基本规则》《通用航空飞行管制条例》和《民用航空空中交通管理规则》,制定本办法。

第二条 本办法适用于依法在航路航线、进近(终端)和机场管制地带等民用航空使用空域范围内或者对以上空域内运行存在影响的民用无人驾驶航空器系统活动的空中交通管理工作。

第三条 民航局指导监督全国民用无人驾驶航空器系统空中交通管理工作,地区管理局负责本辖区内民用无人驾驶航空器系统空中交通服务的监督和管理工作。空管单位向其管制空域内的民用无人驾驶航空器系统提供空中交通服务。

第四条 民用无人驾驶航空器仅允许在隔离空域内飞行。民用无人驾驶航空器在隔离空域内飞行,由组织单位和个人负责实施,并对其安全负责。多个主体同时在同一空域范围内开展民用无人驾驶航空器飞行活动的,应当明确一个活动组织者,并对隔离空域内民用无人驾驶航空器飞行活动安全负责。

第二章 评估管理

第五条 在本办法第二条规定的民用航空使用空域范围内开展民用无人驾驶航空器系统飞行活动,除满足以下全部条件的情况外,应通过地区管理局评审:

(一)机场净空保护区以外;

(二)民用无人驾驶航空器最大起飞重量小于或等于 7 千克;

(三)在视距内飞行,且天气条件不影响持续可见无人驾驶航空器;

(四)在昼间飞行;

(五)飞行速度不大于 120 千米/小时;

(六)民用无人驾驶航空器符合适航管理相关要求;

(七)驾驶员符合相关资质要求;

(八)在进行飞行前驾驶员完成对民用无人驾驶航空器系统的检查;

(九)不得对飞行活动以外的其他方面造成影响,包括地面人员、设施、环境安全和社会治安等。

(十)运营人应确保其飞行活动持续符合以上条件。

第六条 民用无人驾驶航空器系统飞行活动需要评审时,由运营人会同空管单位提出使用空域,对空域内的运行安全进行评估并形成评估报告。地区管理局对评估报告进行审查或评审,出具结论意见。

第七条 民用无人驾驶航空器在空域内运行应当符合国家和民航有关规定,经评估满足空域运行安全的要求。评估应当至少包括以下内容:

(一)民用无人驾驶航空器系统情况,包括民用无人驾驶航空器系统基本情况、国籍登记、适航证件(特殊适航证、标准适航证和特许飞行证等)、无线电台及使用频率情况;

（二）驾驶员、观测员的基本信息和执照情况；

（三）民用无人驾驶航空器系统运营人基本信息；

（四）民用无人驾驶航空器的飞行性能，包括：飞行速度、典型和最大爬升率、典型和最大下降率、典型和最大转弯率、其他有关性能数据（例如风、结冰、降水限制）、航空器最大续航能力、起飞和着陆要求；

（五）民用无人驾驶航空器系统活动计划，包括：飞行活动类型或目的、飞行规则（目视或仪表飞行）、操控方式（视距内或超视距，无线电视距内或超无线电视距等）、预定的飞行日期、起飞地点、降落地点、巡航速度、巡航高度、飞行路线和空域、飞行时间和次数；

（六）空管保障措施，包括：使用空域范围和时间、管制程序、间隔要求、协调通报程序、应急预案等；

（七）民用无人驾驶航空器系统的通信、导航和监视设备和能力，包括：民用无人驾驶航空器系统驾驶员与空管单位通信的设备和性能、民用无人驾驶航空器系统的指挥与控制链路及其性能参数和覆盖范围、驾驶员和观测员之间的通信设备和性能、民用无人驾驶航空器系统导航和监视设备及性能；

（八）民用无人驾驶航空器系统的感知与避让能力；

（九）民用无人驾驶航空器系统故障时的紧急程序，特别是：与空管单位的通信故障、指挥与控制链路故障、驾驶员与观测员之间的通信故障等情况；

（十）遥控站的数量和位置以及遥控站之间的移交程序；

（十一）其他有关任务、噪声、安保、业载、保险等方面的情况；

（十二）其他风险管控措施。

第八条　按照本规定第六条需要进行评估的飞行活动，其使用的民用无人驾驶航空器系统应当为遥控驾驶航空器系统，而非自主无人驾驶航空器系统。并且能够按要求设置电子围栏。

第九条　地区管理局应当组织相关部门对评估报告进行审查，对于复杂问题可以组织专家进行评审和现场演示，并将审查或评审结论反馈给运营人和有关空管单位。

第三章　空中交通服务

第十条　民用无人驾驶航空器飞行应当为其单独划设隔离空域，明确水平范围、垂直范围和使用时段。可在民航使用空域内临时为民用无人驾驶航空器划设隔离空域。飞行密集区、人口稠密区、重点地区、繁忙机场周边空域，原则上不划设民用无人驾驶航空器飞行空域。

第十一条　隔离空域由空管单位会同运营人划设。划设隔离空域应综合考虑民用无人驾驶航空器通信导航监视能力、航空器性能、应急程序等因素，并符合下列要求：

（一）隔离空域边界原则上距其他航空器使用空域边界的水平距离不小于 10 千米；

（二）隔离空域上下限距其他航空器使用空域垂直距离 8 400 米（含）以下不得小于 600 米，8 400 米以上不得小于 1 200 米。

第十二条　民用无人驾驶航空器在隔离空域内运行时，应当符合下列要求：

（一）民用无人驾驶航空器应当遵守规定的程序和安全要求；

（二）民用无人驾驶航空器确保在所分配的隔离空域内飞行，并与水平边界保持 5 公里以上距离；

（三）防止民用无人驾驶航空器无意间从隔离空域脱离。

第十三条　为了防止民用无人驾驶航空器和其他航空器活动相互穿越隔离空域边界,提高民用无人驾驶航空器运行的安全性,需要采取下列安全措施:

(一)驾驶员应当持续监视民用无人驾驶航空器飞行;

(二)当驾驶员发现民用无人驾驶航空器脱离隔离空域时,应向相关空管单位通报;

(三)空管单位发现民用无人驾驶航空器脱离隔离空域时,应当防止与其他航空器发生冲突,通知运营人采取相关措施,并向相关管制单位通报。

(四)空管单位应当同时向民用无人驾驶航空器和隔离空域附近运行的其他航空器提供服务;

(五)在空管单位和民用无人驾驶航空器系统驾驶员之间应建立可靠的通信;

(六)空管单位应为民用无人驾驶航空器指挥与控制链路失效、民用无人驾驶航空器避让侵入的航空器等紧急事项设置相应的应急工作程序。

第十四条　针对民用无人驾驶航空器违规飞行影响日常运行的情况,空管单位应与机场、军航管制单位等建立通报协调关系,制定信息通报、评估处置和运行恢复的方案,保证安全,降低影响。

第四章　无线电管理

第十五条　民用无人驾驶航空器系统活动中使用无线电频率、无线电设备应当遵守国家无线电管理法规和规定,且不得对航空无线电频率造成有害干扰。

第十六条　未经批准,不得在民用无人驾驶航空器上发射语音广播通信信号。

第十七条　使用民用无人驾驶航空器系统应当遵守国家有关部门发布的无线电管制命令。

第五章　附则

第十八条　民用无人驾驶航空器系统飞行活动涉及多项评估或审批的,地区管理局应当统筹安排。

第十九条　本管理办法自下发之日起开始施行,原《民用无人机空中交通管理办法》(MD-TM-2009-002)同时废止。

第二十条　本管理办法使用的术语定义:民用无人驾驶航空器:没有机载驾驶员操作的民用航空器。

民用无人驾驶航空器系统:指民用无人驾驶航空器及与其安全运行有关的组件,主要包括遥控站、数据链路等。

遥控驾驶航空器系统:由遥控驾驶航空器、相关的遥控站、所需的指挥与控制链路以及批准的型号设计规定的任何其他部件构成的系统。

遥控驾驶航空器:由遥控站操纵的无人驾驶航空器。遥控驾驶航空器是无人驾驶航空器的亚类。

遥控站:遥控驾驶航空器系统的组成部分,包括用于操纵遥控驾驶航空器的设备。

指挥与控制链路:遥控驾驶航空器和遥控站之间为飞行管理目的建立的数据链接。

自主无人驾驶航空器系统:不允许驾驶员介入飞行管理的无人驾驶航空器。

电子围栏:是指为防止民用无人驾驶航空器飞入或者飞出特定区域,在相应电子地理范围中画出其区域边界,并配合飞行控制系统,保障区域安全的软硬件系统。

感知与避让:观察、发现、探测交通冲突或其他危险,并采取适当行动的能力。

运营人：是指从事或拟从事航空器运营的个人、组织或者企业。

驾驶员：由运营人指派对遥控驾驶航空器的运行负有必不可少职责并在飞行期间适时操纵无人驾驶航空器的人。

观测员：由运营人指定的训练有素的人员，通过目视观测遥控驾驶航空器协助驾驶员安全实施飞行。

隔离空域：专门分配给无人驾驶航空器系统运行的空域，通过限制其他航空器的进入以规避碰撞风险。

非隔离空域：无人驾驶航空器系统与其他有人驾驶航空器同时运行的空域。

目视视距内：驾驶员或观测员与无人驾驶航空器保持直接目视视觉接触的运行方式。直接目视视觉接触的范围为：真高 120 米以下；距离不超过驾驶员或观测员视线范围或最大 500 米半径的范围，两者中取较小值。

超目视视距：无人驾驶航空器在目视视距以外的运行方式。

无线电视距内：是指发射机和接收机在彼此的无线电覆盖范围之内能够直接进行通信，或者通过地面网络使远程发射机和接收机在无线电视距内，并且能在相应时间范围内完成通信传输的情况。

超无线电视距：是指发射机和接收机不在无线电视距之内的情况。因此所有卫星系统都是超无线电视距的，遥控站通过地面网络不能在相应时间范围与至少一个地面站完成通信传输的系统也都是超无线电视距的。

机场净空区：也称机场净空保护区域，是指为保护航空器起飞、飞行和降落安全，根据民用机场净空障碍物限制图要求划定的空间范围。

人口稠密区：是指城镇、村庄、繁忙道路或大型露天集会场所等区域。

重点地区：是指军事重地、核电站和行政中心等关乎国家安全的区域及周边，或地方政府临时划设的区域。

附录 E　民用无人机驾驶员管理规定

(AC‑61‑FS‑2019‑20R3)

1. 目的

近年来随着技术进步，民用无人驾驶航空器（以下简称无人机）的生产和应用在国内外得到了蓬勃发展，其驾驶员（业界也称操控员、操作手、飞手等，在本咨询通告中统称为驾驶员）数量持续快速增加。面对这样的情况，局方有必要在不妨碍民用无人机多元发展的前提下，加强对民用无人机驾驶员的规范管理，促进民用无人机产业的健康发展。

由于民用无人机在全球范围内发展迅速，国际民航组织已经开始为无人机系统制定标准和建议措施（SARPs）、空中航行服务程序（PANS）和指导材料。这些标准和建议措施已日趋成熟，因此多个国家发布了管理规定。

无论驾驶员是否位于航空器的内部或外部，无人机系统和驾驶员必须符合民航法规在相应章节中的要求。由于无人机系统中没有机载驾驶员，原有法规有关驾驶员部分章节已不能适用，本文件对相关内容进行说明。

本咨询通告针对目前出现的无人机系统的驾驶员实施指导性管理，并将根据行业发展情况随时修订,最终目的是按照国际民航组织的标准建立我国完善的民用无人机驾驶员监管体系。

2.适用范围

本咨询通告用于民用无人机系统驾驶人员的资质管理。其涵盖范围包括:

(1)无机载驾驶人员的无人机系统。

(2)有机载驾驶人员的航空器,但该航空器可同时由外部的无人机驾驶员实施完全飞行控制。

分布式操作的无人机系统或者集群,其操作者个人无需取得无人机驾驶员执照,具体管理办法另行规定。

3.定义

本咨询通告使用的术语定义:

(1)无人机(UA:Unmanned Aircraft),是由控制站管理(包括远程操纵或自主飞行)的航空器。

(2)无人机系统(UAS:Unmanned Aircraft System),是指无人机以及与其相关的遥控站(台)、任务载荷和控制链路等组成的系统。

(3)无人机系统驾驶员,对无人机的运行负有必不可少职责并在飞行期间适时操纵无人机的人。

(4)等级,是指填在执照上或与执照有关并成为执照一部分的授权,说明关于此种执照的特殊条件、权利或限制。

(5)类别等级,指根据无人机产生气动力及不同运动状态依靠的不同部件或方式,将无人机进行划分并成为执照一部分的授权,说明关于此种执照的特殊条件、权利或限制。

(6)固定翼,指动力驱动的重于空气的一种无人机,其飞行升力主要由给定飞行条件下保持不变的翼面产生。在本规定中作为类别等级中的一种。

(7)直升机,是指一种重于空气的无人机,其飞行升力主要由在垂直轴上一个或多个动力驱动的旋翼产生,其运动状态改变的操纵一般通过改变旋翼桨叶角来实现。在本规定中作为类别等级中的一种。

(8)多旋翼,是指一种重于空气的无人机,其飞行升力主要由三个及以上动力驱动的旋翼产生,其运动状态改变的操纵一般通过改变旋翼转速来实现。在本规定中作为类别等级中的一种。

(9)垂直起降固定翼,是指一种重于空气的无人机,垂直起降时由与直升机、多旋翼类似起降方式或直接推力等方式实现,水平飞行由固定翼飞行方式实现,且垂直起降与水平飞行方式可在空中自由转换。在本规定中作为类别等级中的一种。

(10)自转旋翼机,是指一种旋翼机,其旋翼仅在起动或跃升时有动力驱动,在空中平飞时靠空气的作用力推动自由旋转。这种旋翼机的推进方式通常是使用独立于旋翼系统的推进式动力装置。在本规定中作为类别等级中的一种。

(11)飞艇,是指一种由动力驱动能够操纵的轻于空气的航空器。在本规定中作为类别等级中的一种。

(12)视距内运行(VLOS:Visual Line of Sight Operations),无人机驾驶员或无人机观测员与无人机保持直接目视视觉接触的范围内运行,且该范围为目视视距内半径不大于500米,人、机相对高度不大于120米。在本规定中作为驾驶员等级中的一种。

(13)超视距(BVLOS:Beyond VLOS)运行,无人机在除视距内运行以外的运行。在本规定中作为驾驶员等级中的一种。

(14)扩展视距(EVLOS:Extended VLOS)运行,无人机在目视视距以外运行,但驾驶员或者观测员借助视觉延展装置操作无人机,属于超视距运行的一种。

(15)授权教员,是指持有按本规定颁发的具有教员等级的无人机驾驶员执照,并依据其教员等级上规定的权利和限制执行教学的人员。

(16)无人机系统的机长,是指在系统运行时间内负责整个无人机系统运行和安全的驾驶员。

(17)无人机观测员,由运营人指定的训练有素的人员,通过目视观测无人机,协助无人机驾驶员安全实施飞行,通常由运营人管理,无证照要求。

(18)运营人,是指从事或拟从事航空器运营的个人、组织或企业。

(19)控制站(也称遥控站、地面站),无人机系统的组成部分,包括用于操纵无人机的设备。

(20)指令与控制数据链路(C2:Command and Control data link),是指无人机和控制站之间为飞行管理之目的的数据链接。

(21)感知与避让,是指看见、察觉或发现交通冲突或其他危险并采取适当行动的能力。

(22)无人机感知与避让系统,是指无人机机载安装的一种设备,用以确保无人机与其他航空器保持一定的安全飞行间隔,相当于载人航空器的防撞系统。在融合空域中运行的Ⅺ、Ⅻ类无人机应安装此种系统。

(23)融合空域,是指有其他有人驾驶航空器同时运行的空域。

(24)隔离空域,是指专门分配给无人机系统运行的空域,通过限制其他航空器的进入以规避碰撞风险。

(25)人口稠密区,是指城镇、乡村、繁忙道路或大型露天集会场所等区域。

(26)空机重量,是指不包含载荷和燃料的无人机重量,该重量包含燃料容器和电池等固体装置。

(27)飞行经历时间,是指为符合民用无人机驾驶员的训练和飞行时间要求,操纵无人机或在模拟机上所获得的飞行时间,这些时间应当是作为操纵无人机系统必需成员的时间,或从授权教员处接受训练或作为授权教员提供教学的时间。

(28)飞行经历记录本,是指记录飞行经历时间和相关信息的证明材料,包括纸质飞行经历记录本和由无人机云交换系统支持的电子飞行经历记录本。

(29)训练记录,是指为获取执照或等级而接受相关训练的证明材料,包括纸质训练记录和由无人机云交换系统支持的电子化训练记录。

(30)理论考试,是指航空知识理论方面的考试,该考试是颁发民用无人机驾驶员执照或等级所要求的,可以通过笔试或者计算机考试来实施。

(31)实践考试,是指为取得民用无人机驾驶员执照或者等级进行的操作方面的考试(包括实践飞行、综合问答、地面站操作),该考试通过申请人在飞行中演示操作动作及回答问题的方式进行。

(32)申请人,是指申请无人机驾驶员执照或等级的自然人。

(33)无人机云系统(简称无人机云),是指轻小民用无人机运行动态数据库系统,用于向无人机用户提供航行服务、气象服务等,对民用无人机运行数据(包括运营信息、位置、高度和速度等)进行实时监测。接入系统的无人机应即时上传飞行数据,无人机云系统对未遵守电子围栏限制的无人机具有报警功能。

(34)无人机云交换系统(无人机云数据交换平台):是指由民航局运行,能为多个无人机云系统提供实时数据交换和共享的实时动态数据库系统。

(35)分布式操作,是指把无人机系统操作分解为多个子业务,部署在多个站点或者终端进行协同操作的模式,不要求个人具备对无人机系统的完全操作能力。

4.执照和等级要求

无人机系统分类较多,所适用空域远比有人驾驶航空器广阔,因此有必要对无人机系统驾驶员实施分类管理。

(1)下列情况下,无人机系统驾驶员自行负责,无须执照管理:

A.在室内运行的无人机。

B.Ⅰ、Ⅱ类无人机(分类等级见第6条C款。如运行需要,驾驶员可在无人机云交换系统进行备案。备案内容应包括驾驶员真实身份信息、所使用的无人机型号,并通过在线法规测试)。

C.在人烟稀少、空旷的非人口稠密区进行试验的无人机。

(2)在隔离空域和融合空域运行的除Ⅰ,Ⅱ类以外的无人机,其驾驶员执照由局方实施管理。

A.操纵视距内运行无人机的驾驶员,应当持有按本规定颁发的具备相应类别、分类等级的视距内等级驾驶员执照,并且在行使相应权利时随身携带该执照。

B.操纵超视距运行无人机的驾驶员,应当持有按本规定颁发的具备相应类别、分类等级的有效超视距等级的驾驶员执照,并且在行使相应权利时随身携带该执照。

C.教员等级

1)按本规则颁发的相应类别、分类等级的具备教员等级的驾驶员执照持有人,行使教员权利应当随身携带该执照。

2)未具备教员等级的驾驶员执照持有人不得从事下列活动:

ⅰ)向准备获取单飞资格的人员提供训练。

ⅱ)签字推荐申请人获取驾驶员执照或增加等级所必需的实践考试。

ⅲ)签字推荐申请人参加理论考试或实践考试未通过后的补考。

ⅳ)签署申请人的飞行经历记录本。

ⅴ)在飞行经历记录本上签字,授予申请人单飞权利。

D.植保类无人机分类等级

担任操纵植保无人机系统并负责无人机系统运行和安全的驾驶员,应当持有按本规定颁发的具备Ⅴ分类等级的驾驶员执照,或经农业农村部等部门规定的由符合资质要求的植保无人机生产企业自主负责的植保无人机操作人员培训考核。

(3)自2018年9月1日起,民航局授权行业协会颁发的现行有效的无人机驾驶员合格证自动转换为民航局颁发的无人机驾驶员电子执照,原合格证所载明的权利一并转移至该电子执照。原Ⅶ分类等级(超视距运行的Ⅰ,Ⅱ类无人机)合格证载明的权利转移至Ⅲ分类等级电子执照。

5.无人机系统驾驶员管理

5.1　执照和等级分类

对于完成训练并考试合格,符合本规定颁发民用无人机驾驶员执照和等级条件的人员,在其驾驶员执照上签注如下信息:

A.驾驶员等级:

1)视距内等级;

2)超视距等级;

3)教员等级。

B.类别等级:

1)固定翼;

2)直升机;

3)多旋翼;

4)垂直起降固定翼;

5)自转旋翼机;

6)飞艇;

7)其他。

C.分类等级:

分类等级	空机重量(千克)	起飞全重(千克)
Ⅰ(a)	$0<W\leqslant0.25$	
Ⅰ(b)	$0.25<W\leqslant1.5$	
Ⅱ	$1.5<W\leqslant4$	$1.5<W\leqslant7$
Ⅲ	$4<W\leqslant15$	$7<W\leqslant25$
Ⅳ	$15<W\leqslant116$	$25<W\leqslant150$
Ⅴ	植保类无人机	
Ⅺ	$116<W\leqslant5\,700$	$150<W\leqslant5\,700$
Ⅻ	$W>5\,700$	

D.型别和职位(仅适用于Ⅺ,Ⅻ分类等级)

1)无人机型别。

2)职位,包括机长、副驾驶。

注1:实际运行中,Ⅲ,Ⅳ,Ⅺ类分类有交叉时,按照较高要求的一类分类。

注2:对于串、并列运行或者编队运行的无人机,按照总重量分类。

注3:地方政府(例如当地公安部门)对于Ⅰ,Ⅱ类无人机重量界限低于本表规定的,以地方政府的具体要求为准。

5.2　颁发无人机驾驶员执照与等级的条件

局方应为符合相应资格、航空知识、飞行技能和飞行经历要求的申请人颁发无人机驾驶员执照与等级。具体要求为《颁发无人机驾驶员执照与等级的条件》。

5.3 执照有效期及其更新

A. 按本规定颁发的驾驶员执照有效期限为两年,且仅当执照持有人满足本规定和有关中国民用航空运行规章的相应训练与检查要求、并符合飞行安全记录要求时,方可行使其执照所赋予的相应权利。

B. 执照持有人应在执照有效期期满前 3 个月内向局方申请重新颁发执照。对于申请人:

1)应出示在执照有效期满前 24 个日历月内,无人机云交换系统电子经历记录本上记录的 100 小时飞行经历时间证明。

2)如不满足上述飞行经历时间要求,应通过执照中任一最高驾驶员等级对应的实践考试。

C. 执照在有效期内因等级或备注发生变化重新颁发时,则执照有效期与最高的驾驶员等级有效期保持一致。

D. 执照过期的申请人须重新通过不同等级相应的理论及实践考试,方可申请重新颁发执照及相关等级。

5.4 教员等级更新

A. 教员等级在其颁发月份之后第 24 个日历月结束时期满。

B. 飞行教员可以在其教员等级期满前申请更新,但应当符合下列条件之一:

1)通过了以下相应教员等级的实践考试:

ⅰ)对应Ⅲ,Ⅳ分类等级的教员等级的执照持有人,如果通过了任何一个Ⅲ,Ⅳ分类等级的教员等级的实践考试,则其所持有的有效的Ⅲ,Ⅳ分类等级的教员等级均视为更新。

ⅱ)对应Ⅺ,Ⅻ分类等级的教员等级的执照持有人,如果通过了Ⅺ,Ⅻ分类等级的教员等级中任何一项的实践考试,则其教员的所有等级均视为更新,其相应Ⅺ,Ⅻ分类等级熟练检查不在有效期内的除外。

2)飞行教员在其教员等级期满前 90 天内通过相应教员等级的更新检查:

ⅰ)对应Ⅲ,Ⅳ分类等级的教员等级的执照持有人,如果通过了Ⅺ,Ⅻ分类等级的教员等级的更新检查,则其所持有的有效的Ⅲ,Ⅳ分类等级的教员等级均视为更新。

ⅱ)对应Ⅺ,Ⅻ分类等级的教员等级的执照持有人,如果通过了Ⅺ,Ⅻ分类等级的教员等级中任何一项的实践考试实践飞行科目,则其教员的所有等级均视为更新,其相应Ⅺ,Ⅻ分类等级熟练检查不在有效期内的除外。

3)按本条 B.1)进行更新的,教员等级有效期自实践考试之日起计算。

5.5 教员等级过期后的重新办理

A. 飞行教员在其教员等级过期后,应当重新通过实践考试后,局方可恢复其教员等级。

B. 当飞行教员的驾驶员执照上与教员等级相对应的等级失效时,其教员等级权利自动丧失,除非该驾驶员按本规定恢复其驾驶员执照上所有相应的等级,其中教员等级的恢复需按本规定关于颁发飞行教员等级的要求通过理论考试和实践考试。

5.6 熟练检查

对于Ⅺ,Ⅻ分类等级驾驶员应对该分类等级下的每个签注的无人机类别、型别(如适用)等级接受熟练检查,该检查每 12 个月进行一次。检查由局方指定的人员实施。

5.7 增加等级

A. 在驾驶员执照上增加等级,申请人应当符合本条 B 款至 G 款的相应条件。

B.超视距等级可以行使相同类别及分类等级的视距内等级执照持有人的所有权利。在驾驶员执照上增加超视距等级,而类别和分类等级不变的,申请人应当符合下列规定:

1)完成了相应执照类别和分类等级要求的超视距等级训练,符合本规定附件1(本书未附,请参见相关资料)关于超视距等级的飞行经历要求。

2)由授权教员在申请人的飞行经历记录本或者训练记录上签字,证明其在相应的超视距等级的航空知识方面是合格的。

3)由授权教员在申请人的飞行经历记录本或者训练记录上签字,证明其在相应的超视距等级的飞行技能方面是合格的。

4)通过了相应的超视距等级要求的理论考试。

5)通过了相应的超视距等级要求的实践考试。

C.在驾驶员执照上增加超视距等级的同时增加类别或分类等级的,申请人应当符合下列规定:

1)满足本条 B 款的相关飞行经历和训练要求。

2)满足本条 E 款或 F 款相应类别或分类等级的飞行经历和训练要求。

3)通过了相应的超视距等级要求的理论考试。

4)通过了相应的超视距等级要求的实践考试。

D.教员等级可以行使相同类别及分类等级的超视距等级持有人的所有权利。在驾驶员执照上增加教员等级,或在增加教员等级的同时增加类别或分类等级的申请人应当符合下列规定:

1)完成了相应执照类别和分类等级要求的教员等级训练,符合本规定附件1(本书未附,请参见关于资料)关于教员等级的飞行经历要求。

2)由授权教员在申请人的飞行经历记录本或者训练记录上签字,证明其在相应的教员等级的航空知识方面是合格的。

3)由授权教员在申请人的飞行经历记录本或者训练记录上签字,证明其在相应的教员等级的飞行技能和教学技能方面是合格的。

4)通过了相应的教员等级要求的理论考试。

5)通过了相应的教员等级要求的实践考试。

E.在驾驶员执照上增加类别等级,或在增加类别等级同时增加分类等级,申请人应当符合下列规定:

1)完成了相应驾驶员等级及其类别和分类等级要求的训练,符合本规则规定的相应驾驶员等级及其类别和分类等级的航空经历要求。

2)由授权教员在申请人的飞行经历记录本和训练记录上签字,证明其在相应驾驶员等级及其类别和分类等级的航空知识方面是合格的。

3)由授权教员在申请人的飞行经历记录本和训练记录上签字,证明其在相应驾驶员等级及其类别和分类等级的飞行技能方面是合格的。

4)通过了相应驾驶员等级及其类别等级要求的理论考试。

5)通过了相应驾驶员等级及其类别和分类等级要求的实践考试。

F.分类等级排列顺序由低到高依次为:Ⅲ,Ⅳ,Ⅺ,Ⅻ,高分类等级执照可行使低分类等级执照权利(不适用于 V 分类等级)。在具备低分类等级的执照上增加高分类等级(不适用于 V 分类等级),申请人应当符合下列规定:

1)完成了相应驾驶员等级及其类别和分类等级要求的训练,符合本规定关于相应驾驶员等级及其类别和分类等级的航空经历要求,相同类别低分类等级无人机驾驶员增加分类等级须具有操纵所申请分类等级无人机的飞行训练时间至少 10 小时,其中包含不少于 5 小时授权教员提供的带飞训练。

2)由授权教员在申请人的飞行经历记录本和训练记录上签字,证明其在相应驾驶员等级及其类别和分类等级的航空知识方面是合格的。

3)由授权教员在申请人的飞行经历记录本和训练记录上签字,证明其在相应驾驶员等级及其类别和分类等级的飞行技能方面是合格的。

4)通过了相应驾驶员等级及其类别和分类等级要求的实践考试。

G.在驾驶员执照上增加 V 分类等级,申请人应当符合下列规定:

1)依据《轻小无人机运行规定》(AC－91－31),完成了由授权教员提供的驾驶员满足植保无人机要求的训练。

2)由授权教员在申请人的飞行经历记录本或者训练记录上签字,证明其在植保无人机运行相关航空知识方面是合格的。

3)由授权教员在申请人的飞行经历记录本或者训练记录上签字,证明其在植保无人机运行相关飞行技能方面是合格的。

4)由授权教员在申请人的飞行经历记录本和训练记录上签字,证明其已取得操纵相应类别 V 分类等级无人机至少 10 小时的实践飞行训练时间。

5)通过了相应类别等级植保无人机运行相关的理论考试。

5.8 执照和等级的申请与审批

A.符合本规定相关条件的申请人,应当向局方提交申请执照或等级的申请,申请人对其申请材料实质内容的真实性负责,并按规定交纳相应的费用。

在递交申请时,申请人应当提交下述材料:

1)身份证明;

2)学历证明(如要求);

3)相关无犯罪记录文件;

4)理论考试合格的有效成绩单;

5)原执照(如要求);

6)授权教员的资质证明;

7)训练飞行活动的合法证明;

8)飞行经历记录本;

9)实践考试合格证明。

B.对于申请材料不齐全或者不符合格式要求的,局方在收到申请之后的 5 个工作日内一次性书面通知申请人需要补正的全部内容。逾期不通知即视为在收到申请书之日起即为受理。申请人按照局方的通知提交全部补正材料的,局方应当受理申请。局方不予受理申请,应当书面通知申请人。局方受理申请后,应当在 20 个工作日内对申请人的申请材料完成审查。

在局方对申请材料的实质内容按照本规定进行核实时,申请人应当及时回答局方提出的问题。由于申请人不能及时回答问题所延误的时间不记入前述 20 个工作日的期限。对于申请材料及流程符合局方要求的,局方应于 20 个工作日内受理,并在受理后 20 个工作日内完成最终审查作出批准或不批准的最终决定。

C. 经局方批准,申请人可以取得相应的执照或等级。批准的无人机类别、分类等级或者其他备注由局方签注在申请人的执照上。

D. 由于飞行训练或者实践考试中所用无人机的特性,申请人不能完成规定的驾驶员操作动作,因此未能完全符合本规定相关飞行技能要求,但符合所申请执照或者等级的所有其他要求的,局方可以向其颁发签注有相应限制的执照或者等级。

5.9　飞行经历记录

申请人应于申请考试或执照更新前提供满足相应要求的飞行经历证明。截止至 2018 年 12 月 31 日,局方接受由申请人与授权教员自行填写的飞行经历信息。自 2019 年 1 月 1 日起,申请人飞行经历数据应接入无人机云交换系统,以满足申请执照或等级对飞行经历中带飞时间及单飞时间的要求,以及申请执照更新对飞行经历时间的要求。飞行经历记录填写规范参考《民用无人机驾驶员飞行经历记录填写规范》。以上由无人机云提供的飞行经历数据内容和格式应符合《民用无人机驾驶员飞行经历记录数据规范》要求。

5.10　考试一般程序

按本规定进行的各项考试,应当由局方指定人员主持,并在指定的时间和地点进行。

A. 理论考试的通过成绩由局方确定,理论考试的实施程序参考《民用无人机驾驶员理论考试一般规定》。

B. 局方指定的考试员按照《民用无人机驾驶员实践考试一般规定》的程序,依据《民用无人机驾驶员实践考试标准》实施实践考试。

C. 局方依据《民用无人机驾驶员实践考试委任代表管理办法》委任与管理实施实践考试的考试员。

D. 局方依据《民用无人机驾驶员考试点管理办法》对理论及实践考试的考试点实施评估和清单制管理。

5.11　受到刑事处罚后执照的处理

本规定执照持有人受到刑事处罚期间,不得行使所持执照赋予的权利。

6.修订说明

2015 年 12 月 29 日,飞行标准司出台了《轻小无人机运行规定(试行)(AC－91－FS－2015－31)》,结合运行规定,为了进一步规范无人机驾驶员管理,对原《民用无人驾驶航空器系统驾驶员管理暂行规定(AC－61－FS－2013－20)》进行了第一次修订。修订的主要内容包括重新调整无人机分类和定义,新增管理机构管理备案制度,取消部分运行要求。

为进一步规范无人机驾驶员执照管理,在总结前期授权符合资质的行业协会对部分无人机驾驶员证照实施管理的

创新监管模式经验的基础上,对原《民用无人机驾驶员管理规定(AC－61－FS－2016－20R1)》进行了第二次修订。修订的主要内容包括调整监管模式,完善由局方全面直接负责执照颁发的相关配套制度和标准,细化执照和等级颁发要求和程序,明确由行业协会颁发的原合

格证转换为局方颁发的执照的原则和方法。

为落实 CCAR‐61 部修改决定要求,加强无人机驾驶员执照申请流程管理,完善考试相关配套制度,对原《民用无人机驾驶员管理规定》(AC‐61‐FS‐2018‐20R2)进行了第三次修订。修订的主要内容包括增加分类等级,明确飞行经历记录数据规范,细化实践考试标准执行要求,完善委任代表管理规程,将考试点全面纳入局方管理体系以加强考试点评估的规范性和提高运行的标准化程度。

7.咨询通告施行

本咨询通告自发布之日起生效,2018 年 8 月 31 日发布的《民用无人机驾驶员管理规定》(AC‐61‐FS‐2018‐20R2)同时废止。废止与实践考试标准相关的电报。

附录 F 轻小无人机运行规定

(AC‐91‐FS‐2019‐31R1)

1.目的

近年来,民用无人机的生产和应用在国内外蓬勃发展,特别是低空、慢速、微轻小型无人机数量快速增加,占到民用无人机的绝大多数。为了规范此类民用无人机的运行,依据 CCAR‐61 部和 CCAR‐91 部,发布本咨询通告。

2.适用范围及分类

本咨询通告适用范围包括:

2.1 可在视距内或超视距操作的、空机重量小于等于 116 千克或起飞全重不大于 150 千克的无人机,该无人机校正空速不超过 100 千米每小时;

2.2 起飞全重不超过 5 700 千克,距受药面高度不超过 15 米的植保类无人机;

2.3 充气体积在 4 600 立方米以下的无人飞艇;

2.4 适用无人机运行管理分类:

分 类	空机重量(千克)	起飞全重(千克)
Ⅰ(a)	$0<W\leqslant0.25$	
Ⅰ(b)	$0.25<W\leqslant1.5$	
Ⅱ	$1.5<W\leqslant4$	$1.5<W\leqslant7$
Ⅲ	$4<W\leqslant15$	$7<W\leqslant25$
Ⅳ	$15<W\leqslant116$	$25<W\leqslant150$
Ⅴ	植保类无人机	
Ⅵ	无人飞艇	
Ⅶ	有特殊风险的Ⅱ类无人机	

注 1:实际运行中,Ⅰ(a),Ⅰ(b),Ⅱ,Ⅲ,Ⅳ类分类有交叉时,按照较高要求的一类分类。

注 2:对于串、并列运行或者编队运行的无人机,按照总重量分类。

注 3:地方政府(例如当地公安部门)对于Ⅰ(a),Ⅰ(b),Ⅱ类无人机重量界限低于本表规定的,以地方政府的具体要求为准。

2.5　Ⅰ(a)和Ⅰ(b)类无人机使用者应安全使用无人机,避免对他人造成伤害,不必按照本咨询通告后续规定管理。

2.6　本咨询通告不适用于无线电操作的航空模型,但当航空模型使用了自动驾驶仪、指令与控制数据链路或自主飞行设备时,应按照本咨询通告管理。

2.7　本咨询通告不适用于室内、拦网内等隔离空间运行无人机,但当该场所有聚集人群时,操作者应采取措施确保人员安全。

3.定义

3.1　无人机(UA：Unmanned Aircraft),是由控制站管理(包括远程操纵或自主飞行)的航空器。

3.2　无人机系统(UAS：Unmanned Aircraft System),是指无人机以及与其相关的遥控站(台)、任务载荷和控制链路等组成的系统。

3.3　无人机系统驾驶员,对无人机的运行负有必不可少职责并在飞行期间适时操纵无人机的人。

3.4　无人机系统的机长,是指在系统运行时间内负责整个无人机系统运行和安全的驾驶员。

3.5　无人机观测员,由运营人指定的训练有素并培训的人员,通过目视观测无人机,协助无人机驾驶员安全实施飞行。

3.6　运营人,是指从事或拟从事航空器运营的个人、组织或者企业。

3.7　控制站(也称遥控站、地面站),无人机系统的组成部分,包括用于操纵无人机的设备。

3.8　指令与控制数据链路(C2：Command and Control data link),是指无人机和控制站之间为飞行管理之目的的数据链接。

3.9　视距内运行(VLOS：Visual Line of Sight Operations),无人机驾驶员或无人机观测员与无人机保持直接目视视觉接触的范围内运行,且该范围为目视视距内半径不大于500米,人、机相对高度不大于120米。

3.10　超视距运行(BVLOS：Beyond VLOS),无人机在除视距内运行以外的运行。

3.11　融合空域,是指有其他有人驾驶航空器同时运行的空域。

3.12　隔离空域,是指专门分配给无人机系统运行的空域,通过限制其他航空器的进入以规避碰撞风险。

3.13　人口稠密区,是指城镇、村庄、繁忙道路或大型露天集会场所等区域。

3.14　重点地区,是指军事重地、核电站和行政中心等关乎国家安全的区域及周边,或地方政府临时划设的区域。

3.15　机场净空区,也称机场净空保护区域,是指为保护航空器起飞、飞行和降落安全,根据民用机场净空障碍物限制图要求划定的空间范围。

3.16　空机重量,是指不包含载荷和燃料的无人机重量,该重量包含燃料容器和电池等固体装置。

3.17　无人机云系统(简称无人机云),是指轻小型民用无人机运行动态数据库系统,用于向无人机用户提供航行服务、气象服务等,对民用无人机运行数据(包括运营信息、位置、高度和速度等)进行实时监测。接入系统的无人机应即时上传飞行数据,无人机云系统对未遵守电子围栏限制的无人机具有报警功能。

3.18　电子围栏,是指为阻挡即将侵入或违规飞出特定区域的航空器,在相应电子地理范围中画出特定区域,并配合无人机云系统或飞行控制系统、保障区域安全的软硬件系统。

3.19　主动反馈系统,是指运营人主动将航空器的运行信息发送给监视系统。

3.20　被动反馈系统,是指航空器被雷达、ADS-B系统、北斗等手段从地面进行监视的系统,该反馈信息不经过运营人。

3.21　无人机云交换系统(无人机云数据交换平台):是指由民航局运行,能为多个无人机云系统提供实时数据交换和共享的实时动态数据库系统。

4.民用无人机机长的职责和权限

4.1　民用无人机机长对民用无人机系统的运行直接负责,并具有最终决定权。

4.1.1　在飞行中遇有紧急情况时:

a.机长必须采取适合当时情况的应急措施。

b.在飞行中遇到需要立即处置的紧急情况时,机长可以在保证地面人员安全所需要的范围内偏离本咨询通告的任何规定。

4.1.2　如果在危及地面人员安全的紧急情况下必须采取违反当地规章或程序的措施,机长必须毫不迟疑地通知有关地方当局。

4.2　机长必须负责以可用的、最迅速的方法将导致人员严重受伤或死亡、地面财产重大损失的任何航空器事故通知最近的民航及相关部门。

5.民用无人机驾驶员资格要求

民用无人机驾驶员应当根据其所驾驶的民用无人机的等级分类,符合CCAR-61部以及咨询通告《民用无人机驾驶员管理规定》(AC-61-20)中关于执照、等级、训练、考试、检查和航空经历等方面的要求,并依据本咨询通告运行。

6.民用无人机使用说明书

6.1　民用无人机使用说明书应当使用机长、驾驶员及观测员能够正确理解的语言文字。

6.2　Ⅴ类民用无人机的使用说明书应包含相应的农林植保要求和规范。

7.禁止粗心或鲁莽的操作

任何人员在操作民用无人机时不得粗心大意和盲目蛮干,以免危及他人的生命或财产安全。

8.摄入酒精和药物的限制

民用无人机驾驶员在饮用任何含酒精的液体之后的8小时之内或处于酒精作用之下或者受到任何药物影响及其工作能力对飞行安全造成影响的情况下,不得驾驶无人机。

9.飞行前准备

在开始飞行之前,机长应当:

9.1　了解任务执行区域限制的气象条件;

9.2　确定运行场地满足无人机使用说明书所规定的条件;

9.3　检查无人机各组件情况、燃油或电池储备、通信链路信号等满足运行要求。对于无人机云系统的用户,应确认无人机系统是否接入无人机云系统;

9.4　制定出现紧急情况的处置预案,预案中应包括紧急备降地点等内容。

10. 限制区域

机长应确保无人机运行时符合有关部门的要求,避免进入限制区域:

10.1 对于无人机云系统的用户,应该遵守该系统限制;

10.2 对于未接入无人机云系统的用户,应向相关部门了解限制区域的划设情况。不得突破机场障碍物控制面、飞行禁区、未经批准的限制区以及危险区等。

11. 视距内运行(VLOS)

11.1 必须在驾驶员或者观测员视距范围内运行;

11.2 必须在昼间运行;

11.3 必须将航路优先权让与其他航空器。

12. 超视距运行(BVLOS)

12.1 必须将航路优先权让与有人驾驶航空器;

12.2 当飞行操作危害到空域的其他使用者、地面上人身财产安全或不能按照本咨询通告要求继续飞行,应当立即停止飞行活动;

12.3 驾驶员应当能够随时控制无人机。对于使用自主模式的无人机,无人机驾驶员必须能够随时超控。

12.3.1 出现无人机失控的情况,机长应该执行相应的预案,包括:

a. 无人机应急回收程序;

b. 对于接入无人机云的用户,应在系统内上报相关情况;

c. 对于未接入无人机云的用户,遵守相关空管服务部门的非正常情况管理程序。

13. 民用无人机运行的仪表、设备和标识要求

13.1 具有有效的空地 C2 链路;

13.2 地面站或操控设备具有显示无人机实时的位置、高度、速度等信息的仪器仪表;

13.3 用于记录、回放和分析飞行过程的飞行数据记录系统,且数据信息至少保存三个月(适用于Ⅲ,Ⅳ,Ⅵ和Ⅶ类);

13.4 对于接入无人机云系统的用户,应当符合无人机云的接口规范;

13.5 对于未接入无人机云系统的用户,其无人机机身需有明确的标识,注明该无人机的型号、编号、所有者、联系方式等信息,以便出现坠机情况时能迅速查找到无人机所有者或操作者信息。

14. 管理方式

民用无人机分类繁杂,运行种类繁多,所使用空域远比有人驾驶航空器广阔,因此有必要实施分类管理,依据现有无人机技术成熟情况,针对轻小型民用无人机进行以下运行管理。

14.1 民用无人机的运行管理

14.1.1 电子围栏

a. 对于Ⅲ,Ⅳ,Ⅵ和Ⅶ类无人机,应具备并使用电子围栏功能。

b. 对于在重点地区和机场净空区以下运行Ⅱ类和Ⅴ类无人机,应具备并使用电子围栏功能。

14.1.2 接入无人机云的民用无人机

a. 对于重点地区和机场净空区以下使用的Ⅱ类和Ⅴ类的民用无人机,应接入无人机云,或者仅将其地面操控设备位置信息接入无人机云,报告频率最少每分钟一次。

b.对于Ⅲ、Ⅳ、Ⅵ和Ⅶ类的民用无人机应接入无人机云,在人口稠密区报告频率最少每秒一次。在非人口稠密区报告频率最少每30秒一次。

c.对于在融合空域运行的Ⅳ类的民用无人机,增加被动反馈系统。

14.1.3   未接入无人机云的民用无人机

运行前需要提前向管制部门提出申请,并提供有效监视手段。

14.2   民用无人机运营人的管理

根据《民用航空法》规定,无人机运营人应当对无人机投保地面第三人责任险。

15.对无人机云提供商的要求

15.1   无人机云提供商须具备以下条件:

15.1.1   设立了专门的组织机构;

15.1.2   建立了无人机云的质量管理体系和安全管理体系;

15.1.3   建立了民用无人机驾驶员、运营人数据库和无人机运行动态数据库,可以清晰管理和统计持证人员,监测运行情况;

15.1.4   已与相应的管制、机场部门建立联系,为其提供数据输入接口,并为用户提供空域申请、计划申请等信息服务;

15.1.5   建立与相关部门的数据分享机制,能够实现与无人机云交换系统数据交互;

15.1.6   遵守当地人大和地方政府出台的法律法规,遵守军方和地方相关部门为保证国家和公众安全而发布的通告和禁飞要求。

15.2   对所提供的无人机云服务一般功能要求

15.2.1   具备相应的空域申请、计划申请等功能;

15.2.2   向无人机云交换系统上传无人机飞行数据,该数据应包括实时数据,或由于网络限制在联网后由无人机发送到无人机云的本地延时数据;

15.2.3   具备自查功能,可自行筛选过滤系统中注册的无人机上传的非真实运行数据和错误数据,以确保其上传云交换系统的无人机注册信息和飞行数据的真实性和有效性;

15.2.4   无人机云应具有无人机围栏功能,内容至少包括国家、政府机构公布的禁飞空域、民用机场障碍物控制面和限制区等,并能持续更新;

15.2.5   无人机云应向云交换系统上传运行场景分类数据,数据字段和代码见附件。

15.3   对所提供的无人机云服务的其他要求

15.3.1   无人机云应建立数据冗余存储的机制;

15.3.2   依据《信息安全等级保护管理办法》,无人机云应完成信息系统安全保护等级备案,其等级至少为二级;

15.3.3   对于无人云所使用的电子地图,中国境内部分应由具有我国相应测绘资质的地图服务商提供。

15.4   无人机云可选择是否提供用以申请民用无人机驾驶员执照/等级或执照更新的飞行经历记录的服务。提供此项服务的无人机云应满足以下要求:

15.4.1   系统中的飞行经历内容需满足民用无人机驾驶员飞行经历记录数据规范(AC-61-20)要求,并保存相关飞行经历记录至少两年;

15.4.2   系统应通过无人机驾驶员注册的手机号对其个人信息进行校验,通过校验后的无人机驾驶员执照持有人或申请人方能使用无人机驾驶员飞行经历记录功能;

15.4.3　无人机云中记录的飞行经历数据经无人机云交换系统按照民用无人机驾驶员飞行经历记录数据规范(AC-61-20)确认有效性后,可供无人机驾驶员申请执照/等级或执照更新使用。

15.5　无人机云提供商试运行批准和取消

15.5.1　满足本文件要求的无人机云提供商可获得试运行批准,有效期两年。如在其试运行一年内无真实运行数据,则局方将取消试运行资质,且一年内不再受理其再次试运行申请;

15.5.2　获得试运行批准的无人机云提供商应定期对云系统进行更新扩容,保证其所接入的民用无人机运营人使用方便、数据可靠、低延迟、飞行区域信息实时有效;

15.5.3　获得试运行批准的无人机云提供商每6个月向局方提交报告,内容包括无人机云系统接入航空器架数,运营人数量,技术进步情况,遇到的困难和问题,事故和事故征候等。

16.　植保无人机运行要求

16.1　植保无人机作业飞行是指无人机进行下述飞行:

16.1.1　喷洒(撒)农药;

16.1.2　喷洒(撒)用于作物养料、土壤处理、作物生命繁殖或虫害控制的任何其他物质;

16.1.3　从事直接影响农业、园艺或森林保护的喷洒任务,但不包括撒播活的昆虫。

16.2　人员要求

担任操纵植保无人机系统并负责无人机系统运行和安全的驾驶员,应当持有按本规定颁发的具备Ⅴ分类等级的驾驶员执照,或经农业农村部等部门规定的由符合资质要求的植保无人机生产企业自主负责的植保无人机操作人员培训考核。

16.2.1　运营人指定的一个或多个作业负责人,该作业负责人应当持有具备Ⅴ分类等级的驾驶员执照,或经农业农村部等部门规定的由符合资质要求的植保无人机生产企业自主负责的植保无人机操作人员培训考核,同时接受了下列知识和技术的培训或者具备相应的经验:

a.理论知识。

(1)开始作业飞行前应当完成的工作步骤,包括作业区的勘察;

(2)安全处理有毒药品的知识及要领和正确处理使用过的有毒药品容器的办法;

(3)农药与化学药品对植物、动物和人员的影响和作用,重点在计划运行中常用的药物以及使用有毒药品时应当采取的预防措施;

(4)人体在中毒后的主要症状,应当采取的紧急措施和医疗机构的位置;

(5)所用无人机的飞行性能和操作限制;

(6)安全飞行和作业程序。

b.飞行技能,以无人机的最大起飞全重完成起飞、作业线飞行等操作动作。

16.2.2　作业负责人对实施农林喷洒作业飞行的每一人员实施16.2.1规定的理论培训、技能培训以及考核,并明确其在作业飞行中的任务和职责。

16.2.3　作业负责人对农林喷洒作业飞行负责。其他作业人员应该在作业负责人带领下实施作业任务。

16.2.4　对于从事作业高度在20米以上的作业人员应持有民用无人机驾驶员执照。

16.3　喷洒限制

实施喷洒作业时,应当采取适当措施,避免喷洒的物体对地面的人员和财产造成危害。

16.4 喷洒记录保存

实施农林喷洒作业的运营人应当在其主运行基地保存关于下列内容的记录：

16.4.1 服务对象的名称和地址；

16.4.2 服务日期；

16.4.3 每次作业飞行所喷洒物质的量和名称；

16.4.4 每次执行农林喷洒作业飞行任务的驾驶员的姓名、联系方式和合格证编号（如适用），以及通过知识和技术检查的日期。

17. 无人飞艇运行要求

17.1 禁止云中飞行。在云下运行时，与云的垂直距离不得少于 120 米。

17.2 当无人飞艇附近存在人群时，须在人群以外 30 米运行。当人群抵近时，飞艇与周边非操作人员的水平间隔不得小于 10 米，垂直间隔不得小于 10 米。

17.3 除经局方批准，不得使用可燃性气体如氢气。

18. 修订说明

为进一步规范轻小无人机运行，固化前期无人机云系统试运行成功经验，确保管理理念和政策与无人机技术发展相适应，结合 CCAR-61 部修改决定中关于无人机驾驶员执照和等级的要求，对原《轻小无人机运行规定（试行）》（AC-91-FS-2015-31）进行了第一次修订。修订的主要内容包括调整无人机运行管理分类，明确无人机云交换系统定义及功能定位，增加无人机云系统应具备的功能要求，细化提供飞行经历记录服务的条件，更新取消无人机云提供商试运行资质的政策。

19. 废止和生效

本咨询通告自下发之日起生效，原 AC-91-FS-2015-31《轻小无人机运行规定（试行）》（2015 年 12 月 29 日发布）作废。已批准的无人机云系统应于 2019 年 3 月 31 日前满足本咨询通告第 15.2.3 款、第 15.2.5 款和 15.3 款要求。对于已批准的无人机云系统如选择提供本咨询通告第 15.4 款规定的飞行经历记录服务，应于 2019 年 1 月 31 日前应符合本咨询通告相关要求。

当其他法律法规发布生效时，本咨询通告与其内容相抵触部分自动失效；飞行标准司有责任依据法律法规的变化、科技进步、社会需求等及时修订本咨询通告。

附件

无人机云系统运行场景分类及数据规范代码表

注意：以下编码遵循十六进制规则

高度/速度代码

	低速-中速	亚音速	超音速
30 米以下	0,1		
120 米以下	2,3,4		
3 000 米以下	7,8		
18 000 米以下	A	B	C
18 000 米以上	D		E

续表

	低速-中速	亚音速	超音速
特殊	5		
保留	6,9,F		

场景代码

代码	场景	说明
00	农田植保	贴地高度飞行,不含林木作业
22	林木作业	林木上空作业,不含巡查
10	飞行训练	贴地高度飞行训练,多为直升机、多选翼
30	飞行训练	固定翼、垂直起降固定翼、自转旋翼机、飞艇
20	可见光传感 VL	拍照、摄影、测绘、巡查等利用可见光作业-超低空
21	其他传感 VL	可见光以外各类传感器作业-超低空
70	可见光传感 L	拍照、摄影、测绘、巡查等利用可见光作业-低空
71	其他传感 L	可见光以外各类传感器作业-低空
A0	传感作业 H	各类传感器作业-高空
D0	传感作业 VH	各类传感器作业-超高空
25	外卖	低高度外卖传送,起飞全重25kg以下
26	终端物流	低高度物流传送,起飞全重150kg以下,50km
75	中程物流	起飞全重5 700kg以下,500km
A5	远程物流	起飞全重5 700kg以上,或500km以上
50	电力巡线	高度随电塔改变,始终在线缆附近飞行
1F	其他(30 米以下)	在 30 米以下且暂未有明确定义的运行场景
4F	其他(120 米以下)	在 120 米以下且暂未有明确定义的运行场景
8F	其他(3 000 米以下)	在 3 000 米以下且暂未有明确定义的运行场景

附录 G　民用无人驾驶航空器从事经营性飞行活动管理办法(暂行)

中国民用航空局运输司 MD-TR-2018-01

2018 年 6 月 1 日实施

第一章　总则

第一条　为了规范民用无人驾驶航空器(以下简称"无人机")从事经营性飞行活动,加强市场监管,促进无人机产业安全、有序、健康发展,参照《通用航空经营许可管理规定》及无人机管理的有关规定,制定本办法。

第二条　本办法适用于在中华人民共和国境内(港澳台地区除外)使用无人机开展航空喷洒(撒)、航空摄影、空中拍照、表演飞行等作业类和无人机驾驶员培训类的经营活动。

第三条　本办法适用的无人机类别为:视距内运行的非植保类无人机,空机重量从 0 到 15 千克,起飞全重从 0 到 25 千克;超视距运行的非植保类无人机,空机重量从 0 到 4 千克,起飞全重从 0 到 7 千克。植保类无人机无重量限制。对于串、并列运行或者编队运行的无人机,按照无人机总重量计算。对于其他类别的无人机暂不允许开展经营性飞行活动,民航局或地区管理局批准的试点项目除外。

第四条　无人机从事经营性飞行活动应当取得经营许可。未按本办法规定取得经营许可证,不得使用无人机开展经营性飞行活动。

第五条　中国民用航空局委托行业协会实施对无人机经营许可的监督管理工作。

第二章　许可申请条件及程序

第六条　取得无人机经营许可,应当具备下列基本条件:

(一)经营活动的主体应当为企业法人,法定代表人为中国籍公民;

(二)企业应拥有不少于两架无人机,且以该企业名称在中国民用航空局"民用无人机实名登记信息系统"中完成无人机实名登记;

(三)需具有行业主管部门(或经其授权)认可的培训能力(此款仅适用从事培训类经营活动);

(四)投保无人机地面第三人责任险。

第七条　具有下列情形之一的,不予受理无人机经营许可申请:

(一)申请人提供虚假材料被驳回,一年内再次申请的;

(二)申请人被撤销经营许可证后,三年内再次申请的;

(三)被列入行业安全管理失信"黑名单"的企业;

(四)法律、法规规定不予受理的其他情形。

第八条　申请人应当通过无人机经营许可管理系统网站(https://uas.ga.caac.gov.cn)在线申请无人机经营许可,申请人须在线填报以下信息,并确保申请材料及信息真实、合法、有效:

(一)企业法人基本信息;

(二)无人机实名登记号;

(三)无人机驾驶员培训机构认证编号(此款仅适用从事培训类经营活动);

第九条　行业协会应当自申请人在线成功提交申请材料之日起十五日内做出是否准予许可的决定。准予许可的,申请人可在线获取电子经营许可证,不予许可的,申请人可在线查询原因。

第十条　民用无人机经营许可证所载事项需变更的,许可证持有人应当通过系统提出变更申请。

第十一条　行业协会应当自申请人在线成功提交变更申请之日起十日内做出是否准予变更的决定。准予变更的,申请人可在线获取变更后的电子经营许可证,不予变更的,申请人可在线查询原因。

第三章　监督管理

第十二条　许可证持有人开展经营性飞行活动,应当遵守国家法律法规和无人机管理有关规定的要求,遵守空中运行秩序,确保安全。

第十三条　许可证持有人应确保持续符合经营许可条件。

第十四条　许可证持有人开展经营性通用航空飞行活动,应当采取有效的环境保护措施。

第十五条　许可证持有人应在许可证列明的经营范围内开展经营活动。

第十六条　许可证持有人应在飞行活动结束后72小时内,通过系统报送相关作业信息。

第十七条　有下列情形之一的,行业协会依法撤销企业经营许可:

(一)向不具备申请资格的申请人颁发许可证的;

(二)依法可以撤销经营许可的其他情形。

第十八条　许可证持有人有下列情形之一的,行业协会应当依法办理经营许可证的注销手续:

(一)法定代表人死亡或者丧失行为能力或因破产、解散等原因被终止法人资格的;

(二)经营许可证依法被撤销的;

(三)经营许可证持有人自行申请注销的;

(四)法律、法规规定的应当注销的其他情形。

第十九条　无人机经营许可证不得涂改、出借、买卖或转让。

第二十条　无人机经营许可证长期有效。

术语解释:

航空喷洒(撒)　以无人机作为搭载工具,使用专业设备将液体或固体干物料按特定技术要求从空中向地面目标喷雾或撒播的飞行活动。

航空摄影　以无人机作为搭载工具,使用专业设备获取地球地表反射、辐射以及散射电磁波信息的飞行活动。

空中拍照　以无人机作为搭载工具,使用专业设备获取空中影像资料的飞行活动。

表演飞行　以展示无人机性能、飞行技艺,普及航空知识和满足观众观赏为目的开展的无人机飞行活动。

驾驶员培训　训练机构通过培训驾驶技术及运行要求,以培养符合资质要求的无人机驾驶员为目的而开展的无人机飞行训练活动。

附录 H　无人驾驶航空器飞行管理暂行条例

(征求意见稿)

第一章　总则

第一条【立法目的】　为了规范无人驾驶航空器飞行以及有关活动,促进无人驾驶航空器产业健康有序发展,维护航空安全、公共安全、国家安全,根据《中华人民共和国民用航空法》的授权,制定本条例。

第二条【适用范围】　在中华人民共和国境内及我国管辖的其他空域内从事无人驾驶航空器飞行以及有关活动,应当遵守本条例。

第三条【定义】　本条例所称无人驾驶航空器,是指没有机载驾驶员,自备动力系统,并且具备垂直高度保持或者水平位置保持飞行功能的航空器,包括遥控航空器、自主航空器等。

第四条【基本原则】　无人驾驶航空器管理工作应当坚持安全第一、服务发展、分类管理、协同监管的原则。

第五条【管理体制】　国家空中交通管理领导机构统一领导全国无人驾驶航空器飞行管理工作，组织协调解决无人驾驶航空器飞行管理工作中的重大问题。国务院民用航空、公安、工业和信息化、市场监管等部门依据本条例和有关职责分工，负责无人驾驶航空器的有关管理工作。

各级空中交通管理单位按照职责分工负责本责任区内无人驾驶航空器飞行管理工作。

县级以上地方人民政府及其有关部门在各自的职责范围内，依照本条例和有关职责分工，负责无人驾驶航空器的有关管理工作。

第六条【监管识别】　国家空中交通管理领导机构统筹建立无人驾驶航空器综合监管服务平台，实施全国一体化无人驾驶航空器动态监管与服务。

空中交通管理、民用航空、公安、工业和信息化等部门、单位根据各自职责采集无人驾驶航空器生产、登记、使用的有关信息，并依托无人驾驶航空器综合监管服务平台共享。

第七条【鼓励行业自律】　国家鼓励和支持有关行业协会，通过制定、实施行业章程、团体标准等方式加强行业自律，宣传飞行管理法律法规及有关知识，增强有关人员维护航空安全、公共安全、国家安全的意识。

第八条【鼓励科研创新】　国家鼓励无人驾驶航空器科学技术研究和应用。各级人民政府及有关部门应当在保证安全的前提下，为无人驾驶航空器科研创新提供支持。

第二章　无人驾驶航空器及其系统

第九条【无人驾驶航空器分类】　无人驾驶航空器分为微型、轻型、小型、中型、大型。

微型无人驾驶航空器，是指空机重量小于 0.25 千克，飞行真高不超过 50 米，最大平飞速度不超过 40 千米/小时，最大飞行水平半径小于 100 米，具备符合空域管理要求的空域保持能力的遥控航空器。

轻型无人驾驶航空器，是指空机重量不超过 4 千克且最大起飞重量不超过 7 千克，最大平飞速度不超过 100 千米/小时，具备符合空域管理要求的空域保持能力和可靠被监视能力的遥控航空器，但不包括微型无人驾驶航空器。

小型无人驾驶航空器，是指空机重量不超过 15 千克或者最

大起飞重量不超过 25 千克，具备符合空域管理要求的空域保持能力和可靠被监视能力的遥控航空器或者自主航空器，但不包括微型、轻型无人驾驶航空器。

中型无人驾驶航空器，是指空机重量超过 15 千克，且最大起飞重量超过 25 千克不超过 150 千克的遥控航空器或者自主航空器。

大型无人驾驶航空器，是指最大起飞重量超过 150 千克的遥控航空器或者自主航空器。

第十条【设计生产标准】　国务院标准化行政主管部门及国务院其他有关部门根据各自的职责，组织制定有关无人驾驶航空器及其系统的产品、服务和飞行安全的国家标准、行业标准。

无人驾驶航空器及其系统的相关标准应当满足实名登记、唯一产品识别码等监管和服务要求。

设计、生产、使用无人驾驶航空器及其系统，应当遵守法律、行政法规的规定和国家标准的强制性要求。

第十一条【唯一产品识别码】　民用无人驾驶航空器应当按照国务院工业和信息化主管部

门的规定具备唯一产品识别码。

第十二条【产品认证和适航管理】　微型、轻型、小型民用无人驾驶航空器及其关键部件应当依法进行强制性产品认证后,方可出厂、销售、进口或者用于开展飞行活动。

从事中型、大型民用无人驾驶航空器及其系统的设计、生产、进口、飞行和维修活动,应当按照《中华人民共和国民用航空法》的规定向国务院民用航空主管部门申请取得有关适航许可;微型、轻型、小型民用无人驾驶航空器及其系统的设计、生产、进口、飞行和维修活动无需适航管理。

第十三条【注册激活和风险警示】　无人驾驶航空器生产者应当按照国家有关规定,确保除微型之外的民用无人驾驶航空器具有经实名注册方可激活使用的功能,并在微型、轻型、小型民用无人驾驶航空器机体标注无人驾驶航空器类别,在产品外包装显著位置标明守法运行和风险防范提示。

第十四条【登记管理】　除微型之外的民用无人驾驶航空器的所有者应当按照国务院民用航空主管部门的规定进行实名注册登记。进行国际飞行的民用无人驾驶航空器,还应当依法进行国籍登记。

第十五条【强制保险】　使用民用无人驾驶航空器从事经营性飞行活动,以及使用小型、中型、大型民用无人驾驶航空器从事非经营性飞行活动,应当依法投保第三者责任险。

第十六条【召回制度】　微型、轻型、小型民用无人驾驶航空器及其系统投放市场后,发现存在缺陷,可能对人身财产安全造成损害的,其生产者、进口商应当停止生产、销售,召回缺陷产品,通知有关经营者、使用者停止经营、使用,并及时报告市场监督管理部门。生产者、进口商未实施召回的,由国务院市场监督管理部门依法责令召回。

无人驾驶航空器所有者、使用者发现其所有、使用的民用无人驾驶航空器及其系统存在前款规定情形的,应当停止使用,通知生产者、进口商,并报告市场监督管理部门。

第十七条【经营许可】　从事无人驾驶航空器经营性飞行活动,应当具备下列条件:

(一)从事经营活动的主体为企业法人,其中从事经营性通用航空活动的主体还包括农村集体经济组织法人和城镇农村的合作经济组织法人;

(二)所使用的无人驾驶航空器依法取得适航许可或者强制性产品认证并进行实名登记;

(三)拟从事的飞行活动经过民用航空管理部门的充分安全认证;

(四)依法投保第三者责任险;

(五)有符合本条例规定的驾驶人员;

(六)法律、行政法规规定的其他条件。

申请无人驾驶航空器经营许可,应当向民用航空管理部门提出书面申请,并提交符合前款规定条件的证明材料。民用航空管理部门应当依法作出许可或者不予许可的决定。

第十八条【无线电管理】　民用无人驾驶航空器及其系统的无线电发射设备的工作频率、功率等技术指标以及使用应当符合无线电管理的法律、行政法规及国家有关规定。

第十九条【改造限制】　除本条例第五十一条规定情形外,任何单位、个人改变(包括软件和硬件设计更改)已取得适航证书或者经过强制性产品认证的民用无人驾驶航空器及其系统的空域保持、被监视能力以及速度、高度性能,并拟将其用于飞行活动的,应当依照本条例规定重新申请取得适航许可或者进行强制性产品认证。

第二十条　个人携带或者寄递民用无人驾驶航空器及其系统进境的,应当依法向海关申报并办理进境手续。

第三章　无人驾驶航空器驾驶员

第二十一条【本章适用范围】　本章仅适用于民用无人驾驶航空器的驾驶员。

第二十二条【微型、轻型无人驾驶航空器驾驶员资质管理】　操控微型、轻型民用无人驾驶航空器飞行，应当熟练掌握有关机型操作方法，了解风险警示信息和有关管理制度。

无民事行为能力人不得操控除微型之外的民用无人驾驶航空器。无民事行为能力人操控微型民用无人驾驶航空器或者限制民事行为能力人操控轻型民用无人驾驶航空器的，应当由符合前款规定条件的完全民事行为能力人现场指导。

操控轻型民用无人驾驶航空器超出本条例第二十九条规定的适飞空域飞行的，应当具有完全民事行为能力，并按照国务院民用航空主管部门的规定经培训合格。

第二十三条【小型、中型、大型无人驾驶航空器驾驶员资质管理】　操控小型、中型、大型民用无人驾驶航空器，应当具备

下列条件，并向民用航空管理部门申请取得相应驾驶员执照：

（一）具备完全民事行为能力；

（二）无认知障碍、精神障碍或者其他可能影响无人驾驶航空器操控行为的疾病病史，无酗酒、吸毒行为记录；

（三）接受无人驾驶航空器驾驶员安全操控培训，并经民用航空管理部门考试合格；

（四）无因危害国家安全、公共安全，侵犯公民人身权利，扰乱公共秩序的故意犯罪受到刑事处罚的记录。

最大起飞重量不超过 150 千克的植保无人驾驶航空器的驾驶人员由无人驾驶航空器生产者按照国务院民用航空、农业农村主管部门规定的内容进行培训，经考核合格后颁发操作证书。

第二十四条【操控分布式无人驾驶航空器系统和集群的资质管理】　操控民用分布式无人驾驶航空器系统或者集群的单位，应当具备下列条件，并向民用航空管理部门申请取得操作合格证：

（一）组织者具有法人资格；

（二）具有符合国务院民用航空主管部门规定的分布式或者集群操作安全管理体系；

（三）具有与所从事飞行活动相适应的运行能力。

第二十五条【特殊行业的培训】　国务院农业农村、气象、电力等行业主管部门对民用无人驾驶航空器行业应用有特殊要求的，组织实施行业培训及培训内容应当征求国务院民用航空主管部门的意见。

第二十六条【驾驶员行为规范】　民用无人驾驶航空器驾驶员应当遵守下列规定：

（一）执行本条例及有关法律、法规和飞行规则；

（二）对所操控无人驾驶航空器的飞行安全负责；

（三）飞行前做好安全飞行准备并检查无人驾驶航空器状态；

（四）依法取得有关许可证书、证件并在飞行时随身携带，接受民用航空管理部门、空中交通管理单位以及公安机关的查验；

（五）服从空中交通管制，按照经批准的飞行计划实施飞行活动；

（六）受到酒精类饮料、麻醉剂或者其他药物影响时，不得操控无人驾驶航空器。

第二十七条【社会组织管理要求】　民用无人驾驶航空器行业协会、俱乐部、培训机构等社会组织应当建立会员情况信息统计及安全管理档案制度,接受有关部门监督指导。

第四章　飞行空域

第二十八条【空域划设和使用原则】　无人驾驶航空器飞行空域划设应当遵循统筹配置、灵活使用、安全高效原则,以隔离飞行为主,兼顾融合飞行需求,充分考虑国家安全、社会效益和公众利益。

划设无人驾驶航空器飞行空域应当明确水平、垂直范围和使用时限。

军用无人驾驶航空器执行军事任务,政府部门使用无人驾驶航空器执行警察、海关、应急管理飞行任务,优先划设空域。

第二十九条真高 120 米以上空域,空中禁区、空中危险区及周边区域,军航超低空飞行空域,以及以下区域上方的空域应当划设为无人驾驶航空器管制空域(以下简称管制空域):

(一)机场净空保护区或者障碍物限制面水平投影范围内及周边一定范围的区域,其中机场、临时起降点围界及周边一定范围内的区域划设为微型无人驾驶航空器管制区域;

(二)国界线、实际控制线、边境线到我方一侧一定范围;

(三)军事禁区、军事管理区、监管场所以及设区的市级以上国家机关及周边区域;

(四)重要军工设施保护区域、核设施控制区域、易燃易爆等危险品的生产、仓储区域,以及可燃重要物资的大型仓储区域;

(五)发电厂、变电站、加油站、自来水供水厂和公共交通枢纽、码头、港口、国道、铁路线路等公共基础设施及其周边区域;

(六)射电天文台、卫星测控(导航)站、气象雷达站等需要对电磁环境实施特殊保护的设施及周边区域;

(七)国家空中交通管理领导机构确定的其他管制空域。管制空域的具体范围由空中交通管理单位依据国家空中交通管理领导机构的有关规定确定,由设区的市级人民政府公布、民用航空管理部门发布航行情报。

无人驾驶航空器在管制空域内飞行,应当经空中交通管理单位批准。

在管制空域范围外真高 120 米以下的空域为微型、轻型、小型无人驾驶航空器的适飞空域(以下简称适飞空域)。

第三十条【管制空域警示标志】　设区的市级人民政府应当组织有关部门按照国家空中交通管理领导机构的规定设置管制空域警示标志并开展日常巡查。

第三十一条【临时扩大管制空域】　遇有特殊情况,需要临时增加管制空域范围的,应当按照下列程序发布空域的水平、垂直和时间范围:

(一)保障大型活动和国家组织的重大活动时,在新增管制空域生效 24 小时前,由省级人民政府发布公告、民用航空管理部门发布航行情报;

(二)保障作战战备、反恐维稳、抢险救灾、医疗救护、人工影响天气或者其他紧急任务时,新增管制空域使用时间通常不超过 72 小时,在新增管制空域生效 30 分钟前,由设区的市级以上人民政府发布紧急公告、民用航空管理部门发布临时航行情报。

第三十二条【空域使用的申请与批复】　除本条第二款规定情形外,组织飞行的单位或者个人应当提前 2 个工作日向空中交通管理单位提出临时空域使用申请。负责审批该空域的空中交通管理单位应当在拟使用空域 1 个工作日前作出批准或者不予批准的决定,并通知申请人。

组织无人驾驶航空器开展下列飞行活动,不需要提出空域使用申请:

(一)微型、轻型、小型无人驾驶航空器在适飞空域内的飞行活动;

(二)最大起飞重量不超过150千克的植保无人驾驶航空器在农林牧区域上方真高不超过30米的适飞空域内从事的植保作业飞行活动;

(三)军队以及公安机关、海关、应急管理部门装备的无人驾驶航空器,空域保持能力、空机重量、最大平飞速度等满足国家空中交通管理领导机构确定条件的,在其驻地、地面训练场、靶场等上空不超过真高120米的空域内从事的飞行活动。

第三十三条【空域申请内容】 临时空域申请应当包括下列内容:

(一)组织飞行活动的单位或者个人信息及有关资质证书;

(二)无人驾驶航空器的类型、数量、主要性能指标和登记管理信息;

(三)拟使用空域范围,包括水平、垂直和时间范围;

(四)起降区域、进出空域的方法;

(五)飞行活动性质,执行国家规定的特殊通用航空任务飞行的还应当提供有效批准文件;

(六)国家空中交通管理领导机构规定的其他内容。

第三十四条【隔离飞行和融合飞行】 无人驾驶航空器通常与有人驾驶航空器隔离飞行,划设隔离飞行的临时空域。临时空域与其他空域之间的安全间隔标准由国家空中交通管理领导机构制定并公布。

无人驾驶航空器符合下列条件之一的,经空中交通管理单位批准,可以与有人驾驶航空器进行融合飞行:

(一)根据任务或者飞行课目需要,军用无人驾驶航空器、公安机关、海关、应急管理部门履行政府职责使用的无人驾驶航空器与前述部门使用的有人驾驶航空器在同一空域或者同一机场区域的飞行;

(二)经过充分安全认证的大型无人驾驶航空器的飞行;

(三)中型无人驾驶航空器不超过真高300米的飞行或者经过充分安全认证的中型无人驾驶航空器的其他飞行;

(四)具备符合空域管理要求的空域保持能力和可靠被监视能力的小型无人驾驶航空器,在适飞空域上方不超过真高300米的飞行;

(五)轻型无人驾驶航空器在适飞空域上方不超过真高300米的飞行;

(六)微型、轻型无人驾驶航空器在适飞空域的飞行;

(七)最大起飞重量不超过150千克的植保无人驾驶航空器在农林牧区域上方真高不超过30米的适飞空域内从事的植保作业飞行。

第三十五条【空域批准权限】 空域使用及空域内融合飞行按照下列权限批准:

(一)在飞行管制分区内的,由负责该分区空中交通管理的单位批准;

(二)超出飞行管制分区在飞行管制区内的,由负责该管制区空中交通管理的单位批准;

(三)在飞行管制区间的,由国家空中交通管理领导机构授权的空中交通管理单位批准。

负责审批的空中交通管理单位应当将批准情况报上一级空中交通管理单位备案,并通报有关单位。空域划设的有关信息由民用航空管理部门对外公布。

第三十六条【空域使用期限】 临时空域使用期限应当根据飞行的性质和需要确定。定期使用同一空域的,空中交通管理单位可以批准一定时间内多次使用空域。临时空域使用期限通常不得超过 12 个月。

因飞行任务需要延长使用期限的,应当报经批准该空域的空中交通管理单位同意。

飞行活动全部结束后,空域申请人应当及时报告有关空中交通管理单位,其申请划设的空域即行撤销。

第三十七条【共用空域审批方法】　已批准使用的无人驾驶航空器飞行空域,经原批准单位批准,其他单位或者个人可以使用。

第五章　飞行活动

第三十八条【在网运行要求】　除微型之外的民用无人驾驶航空器实施飞行活动,应当按照国家空中交通管理领导机构的规定主动向无人驾驶航空器综合监管服务平台报送识别信息。

微型、轻型、小型民用无人驾驶航空器在飞行过程中应自动发送产品识别码等信息。

第三十九条【飞行安全责任】　组织无人驾驶航空器飞行的单位或者个人应当保证飞行安全,遵守有关法律法规和规章制度,主动采取事故预防措施,防止飞行活动危及航空安全、公共安全、国家安全。

第四十条【飞行计划申请】　除本条第二款规定情形外,无人驾驶航空器实施飞行活动前,应当依法向当地空中交通管理单位提出飞行计划申请。飞行计划申请应当于飞行前 1 日 15 时前,向所在机场或者起降场地所在地空中交通管理单位提出;空中交通管理单位应当于飞行前 1 日 21 时前批复。

从事本条例第三十二条第二款规定的飞行活动不需要申请飞行计划。按照国家空中交通管理领导机构有关规定在同一空域内执行常态飞行活动的,应当在飞行前 1 日 21 时前将飞行计划报所在飞行管制分区空中交通管理单位备案,不需要申请飞行计划。

第四十一条【飞行计划申请内容】　无人驾驶航空器飞行计划申请应当包括下列内容,临时空域申请已包含信息可不在飞行计划申请中重复提交:

(一)组织该次飞行活动的单位或者个人、驾驶员信息及有关资质证书;

(二)无人驾驶航空器类型、数量、主要性能指标和登记管理信息;

(三)飞行任务性质和飞行方式,执行国家规定的特殊通用航空任务飞行的还应当提供有效批准文件;

(四)起飞、降落和备降机场(场地);

(五)通信联络方法;

(六)预计飞行开始、结束时刻;

(七)飞行航线、高度、速度和范围,进出空域方法;

(八)遥控、遥测、信息传输频率;

(九)导航方式,人工介入操控程度,智能自主控制程度;

(十)安装二次雷达应答机或者自动相关监视设备的,注明代码申请;

(十一)识别信息发送方式;

(十二)应急处置程序;

(十三)其他特殊保障需求。

空域申请与飞行计划申请可以合并执行,具体办法由国家空中交通管理领导机构制定。

第四十二条【飞行计划审批权限】 无人驾驶航空器飞行计划按照下列权限批准：

(一)在机场区域内飞行的,由负责该机场空中交通管理的单位批准;

(二)超出机场区域在飞行管制分区内飞行的,由负责该飞行管制分区空中交通管理的单位批准;

(三)超出飞行管制分区在飞行管制区内飞行的,由负责该飞行管制区空中交通管理的单位批准;

(四)超出飞行管制区飞行的,由国家空中交通管理领导机构授权的空中交通管理单位批准。

第四十三条【紧急任务飞行申请与批复时限】 使用无人驾驶航空器执行反恐维稳、抢险救灾、医疗救护、人工影响天气或者其他紧急任务,应当于计划起飞30分钟前向空中交通管理单位一并提出空域使用申请和飞行计划。空中交通管理单位应当于起飞10分钟前批复。执行特别紧急的任务时,使用单位可随时提出申请。

第四十四条【放飞许可】 除从事本条例第三十二条第二款第一项、第二项规定的飞行活动之外,组织无人驾驶航空器飞行活动的单位或者个人应当于起飞1小时前向空中交通管理单位报告计划起飞时刻和准备情况,经空中交通管理单位批准后方可起飞。

从事本条例第三十二条第二款第三项规定的飞行活动,应当及时向空中交通管理单位报告开始和结束时刻。

第四十五条【无人驾驶航空器之间的飞行间隔】 无人驾驶航空器飞行应当保持必要的安全间隔。安全间隔标准按照国家空中交通管理领导机构有关规定执行。

第四十六条【飞行活动行为规范】 操控无人驾驶航空器进行飞行活动,应当遵守以下行为规范:

(一)飞行中,实时掌握无人驾驶航空器飞行动态,保持与空中交通管理单位通信联络畅通,飞行结束后及时报告飞行实施情况;

(二)夜间或者低能见度气象条件下飞行,开启灯光系统并确保处于良好工作状态;

(三)操控微型无人驾驶航空器飞行,应当保持直接目视接触,不得穿越省道或者在其上空飞行;

(四)实施超视距飞行的,驾驶员应当掌握飞行空域内其他航空器的飞行动态,采取避免相撞的措施。

第四十七条【避让规则】 操控无人驾驶航空器进行飞行活动,应当遵守以下避让规则:

(一)主动避让有人驾驶航空器、无动力装置的航空器以及地面、水上交通工具;

(二)主动避让执行战斗飞行和反恐维稳、抢险救灾、医疗救护或者其他紧急任务的无人驾驶航空器;

(三)单架飞行主动避让集群飞行;

(四)微型无人驾驶航空器主动避让其他无人驾驶航空器;

(五)两架及以上无人驾驶航空器均为视距内或者超视距飞行的,性能高的应当避让性能低的无人驾驶航空器;

(六)超视距飞行的应当避让视距内飞行的无人驾驶航空器;

(七)国家空中交通管理领导机构规定的其他避让规则。

第四十八条【飞行活动限制】 实施下列飞行活动,应当在申请空域或者飞行计划时按照

国家空中交通管理领导机构的规定,向空中交通管理单位一并提交相关信息:

(一)通过基站或者互联网进行无人驾驶航空器中继飞行;

(二)利用无人驾驶航空器携带化学品(植保无人驾驶航空器作业携带农药除外)、危险品、爆炸物;

(三)操控无人驾驶航空器飞越集会人群上空;

(四)使用无人驾驶航空器运载、投放物品;

(五)在移动的交通工具上操控无人驾驶航空器。

(六)操控分布式无人驾驶航空器系统或者集群飞行。

第四十九条【禁止性活动】 组织无人驾驶航空器飞行活动的单位或者个人,应当遵守国家安全和保密规定,不得利用无人驾驶航空器实施下列行为:

(一)从事恐怖主义、极端主义,以及开展间谍、窃密、反动宣传等活动;

(二)运输、投放爆炸性、毒害性、放射性、腐蚀性等损害人体健康和生命安全的物质或者传染病病原体;

(三)危害他人人身及财产安全,破坏公共设施;

(四)偷拍军事设施、党政机关和其他保密场所;

(五)扰乱机关、团体、企业、事业单位生产工作正常秩序;

(六)投放包含淫秽色情、赌博、迷信、恐怖、暴力等违反法律法规规定内容的宣传品;

(七)偷窥、偷拍等侵犯他人隐私的活动;

(八)法律法规禁止的其他行为。

第五十条【涉外飞行限制】 在中华人民共和国境内,禁止境外无人驾驶航空器或者由境外人员单独操控的境内无人驾驶航空器从事测量勘查、电波参数测试以及对军事设施、重要政治、经济目标和地理信息资源等敏感区域进行航空摄影或者遥感物探等飞行活动。

第五十一条【试验验证飞行】 未取得适航证书或者未经过强制性产品认证的无人驾驶航空器进行试验飞行的具体管理办法由国家空中交通管理领导机构制定。

第六章 应急处置及监督管理

第五十二条【信息公开】 国家空中交通管理领导机构应当组织有关部门、单位在无人驾驶航空器综合监管服务平台上向社会公布审批事项、申请办理流程、受理单位、联系方式举报受理方式等信息并及时更新。

第五十三条【举报制度】 任何单位、个人发现违反本条例规定行为的,可以向空中交通管理单位、民用航空管理部门或者当地公安机关举报。

第五十四条【监督检查职权】 空中交通管理单位、民用航空管理部门和公安机关依据职责有权采取以下措施:

(一)进入飞行活动场所实施现场检查;

(二)查阅、复制无人驾驶航空器飞行数据以及其他有关资料;

(三)无人驾驶航空器违反飞行管理规定、扰乱公共秩序或者危及公共安全的,依法采取实施必要技术防控、扣押有关物品、责令停止飞行、查封违法活动场所等紧急处置措施。

第五十五条【政府和监管机构的应急处置】 空中交通管理单位、民用航空管理部门以及县级以上公安机关应当制定有关无人驾驶航空器飞行安全管理的应急预案,定期演练,提高应急处置能力。

县级以上地方人民政府应当将无人驾驶航空器安全应急管理纳入政府突发公共安全事件应急管理体系，健全信息互通、协同配合的应急处置工作机制。

第五十六条【生产者的应急处置】 民用无人驾驶航空器的设计者、生产者，应当确保无人驾驶航空器具备相应的应急处置功能，避免或者减轻无人驾驶航空器发生事故时对生命财产的损害。

第五十七条【使用者的应急处置】 使用无人驾驶航空器的单位或者个人应当按照有关规定，制定飞行紧急情况处置预案，落实风险防范措施，及时消除安全隐患。

第五十八条【特情应对】 无人驾驶航空器飞行发生特殊情况时，组织飞行活动的单位或者个人应当及时处置，遵从空中交通管理单位的指令；发生特殊情况导致飞行安全问题的，组织飞行活动的单位或者个人，还应当在无人驾驶航空器降落后24小时内向空中交通管理单位报告。

第五十九条【违规飞行处置】 公安机关、民用航空管理部门、空中交通管理单位接到举报或者发现民用无人驾驶航空器违法违规飞行的，应当立即查找其使用者、所有者，及时纠正违法违规行为直至责令其立即停止飞行。

空中不明情况和违法违规飞行，由有关军事机关组织查证处置，公安机关等其他有关单位应当予以配合；违法违规飞行落地后的现场处置，由当地公安机关负责。

空中不明情况和违法违规飞行查证处置职责分工由有关军事机关会同公安机关等国务院有关部门另行制定，报国务院、中央军事委员会批准。

第六十条【无人驾驶航空器反制设备管理】 为维护航空安全、公共安全、国家安全，保障重大任务，处置突发事件，军队、公安机关、国家安全机关可以依法配备和使用防控无人驾驶航空器违规飞行的干扰、截控、捕获、摧毁设备（以下简称无人驾驶航空器反制设备）。

无人驾驶航空器反制设备配备、使用管理办法，由国家空中管理领导机构和国务院民用航空、公安、工业和信息化等部门另行制定，报国务院、中央军事委员会批准。

任何组织和个人不得非法拥有、使用无人驾驶航空器反制设备。

第七章 法律责任

第六十一条【未经适航】 违反本条例规定，从事中型、大型民用无人驾驶航空器系统的设计、生产、飞行和维修活动，未依法取得有关适航许可的，由民用航空管理部门责令停止相关活动，没收违法所得，并处无人驾驶航空器货值金额1倍以上5倍以下的罚款。

第六十二条【未设置唯一产品识别码、注册激活、未标明类别和风险提示】 无人驾驶航空器生产者违反本条例规定，致使其生产的民用无人驾驶航空器存在以下情形之一的，由工业和信息化部门责令改正，处3万元以上30万元以下的罚款；拒不改正的，责令停止生产：

（一）不具备唯一产品识别码；

（二）不具备经实名注册方可激活使用的功能；

（三）机体未标注无人驾驶航空器类别；

（四）产品外包装显著位置未标明守法运行和风险防范提示的。

第六十三条【未经实名登记】 违反本条例规定，民用无人驾驶航空器未经实名注册登记从事飞行活动的，由空中交通管理单位责令停止飞行，由民用航空管理部门处2 000元以上2万元以下的罚款。

【未经国籍登记】 违反本条例规定，进行国际飞行的民用无人驾驶航空器未依法进行国籍登记的,由空中交通管理单位责令停止飞行,由民用航空管理部门处 1 万元以上 10 万元以下的罚款。

第六十四条【未投保强制险】　违反本条例规定,民用无人驾驶航空器未依法投保第三者责任险的,由空中交通管理单位责令停止飞行。

第六十五条【未依法召回】　违反本条例规定,微型、轻型、小型无人驾驶航空器生产者、进口商在国务院市场监督管理部门责令其召回相关缺陷产品后拒不召回的,由市场监管管理部门没收违法所得,并处应召回缺陷产品货值金额 1 倍以上 3 倍以下的罚款。

第六十六条【未经许可使用无人驾驶航空器从事经营性活动】　违反本条例规定,未取得经营许可或者超出许可范围从事无人驾驶航空器经营性飞行活动的,由空中交通管理单位责令停止飞行;由民用航空管理部门处 5 万元以上 50 万元以下的罚款,超出许可范围经营的,还可以暂扣直至吊销有关经营许可。

第六十七条【违法改装】　违反本条例规定,改变已取得适航证书或者经过强制性产品认证的民用无人驾驶航空器系统的空域保持、被监视能力以及速度、高度性能,未重新申请取得适航许可或者进行强制性产品认证并将其用于飞行活动的,由空中交通管理单位责令停止飞行;由民用航空管理部门或者市场监督管理部门暂扣违法改装的无人驾驶航空器,责令重新申请取得适航许可或者进行强制性产品认证,并处无人驾驶航空器货值 1 倍以上 5 倍以下的罚款。

第六十八条【违反驾驶年龄要求的处罚】　违反本条例规定,无民事行为能力人操控除微型之外的民用无人驾驶航空器飞行的,由民用航空管理部门对其监护人处以 100 元以上 500 元以下的罚款。

无民事行为能力人操控微型民用无人驾驶航空器或者限制民事行为能力人操控轻型民用无人驾驶航空器飞行,没有符合规定条件的完全民事行为能力人现场指导的,由民用航空管理部门对其监护人处以 200 元以上 1 000 元以下的罚款。

未经培训合格或者限制民事行为能力人操控轻型民用无人驾驶航空器超出适飞空域飞行的,由民用航空管理部门对违规操控人员或其监护人处 1 000 元以上 5 000 元以下的罚款。

第六十九条【违反驾驶证照管理的处罚】　违反本条例规定,未取得民用无人驾驶航空器驾驶员执照、操作证书操控民用无人驾驶航空器的,由民用航空管理部门责令停止飞行,处 5 000元以上 5 万元以下的罚款,2 年内不受理其相应执照、证书申请。

超出驾驶员执照、操作证书载明范围操控无人驾驶航空器的,由民用航空管理部门暂扣驾驶员执照、操作证书 6 个月以上 1 年以下,并处 1 万元以上 10 万元以下的罚款。

违反本条例规定,未取得操作合格证操控民用分布式无人驾驶航空器系统或者集群的,由民用航空管理部门处 2 万元以上 20 万元以下的罚款;有违法所得的,没收违法所得。

第七十条【违反飞行规范】　违反本条例规定,民用无人驾驶航空器有下列情形之一的,由空中交通管理单位责令改正或者停止飞行;情节较重的,由民用航空管理部门处 1 万元以上 5 万元以下的罚款,并处暂扣无人驾驶航空器经营许可证、驾驶员执照、操作证书或者操作合格证 1 个月至 3 个月;情节严重的,由空中交通管理单位责令停止飞行 6 个月至 1 年,由民用航空管理部门处 5 万元以上 20 万元以下的罚款,并可处吊销相应许可证件,2 年内不受理其相应许可申请:

(一)未经批准擅自飞行或者未按批准的飞行计划飞行;

（二）违反飞行限制条件飞行；

（三）未按规定向无人驾驶航空器综合监管服务平台报送识别信息，或者微型、轻型、小型民用无人驾驶航空器在飞行过程中未发送产品识别码等信息；

（五）不服从管制指挥指令；

（六）发生影响飞行安全的特殊情况不及时采取措施，或者处置不当；

（七）违反本条例第四十七条规定的避让规则；

（八）受到酒精类饮料、麻醉剂或者其他药物影响时操控无人驾驶航空器。

第七十一条【从事禁止性活动】　违反本条例规定，利用无人驾驶航空器实施本条例第四十九条规定的禁止性行为的，由有关部门按照职责分工，没收无人驾驶航空器，暂扣无人驾驶航空器经营许可证、驾驶员执照或者操作合格证 3 至 6 个月；情节严重的，吊销相应许可证件，不再受理其相应许可申请。

第七十二条【非法拥有使用反制设备】　违反本条例规定，非法拥有或者使用无人驾驶航空器反制设备的，由无线电管理机构或者公安机关按照职责分工予以没收；情节严重的，处 2 万元以上 20 万元以下的罚款。

依法配备无人驾驶航空器反制设备的单位违规使用反制设备，造成损害后果的，对负有责任的领导人员和直接责任人员依法给予处分。

第七十三条【依据其他法律、行政法规执法的衔接性规定】　违反本条例规定，未经强制性产品认证出厂、销售、进口微型、轻型、小型无人驾驶航空器及其关键部件或者将其用于开展飞行活动的，由市场监督管理部门依法予以处罚。

违反本条例规定，擅自携带或者寄递民用无人驾驶航空器及其系统进境的，由海关依法处罚。

违反本条例规定，擅自改变民用无人驾驶航空器及其系统无线电发射频率和功率等参数的，由无线电管理机构依法处罚。

第七十四条【刑事处罚和特殊情形的行政处罚】　违反本条例规定，构成违反治安管理行为的，由公安机关依法给予治安管理处罚；构成犯罪的，依法追究刑事责任。

第八章　附则

第七十五条【法律适用关系】　无人驾驶航空器飞行管理及其有关活动，本条例没有规定的，适用《中华人民共和国民用航空法》《中华人民共和国飞行基本规则》《通用航空飞行管制条例》以及有关法律、行政法规。

第七十六条【术语含义】　本条例下列用语的含义：

遥控航空器，是指全程可通过台（站）随时介入操控的无人驾驶航空器。

自主航空器，是指全程或者阶段不允许（必要）驾驶员介入操控的无人驾驶航空器。

无人驾驶航空器系统，是指无人驾驶航空器以及与其有关的遥控台（站）、任务载荷和控制链路等组成的系统。其中，遥控台（站），是指遥控航空器的各种操控设备（手段）以及有关系统组成的整体。

空机重量，是指无人驾驶航空器机体、电池、燃料容器等固态装置重量总和，不含填充燃料和任务载荷的重量。

最大起飞重量，是指根据设计或者运行限制，无人驾驶航空器正常起飞时所容许的最大重量。

空域保持能力,是指高度与水平范围的控制能力。

植保无人驾驶航空器,是指飞行真高不超过 30 米,最大平飞速度不超过 50km/h,最大飞行半径不超过 2 000 米,具备可靠被监视能力和空域保持能力,专门用于农林牧植保作业的遥控航空器。

分布式操作,是指把无人驾驶航空器系统操作分解为多个子业务,部署在多个站点或者终端进行协同操作的模式,不要求个人具备对无人驾驶航空器系统的完全操作能力。

集群,是指采用具备多台无人驾驶航空器操控能力的同一系统或者平台,为了处理同一任务,以各无人驾驶航空器操控数据互联协同处理为特征,在同一时间内并行操控多台无人驾驶航空器以相对物理集中的方式进行飞行的无人驾驶航空器运行模态。

隔离飞行,是指无人驾驶航空器与有人驾驶航空器不同时在同一空域内飞行。

融合飞行,是指无人驾驶航空器与有人驾驶航空器同时在同一空域内的飞行。

充分安全认证,是指空中交通管理单位、国务院民用航空主管部门依据飞行管制和民用航空行业监管要求,对从事飞行活动的中型、大型无人驾驶航空器进行安全评估。

空中交通管理单位,是指军队和民航负责相关责任区飞行管理的单位。

模型航空器,也称航空模型,是指重于空气,有尺寸和重量限制,不能载人,不具有高度和位置保持飞行功能,不携带非体育运动用途任务载荷,全程不间断操控的无人驾驶航空器。

第七十七条【军用无人驾驶航空器管理特别规定】　军队装备的无人驾驶航空器的管理,国务院、中央军事委员会另有规定的,适用有关规定。

第七十八条　【执行公务的无人驾驶航空器的管理】　执行警察、海关、应急飞行任务的无人驾驶航空器的适航、登记、驾驶员等管理办法,由国家空中交通管理领导机构和国务院民用航空、公安、应急管理主管部门及海关另行制定。

第七十九条　【航模监管的法律适用】　模型航空器的分类标准、生产、登记、驾驶员、飞行场地和飞行活动等事项的管理办法,由国家空中交通管理领导机构和国务院民用航空、公安、体育主管部门参照本条例另行制定。

第八十条【过渡条款】　本条例施行前生产的民用无人驾驶航空器不能按照要求自动向无人驾驶航空器综合监管服务平台报送飞行识别信息的,在实施本条例第三十二条第二款规定的飞行活动时,应当依照本条例的规定向空中交通管理单位提出空域使用申请、飞行计划,经批准并获得放飞许可后方可起飞。

第八十一条【生效日期】　本条例自 XXXX 年 X 月 X 日起施行。

参 考 文 献

[1] 耿建华,王霞,朱江,等.通用航空概论[M].北京:航空工业出版社,2007.

[2] 刘得一.民航概论[M].北京:中国民航出版社,2000.

[3] 徐公达,石丽娜.航空旅客运输管理[M].北京:航空工业出版社,2003.

[4] 刘之光.民用航空基础经济学[M].北京:中国民航出版社,1995.

[5] 耿建华,彭语冰.民航统计学[M].北京:海潮出版社,1999.

[6] 孟平.中国通用航空50年[M].北京:中国民航出版社,2004.

[7] 王乃天.当代中国的民航事业[M].北京:中国社会科学出版社,1989.

[8] 林千,邓有池.中国民航大博览[M].北京:京华出版社,2000.

[9] 杜实,张炳祥,高伟.飞行的组织与实施[M].北京:兵器工业出版社,2004.

[10] 柏龙彪.我国通用航空发展对策[J].中国民用航空,2005(4):55-56.

[11] 焦天立.大力发展我国的通用航空产业[J].中国军转民,2005(50):60-61.

[12] 王虹.美国通用航空的发展现状[J].中国民用航空,2003(8):45-47.

[13] 夏洪山.现代航空运输管理[M].北京:人民交通出版社,2003.

[14] 陈芳.民航安全法规体系[M].北京:中国民航出版社,2013.

[15] 邢爱芬.民航航空法教程[M].北京:中国民航出版社,2007.

[16] Paul G. Fahlstrom. Thomas J. Gleason. 无人机系统导论[M].吴汉平,等,译.北京:
电子工业出版社,2003.

[17] 方学东,由杨.杰普逊航图教程[M].北京:中国民航出版社,2007.

[18] 傅职忠,谢春生,王玉.飞行计划[M].北京:中国民航出版社,2012.

[19] 梁曼,黄贻刚.空中交通管理概论[M].北京:中国民航出版社,2013.

[20] 张燕光.航空气象学[M].北京:中国民航出版社,2013.

[21] 杨金才,庞伟,刘立峰,等.2015—2016中国无人机行业发展报告[J].中国公共安全,
2017:15-35.

[22] 孙明权,柳晓君.民用无人机空中特情航空管制问题初探[J].中国空管,2013,11(6):
16-19.

[23] 孙明权,付迎山.民用无人驾驶航空器飞行活动综合监管的思考[J].中国空管,2016,5
(3):4-9.